海洋沉积动力学原理

Principles of Marine Sediment Dynamics

于 谦 著

科 学 出 版 社

北 京

内 容 简 介

笔者多年来在南京大学讲授“海洋沉积动力学”课程，在授课讲义的基础上写成本书。本书以注重可读性、偏口语化的风格来叙述海洋沉积动力学的基本原理，以期为具有一定数理基础的读者提供轻松入门的途径。同时，融入前沿和发展方向，希望借此激发读者的研究兴趣和灵感。内容包括沉积物的特征与运动形式，沉积物的沉降速度，流体流动、湍流与边界层，底床形态与底部摩擦阻力、沉积物的输运与起动、推移质输运、悬移质输运，最终落实到地貌地层演化的计算。

本书适合海洋、地理、地质、水利等相关专业的高年级本科生和海洋地质、沉积地质、物理海洋学、自然地理学、港口海岸及近海工程等相关专业的研究生学习。本书对从事海洋和海岸沉积物(泥沙)与地貌地层研究及工程的相关科技人员亦有参考价值。

审图号：GS 京(2024)0987 号

图书在版编目(CIP)数据

海洋沉积动力学原理/于谦著. —北京：科学出版社，2024.6
ISBN 978-7-03-077765-2

Ⅰ. ①海… Ⅱ. ①于… Ⅲ. ①海洋沉积-动力学-研究 Ⅳ. ①P736.21

中国国家版本馆 CIP 数据核字(2024)第 019185 号

责任编辑：黄　梅　沈　旭　李佳琴/责任校对：郝璐璐
责任印制：张　伟/封面设计：许　瑞

科学出版社 出版
北京东黄城根北街 16 号
邮政编码：100717
http://www.sciencep.com
河北鑫玉鸿程印刷有限公司印刷
科学出版社发行　各地新华书店经销
*
2024 年 6 月第　一　版　开本：720×1000　1/16
2024 年 6 月第一次印刷　印张：13　1/2
字数：262 000
定价：129.00 元
(如有印装质量问题，我社负责调换)

序

于谦博士担任研究生课程“海洋沉积动力学”的主讲教师多年，现在我们看到的这本著作，就是他教学经验的总结。面对本科学习背景不同的研究生，他试图以简明的语言，阐述海洋沉积动力学最基本的部分，激发起研究生们的学习热情。从学科本身的特点看，他的选择也有内在的逻辑理由。

在纯粹物理学的意义上，动力学研究作用力与物体运动的关系。对于地表环境而言，物体是由大气、水、沉积物等地表物质所构成的，因此针对这些不同的对象，人们构建了大气动力学、水动力学、沉积物动力学等分支学科。沉积物动力学一般简化为“沉积动力学”。

这些探究都以牛顿力学尤其是流体动力学为基础，但在理论和应用方面却有各不相同的表现。

大气动力学、水动力学依据流体动力学方程组[即纳维-斯托克斯(Navier-Stokes)方程]而建立，包括由物质守恒而推导的连续方程，以及由牛顿第二定律构建的动量方程。方程组的解与物质、能量的传输、转换、循环相联系，因而能够刻画大气和水的运动特征和主控机制，虽然这两类流体的可压缩性很不相同。这一方法的最大障碍是湍流现象：瞬时流速不能用平均流速来替代。对Navier-Stokes 方程进行时间平均操作后得到雷诺(Reynolds)方程，结果多出来一些项，它们难以表述为已知变量(流体密度、平均运动速度)的解析关系，因而传统上根据扩散理论进行类比式的处理。幸亏有了计算机技术的快速发展，人们才做到了较准确地预估“扩散类比”所带来的时空尺度效应，使动力学计算结果的可靠性得以提高。

然而，当以同样的思路处理沉积物运动的问题时，在湍流之外又遇到了其他困难。沉积物是典型的颗粒态物质，而颗粒态物质的力学性质既不同于刚体又不同于流体，目前尚未能建立普适且实用的颗粒态物质运动方程，因而无法通过控制方程得到沉积物运动的信息。也就是说，沉积物运动作为一个动力学问题却无法在牛顿力学的框架内得到圆满解决。如何克服这个难题？在从河流工程中发展起来的经典沉积动力学(水利工程领域的研究者称为泥沙动力学)里，前人采取的技术路线是：根据大气动力学、水动力学获取物质运动信息，然后将大气和水的运动与沉积物运动相联系，通常表达为经验关系，沉积物运动的刻画集中于沉积物的侵蚀、输运和堆积。值得指出，此项研究最初是与江河治理工程与自然灾害防治相联系的。

经典沉积动力学的逻辑是，用牛顿力学解决流体运动问题，进而联系到沉积物运动问题。因此，沉积动力学是间接的，或者说是大气动力学、水动力学应用的推广。作为代价，流体运动计算的误差在各种经验公式的应用中被放大，因此，当人们得知，即使是在最简单的单向水流、恒定流速的条件下，应用各类输沙公式所计算的输运率的相对误差常超过百分之百，并不会感到惊奇。尽管历史上已有汉斯·阿尔伯特·爱因斯坦(H. A. Einstein，1904～1973 年)和巴格诺尔德(A. Bagnold，1896～1990 年)等学者付出了艰辛的努力，这种状况也没有根本改变。H. A. Einstein 是著名物理学家阿尔伯特·爱因斯坦(A. Einstein，1879～1955 年)的长子，他在泥沙动力学领域培养了 20 位博士，都成了高水平的水利科学家。A. Bagnold 毕业于英国剑桥大学，专业为空气动力学，于 1941 年完成并出版他的成名作《风沙和荒漠沙丘物理学》。

与经典沉积动力学相比，海洋沉积动力学的研究难度更大。水动力条件方面，不仅有大洋和近岸环流的作用，而且还有潮汐、波浪作用；海水运动由于盐度因素的加入而变得更加复杂；沉积物的组成和来源，以及堆积环境也远比陆地环境复杂。两者的共同点是，人们需要得到与沉积物运动相关的海洋问题的解答：陆源沉积物入海之后去往哪里？沉积物输运和堆积对海洋环境产生什么影响？如何刻画海洋生物沉积产物(如碳酸盐沉积体系)？对于深海沉积，重力流所起的作用是什么、有多么重要？海洋沉积体系演化进程中形成的自然资源有哪些？海洋沉积如何提供环境演化的记录？有哪些与海岸防护、港口和航道建设、海岸带生态保护相关的沉积动力问题？

正因为如此，物理海洋学、海洋工程学和地球科学等领域的研究者多年来不懈地探索，试图完善本学科的理论框架和方法论体系。为了提高观测和数据采集能力，人们研制了流速仪、浊度计、温盐深仪(conductivity temperature depth, CTD)、旁视声呐、浅地层剖面仪、多波束扫描仪等仪器，发展了遥感观测技术。Einstein 和 Bagnold 型的沉积物输运公式被推广到海洋潮汐环境和潮流-波浪共同作用环境，海岸工程研究人员还发展了波浪沿岸输沙的计算公式。基于流体动力学的数值模型被拓展到悬沙输运和堆积的计算。沉积作用的产物被用于反演各类沉积物的性质、输运过程和机制、沉积层序形成过程、环境效应和地质历史的信息。

从繁复的学科背景和纷呈的研究论题中选择最基本的内容，是一项不小的挑战。于谦博士所重点阐述的问题包括沉积物特征和运动形式、沉降速度、流体运动、湍流与边界层、底床形态与底部摩擦阻力、沉积物起动条件、推移质和悬移质输运，以及相关联的地貌-地层层序演化。他认为，研究生们一旦掌握这些要旨，就找到了进入海洋沉积动力学广阔天地的钥匙。

在具体的章节安排上，该书的主线是从物质和能量这两个最为核心的方面来考虑的。这不仅是动力学的出发点，而且是整个物理学的出发点。

沉积物的物理性质包括颗粒态物质的粒度、形状特征、沉降速率等。球形而且相互不发生粘连的颗粒是最简单的，其物理性质的刻画也是基本的。然而，真实世界的沉积物粒径、形态各异，需要建立具有可操作性的定义和概念，如沉积物粒度和分类方案，还要有相应的测量方法。此外，颗粒间产生相互作用，如细颗粒之间的粘连、颗粒沉降时的相互影响等，因而不仅要考虑单个颗粒的性质，也要考虑颗粒态物质集合体的性质。

从能量的角度来看，由流体施加在沉积物颗粒之上造成的能量转换而引发的沉积物运动，受控于流体本身的动力学性质。首先是湍流。如前所述，在流体力学里，湍流的主要问题是难以获得解析表达式，然而在海洋沉积动力学里湍流问题还有其他的方面，如湍流的时间结构影响沉积物的起动条件，湍流耗散的能量中有一部分是导致沉积物输运的原因，底床的微地貌形态也反映湍流能量耗散的效应。其次是底部切应力。它是波浪和/或水流在床面附近的能量耗散的表达。底部切应力是一个普适的定义，适用于层流或紊流、固定边界或松散颗粒边界的情形。但是，当涉及到底床时，底部切应力必然与湍流、颗粒物相互作用相联系，也就是物质和能量之间的相互作用。

底床上的微地貌，如波痕、沙丘、纵向沙垄等，是湍流能量耗散的产物。此类微地貌的有序排列格局早就引发了研究者们的注意，他们甚至猜想，微地貌形态之中隐藏着解决湍流理论刻画的秘密。虽然这个秘密至今尚未被发现，但床面的微地貌却转化为一个研究方向，专门探讨微地貌形态与水动力条件的相关性、自组织理论应用、边界层过程信息等问题。

水动力-沉积物相互作用的第二点是颗粒起动条件。颗粒运动需要克服底床摩擦阻力，当流体能量到达一定状态时颗粒开始运动。显然，这种状态同时决定于流体能量和颗粒性质。如果起动条件以底部临界切应力来表征，那么目前已知的影响因素有颗粒大小、颗粒形状、粒度分布、颗粒粘连性、平均流速、湍流能量耗散等。从宏观角度，它也与颗粒沉速、物质输运强度、底床微地貌等因素相关。

水动力-沉积物相互作用的第三个方面是沉积物输运率，它是运动强度的表征，长期以来也是沉积动力学的核心问题。沉积物运动通常是以悬移质或推移质的方式出现的，悬移质极少与底床接触，而推移质经常与底床接触，两者中间还有很多的过渡状态。为了计算输运率，悬移质和推移质这两种端元模态的判别是关键，其指标是流体动能和颗粒大小。其输运率各有不同的定义，悬移质输运率是悬沙浓度、流速和水深的函数，而推移质输运率是底部切应力、临界起动条件和沉积物-微地貌性质的函数。

于谦博士在该书的最后部分以地貌和沉积体系演化为例，阐述了沉积动力学原理在过程-产物关系研究中的应用。以举一反三的方式，同样的思路也适用于环境演化历史、生态系统演化、气候变化信息提取的探索。

高抒

2024 年 6 月于南京

前　　言

成书背景

本书的缘起，和很多教科书都是相同的。简单说来，就是我想写一部帮助学生自学的教材，力求原理鲜明、逻辑清晰、通俗易懂，用尽量少和简单的数学知识推导出尽量多的实用结论。这份心意，与科马尔(P. D. Komar)在他的著名教科书 *Beach Processes and Sedimentation*(中译本《海滩过程与沉积作用》)前言中的论点不谋而合。

我在南京大学长期教授"海洋沉积动力学"研究生课程，本科生也可以选修。学生的背景多种多样，包括了海洋、地理、地质、土木、水利等不同的学科。出于教学的需要，我编写了讲义并分发给了学生，多次修改后就成了这本书。同时，我也在回忆自己的求学生涯。设想如果有一本以中文写成、篇幅不长、易于自学的教材，我的入门会快一点。最后还有一点私心，就是用这本书培训我的学生，把我要说的话写下来，就不用反复去说了。

我从本科以来就一直钻研沉积动力学，第一年上"海洋沉积动力学"这门课时，每周需要花费约 16 h 去准备 2 课时的内容。从第二年开始，我就着手把授课内容写下来。此后经过多轮修改，其中有的章节经过了 9 次较大的修改，最终于 2022 年 12 月将书稿提交给科学出版社，之后又经过了多轮的调整和校对，才终于付梓面世。

读者可能会很快发现，本书有点虎头蛇尾：第 1 章鼓吹"从过程到产物的海洋沉积动力学"，但全书只讲了过程(沉积物输运过程)部分；到第 9 章建立了从过程到产物的数学框架后，本书就戛然而止了。产物(海岸与海底地貌地层)部分还在写作，因此本书暂名为《海洋沉积动力学原理》。

本书不同于西方一些同类教科书，强调了以下四点。第一，观测与理论的结合。对每个物理量，我都力图从观测入手，因为观测是海洋沉积动力学的根本，是研究的开始(引发问题)与结束(验证结论)。第二，根据沉积物的动力学性质，从一开始就区分黏性和非黏性两个体系，分别进行讨论，这样就不容易引起理论应用上的混淆。第三，注重基础的物理图景和术语，篇幅简短。第四，用口语讲述理论、故事与历史，文本通俗易懂。当然，一家之言难免有所局限，希望读者朋友不吝赐教。

总之，多年的辛劳与幸福，都汇集在这本书里了，希望读者朋友喜欢。

教学与学习建议

我国大学本科和研究生的课程教学，通常以 16 课时(1 学分)作为一个单元，一门课的体量是一个单元的整数倍。通常的 32 课时(2 学分)课程，第 1～9 章可以依次安排 2、4、2、4+2、4、2、2+2、4+2、2 课时，其中第 4、7、8 章各包含 2 课时的研讨课，用于讲评经典与前沿论文。例如，2023 年和 2024 年，我在南京大学讲授本书第 7 章时，就用 2 课时讲评了 Deal 等于 2023 年在 *Nature* 上发表的“*Grain shape effects in bed load sediment transport*”一文。对于短期教学，如暑期学校，压缩到 16 课时(1 学分)也可以讲完全书，第 1～9 章可以依次安排 1、2、1、3、2、1、2、3、1 课时。

可能更多的读者是自学本书的(上课的同学，我也建议先自学预习)。我的建议是，先通读全书，不要在乎细节的疑问，一直读到实在无法前进为止，这时再返回，从头再读。据说这是费曼建议的读书方法。阅读的目标是了解基础的物理图景和术语，建立基本的知识框架。之后，在实际的项目和研究中以本书为指南，知道可以用上哪些知识，并了解它们在书中的位置，就离成功近了一步。

读者来鸿

毫无疑问，本书一定存在各种不足之处。恳请各位读者，一旦发现，即与本人邮件联系(qianyu@nju.edu.cn)。无论是勘误，还是对于写法和内容的建议，都十分欢迎。我在处理之后，会将勘误及时公布于我在南京大学官网主页(https://sgos.nju.edu.cn/yq/list.htm)中的“通知公告”栏目，供读者参考。所有勘误和建议，都是未来修订再版的基础。再次感谢各位读者朋友的宝贵来函。

下一步计划

正如“成书背景”部分所说，《海洋沉积动力学原理》教材的产物部分是缺失的。我力争在未来五年完成这一部分，按照本书的风格，写成教科书出版。随着时代的发展，本书中的许多内容也必然需要更新，希望 10～20 年后，能够对本书做一次详细的修订再版。

致谢

我是在高抒教授的引导和熏陶下，开始海洋沉积动力学的学习和研究。高抒教授以海洋学家的风范，指导我的本科毕业论文和硕士阶段的学习，奠定了我的研究兴趣、习惯和品位。之后，他还继续指导我的博士后研究，长期帮助我的职业发展，并且为本书作了鼓舞人心的序言。我的博士生导师弗莱明(Burg Flemming)教授，作为沉积学家，特别重视底床形态和地貌地层的研究。我的博士后导师、海岸工程学家王正兵教授，让我注意到如何把科学研究与工程实践相结合，并重视数值模拟工具的使用。感谢导师们，是您们带领我领略海洋沉积动力学研究的美妙，通过这本书，我也努力把这种美妙传递给读者，尤其是年轻学生。

同学们对本书的出版也付出了大量的劳动。首推赵天同学。他在去美国麻省理工学院(MIT)读博士之前，做了一年我的科研助理，把我上课的内容录音并整理成文字初稿。经过多年的努力，本书得以出版，赵天也即将在MIT取得博士学位。操时逸、冯洁、陈丽吉同学帮助绘制了很多图件。华东师范大学的李亚南(现在南京大学)和伍兹霍尔海洋研究所(WHOI)的薄童(现在加利福尼亚大学洛杉矶分校，UCLA)阅读了本书的早期版本，提出了修改建议。每年我都把本书的书稿以讲义形式分发给上课的同学和课题组的同学，同学们也发现了不少错误，帮助我更正，这里就不一一感谢了。

南京师范大学的王韫玮副教授，多年来和我并肩前行，经常是本书内容的第一位读者，给出了大量建议。汪亚平教授、贾建军研究员、高建华教授、陈一宁研究员、王爱军研究员、杨旸博士、吴晓东副教授，对于本书的写作均给予了帮助，他们中间很多人亦在本书中出镜。

科学出版社黄梅编辑等，对本书的出版做出了很大的贡献，他们的专业水准与职业精神令人敬佩。

本书的出版受到南京大学地理与海洋科学学院和海岸与海岛开发教育部重点实验室的资助，学院和实验室的领导对本书成书给予了长期的关心与帮助。

于　谦

2024年6月3日晚于

南京大学仙林校区昆山楼

目　　录

第 1 章　绪　　论

1.1　引子——从电影《怒海争锋：极地远征》说开去

本章是绪论。从下章起，本书将一步一步地深入“海洋沉积动力学”这门学科中的不同科学问题。这里我们只先做些简单的了解。

首先，建议读者看一段电影的开头片段。它出自一部我最喜欢的电影《怒海争锋：极地远征》(*Master and Commander: The Far Side of the World*，2003)。电影里讲的是英法两国海军交战的故事。电影一开始就展示了风帆战时代(19 世纪 30 年代)海军舰船上的生活。我们经常说，海军在风帆战时代的代表人物是纳尔逊(Nelson，1758～1805 年)，蒸汽战时代的代表人物是当年日俄对马海战的东乡平八郎(Heihachirō，1848～1934 年)，而航母时代的代表人物就是美国的尼米兹(Nimitz，1885～1966 年)。电影中我们看到的就是最早的风帆战时代的海军。那时候海军舰船上的生活很艰苦，补给也不方便，只有在船上养活了鸡才能吃到鸡蛋，养活了牛才能喝到牛奶。在船上，天天伴随着潮涨潮落，滔天巨浪也是家常便饭，持续的洋流会帮助或阻碍航行，而海风吹过，人的头脑可能会冷静下来，亦可能胀痛不已。

如果你从事海洋学(oceanography)研究，往往也能体会到这些情形：你既会领略大海风平浪静的一面，也会感受到它脾气暴躁的时刻。有时你会享受在船上度过的美好时光，但有时你又会觉得很糟糕，尤其是在小船上。大船上的生活还说得过去，但如果是在一条仅宽 6 m、长 30 m 的小船上，和五六个人同吃同住，在海上度过 5～10 d，你会发现生活没那么容易——既要亲近自然，也要努力与它搏斗。

舰上每 4 h 换一班，用沙漏计时，以敲钟为号。从中午 12 点开始，甲板钟敲 8 响，12 点 30 分敲 1 响，1 点敲 2 响，依此类推，到下午 4 点敲 8 响时就换班，然后重新开始。电影在一开始就展现了这一生活场景。不过，我们更关注的是沙漏。之所以选择沙漏作为计时工具，是因为里面的砂子颗粒具有独特的力学特性，在郑晓静和王萍(2011)编著的《力学与沙尘暴》一书的第 19 章中有精彩的介绍。它们和水相比可不一样：底层水的压力随水深增加，因此水位高的时候水流得快，而水位低的时候就流得慢，水流的速度不是恒定的。但是砂子在底层的压力和砂堆高度的关系很弱，这样砂子流下去的速度就比较一致，对于计时来说更合适。

这就是所谓颗粒态物质(granular matter)的特性之一。物质分气、液、固三态，但是对于沙漏里面的砂粒，或者是海滩、水底的砂子来说，从每颗上看，当然是固体，但是从宏观上看，它们又像流体一样会流动。而因为每个颗粒具有固定的形状，它们并不能被归入流体中，因此，有人将这样的“颗粒态”称为第四态(de Gennes, 1999)。

海洋沉积动力学所面对的研究对象“沉积物”(sediment)往往具有这种第四态特征。我们想知道的是，由这些颗粒组成的体系，会具有怎样的行为特点。打个比方，取一升颗粒——一升砂粒，可以算出一共有多少颗砂。你可能会去造访砂质海滩，可以试着计算那里一共有多少颗砂。根据牛顿力学可以知道单个颗粒会如何运动，但是面对数千甚至数亿个颗粒组成的体系，它们的运动又应该如何计算？如何用计算机去预测它们的动态？这在现在仍然是难以解决的问题。研究颗粒体系的运动问题，需要我们另辟蹊径，那就是海洋沉积动力学。

军舰的日常任务之一是测量水深，这很重要。得出海底地形(submarine topography)和当地的水深(water depth)，这对于海洋地质学(marine geology)而言，也是非常必要的调查工作。当时使用的工具就是一只拴在绳子上的铅锤，而当今早已用上了基于声学原理的多波束(multi-beam)测深系统。士兵们除了测量水深，还要想办法从海底表面刮一些东西上来，去了解底床的沉积物是什么样的。在电影中，水手大叫：“砂粒和碎贝壳！”(Sand with broken shells!)这是为什么呢？

斯德哥尔摩有座著名的博物馆，叫作瓦萨博物馆(Vasa Museum)，它因馆藏的巨大战舰“瓦萨号”而得名。“瓦萨号”是17世纪的战舰，不幸的是，头一回出海时它就沉没了。接下来的故事倒是有趣：瑞典人设法把它的所有部件都打捞上岸，进行修复后送进了博物馆。在那里，还可以见到一些船上的仪器，它们和电影里出现的器材作用差不多，都用来在底床上采集沉积物样品。另外，建议参观南京龙江的宝船遗址公园，这也是一座和大船相关的“博物馆”。15世纪前期，中国明朝的郑和等人组建了庞大的船队，途经中南半岛、印度洋，最终到达非洲东海岸。现在的博物馆，就坐落于当时修造船只的厂房遗址之上。在里面会发现，当时的中国水兵也使用一些仪器来采集底床沉积物样品。金秋鹏(2011)在《中国古代造船与航海》一书中提到，古代中国水手用绳子悬挂涂了牛油的铅锤，放到海底测量水深，并且带起海底的泥沙。通过分辨泥沙的特征，就可以知道船到了什么地方。

采集底床沉积物其实是非常有意义的一件事。古代人对沉积物有一些初步的认识。他们发现，在离岸越近、风浪越大的地方，细颗粒沉积物(泥)无法沉积，而会被水流带往很远的地方。当能采集到砂粒和碎贝壳时，可能就离岸不远了；而如果采上来的是泥，那就说明距离陆地还很远。这个朴素的想法直到现在都仍然可以应用于海洋沉积动力学的研究。Griffin等(2008)及George和Hill(2008)在

Marine Geology 杂志上发表的论文正是这个概念的延伸，他们认为在近岸的地方，水越浅、波浪越大，泥巴越无法存留。不过，在中国海岸的许多地方会发现古代人的经验并不总是正确的。

底床沉积物大小(粒度，grain size)的控制因素主要有两个。第一个是当地的水动力(hydrodynamic force)条件。正如前文介绍的，越靠近海岸，水越浅，潮流和波浪作用也越强烈，细小的东西会容易被带走而难以存留，这样就理应不会出现泥质底床。但是，我们还必须考虑第二点，沉积物供给(sediment supply)。试想，如果这片海域得到河流输入的巨量的泥质沉积物，如中国的黄河口和长江口附近海域，那么近海浅水区域的沉积物类型也就只有泥；尽管这里的潮流、波浪作用强烈，但由于仅有大量的泥质沉积物供给，当地的底床也只能是泥质的(秦蕴珊，1963)，反而是在许多较远较深的地方，海洋的底床是砂子，这在历史上被美国著名海洋沉积学家 K. O. Emery①称为陆架残留砂(relict sands) (Niino and Emery, 1961)。

所以，回到刚才的电影，在平静或者暴虐的海洋中，首先得知道海底地形——这里的水有多深。这对海洋地质学很重要，对海洋沉积动力学也同样重要。士兵们采集底床沉积物样品，可以了解底床的性质，并获取其他信息，如估算距离陆地还有多远。其次是沙漏，从中可以看到颗粒运动的性质：它们和水或者子弹不一样，具有独特的力学属性。

更重要的是电影反映出的海权问题。当年英法双雄逐鹿大洋，特拉法尔加(Battle of Trafalgar)战役奠定了日不落帝国的霸业。当今，中国与美国以及部分东南亚国家之间存在一些争端，这在南海议题上表现得尤为突出。而在东海和黄海，中国与日本、韩国之间也存有争议。作为中国人，我们应当开展更多的海洋学研究，获取更多的信息，从而了解如何保护和利用海洋资源，维护海洋权益。这也是“海洋沉积动力学”课程中的一项重要议题。在未来，读者之中有些人会成为科学家、工程师，也有些人会进入政府机关工作。无论如何，总得对整个海洋系统有些最基本的了解，在此基础上发挥你的聪明才智，才能为国家争取合理的海洋权益。

1.2 海洋沉积动力学的内涵

1.2.1 什么是海洋沉积动力学

首先，什么是海洋沉积动力学呢？可以先看一幅有趣的插图(图 1-1)。河流

① Kenneth O. Emery(1914～1998 年)，美国科学院(National Academy of Sciences)院士(1971 年)，美国艺术和科学院(American Academy of Arts and Sciences)院士(1971 年)，海洋地质学先驱，长期在著名的伍兹霍尔海洋研究所(Woods Hole Oceanographic Institution)工作。2002 年 *Marine Geology* 杂志刊登了他的遗作自传(Emery, 2002)。

从图中左上方的高山，流经平原，与海洋交汇形成冲淡水(river plume)，泥沙(沉积物)也随之被挟带入海。陆上最接近海的地方是海岸(coast)，在此可以见到海滩(beach)或是潮滩(tidal flat)。从海岸往海的方向去就到了大陆架(continental shelf)，那里通常是水深小于 200 m 的浅海(shallow sea)。如果再往海的深处去，就到了大陆架坡折(shelf break)，再深处就是深海平原(abyssal plain)了。河流输送来的沉积物，以及海岸边和海底的沉积物，其在海洋中可被波浪(wave)、潮汐(tide)、洋流(ocean current)以及沉积物重力流(gravity current)等动力搬运。沉积物有时会悬浮在水中(悬移质)，有时会在海底滑动、滚动、跳跃(推移质)；它们经常暂时性地驻足海底，但是在一段时间之后又开始新的旅程。在不断运动中，有一部分沉积物失去了“活力”，沉积在底床上并保存下来，经过漫长的地质年代(长达数千年甚至数百万年)形成一定的序列，并且往往是一层一层的，称为地层(strata)，就像图上所画的那样。海洋沉积动力学就是研究沉积物在海洋环境中搬运、堆积及其环境效应的学科。

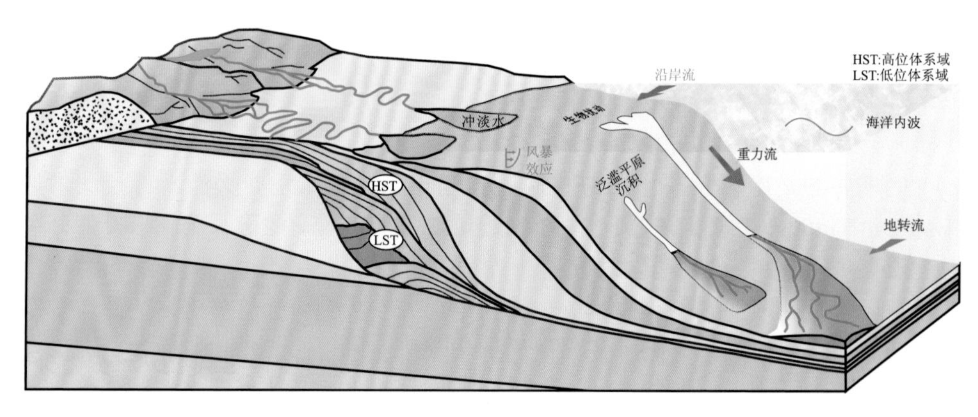

图 1-1　地球上的沉积物源-汇体系

资料来源：Margins Office(2003)

海洋沉积动力学对科学研究具有重要作用。现在大家十分重视全球变化(global change)问题，研究过去的环境变化，可以为预测未来的环境变化提供参考。过去环境变化信息的载体是什么？其中一个很重要的载体，就是海底保存下来的沉积物。不论是深海的，还是浅海的，这些被埋藏的一层一层沉积物就像一页一页的记录本，每层的沉积物就是记录的载体，所以称为沉积记录(sedimentary record)。从这些被埋藏的沉积物中可以获取许多关于过去环境变化的信息。

但是这些记录能够准确反映历史上的环境变化吗？比如说，如果知道海底以下某个深度的地层中的沉积物是什么时候的(沉积物的年代)，又测得了反映环境信息的一些物理、化学指标，那么用这些指标就能够推知当时的地表环境(如温度、降水)了吗？其实答案是不一定的。因为地层作为一个系统，可能存在记忆效应，也就是说，地层中的沉积物，是地表或者海洋沉积物经过输运改造之后才保存下来的，记录的信息可能是滞后的。所谓“一口吃不出个胖子”就是指的类似的问题：一个人的体重往往和他的饭量不是同步变化的，而是存在一个滞后效应，并且这个滞后的时间受他的体质等因素控制。某地的沉积记录就相当于某个人，里面的相关指标就相当于体重，想要知道的环境信息就相当于人的饭量。同样，沉积记录里面的指标也可能反映的是滞后的地表环境信息，就像要知道人体运作的机理那样，要知道怎么校正、去除滞后效应，探索沉积记录的形成机理，这正是海洋沉积动力学的主要工作之一。

另一个问题是沉积记录的时间标尺，或者说是沉积记录的完整性问题。我们想要知道过去什么时候有怎样的环境特征，首先要建立沉积记录的时间标尺，即要了解保存下来的沉积记录是对应什么年代。一种典型的办法是，利用地质年代学的方法[如 ^{14}C、^{137}Cs、^{210}Pb、光释光(optically stimulated luminescence, OSL)等]，测量某些层位的沉积物的年龄，然后假设这些层位之间的沉积物是日复一日、年复一年连续沉积并完整保存下来的，这样就可以采用内插的办法，推算那些未测量层位的沉积时间。就像知道了第 100 页和第 200 页书的位置，那么在它们正中的就是第 150 页。但是，书有可能是缺页的，沉积记录也有可能是不连续、不完整的。要知道哪些地方有多长的时间缺失，在海洋沉积动力学中，可以通过研究沉积物的输运—停留—侵蚀—保存过程来给出答案。

海洋沉积动力学不仅是一门有趣的科学，它在经济发展和环境保护上也有巨大的价值。读者知道哪里能找到石油吗？很多石油形成于现代或古代三角洲(delta)的砂质沉积体中。如果能对这些沉积体的形成机理有充分的了解，那么就可以更加高效地寻找石油资源。海洋沉积动力学研究沉积物的运动规律，在工程建设上也发挥了重要作用。设想现在要建设一座能够停泊大型船只的港口，航道要深，风浪要小。但是事实往往不尽如人意，水不够深，人为疏浚挖深之后，自然的力量又会使沉积物淤积回来。我们应如何选定最佳位置建造港口，以避开强烈的风浪，并维持 10～20 m 的航道水深，降低在航道疏浚上的花费呢？问题的解决之道，也在于海洋沉积动力学。而在环境保护方面，我们知道来自陆地的沉积物中包含着各种各样的营养元素和污染物，只有清楚沉积物在海洋中的运动和保存情形，才能结合化学和生物过程，估计最终的环境效应。以上内容粗略介绍了海洋沉积动力学的应用，后面还有一些具体的例子来说明。

1.2.2 从过程到产物的海洋沉积动力学

这里必须先强调一下过程(process)和机制(mechanism)的含义。这两个词在英语和德语之中具有明确的定义，但在汉语中含义是比较模糊的。

过程(process)是体系对外力作用的响应。在汉语语境下，人们通常认为过程是一个表述先后顺序的时间序列，如“洪水过程”是一个经历了水位由低变高再变低的序列。但是上述强调先后顺序的“过程”翻译成 procedure 更合适。当“过程”与 process 对应时，应该强调的是响应，而非先后顺序。譬如，烧开水，把装了凉水的水壶放在火上加热，一会水烧开了；作为 procedure 的“过程”强调先后顺序，但作为 process 的“过程”，重点就不在先后顺序，而是水对于火加热的响应。在研究中，要认识到“过程”(process)强调的是某个因素(外力)输入系统和系统对这个因素做出的响应。

机制(mechanism)是一系列过程的组合，针对的是特征现象的解释。系统表现出的一个特征现象，可能是其受到多种因素共同作用后做出的响应。例如，山东沿海出现了浒苔暴发(特征现象)，而整个暴发之中可能发生了很多过程，这些过程中的外力作用，如海水温度、盐度、浊度、营养盐含量、洋流等，也可能是相互关联的。针对所谓机制的研究，就是分析特定的系统行为所对应的过程的组合，在各种因素共同作用下的效应。

对于海洋沉积动力学而言，我们关注的是沉积物的输运过程和它们的产物——地貌沉积体(Nittrouer et al., 2007; 高抒, 2013)。沉积物的输运过程按照运动形态可以分为推移质输运和悬移质输运，按照动力来源又包括潮流输沙过程、波浪输沙过程、浪流联合作用输沙过程、河口环流输沙过程、陆架环流输沙过程、重力流输沙过程等。这些输运过程是不同因素导致的沉积物的运动，最终的结果是形成了堆积或侵蚀产物——各种或大或小的沉积体或者侵蚀残留，小到一个几厘米长、1～2 cm 高的小波痕(ripple)，大到浙闽沿岸大陆架上从长江口绵延到台湾海峡北端的、地跨数百公里、厚度数十米的泥质沉积体(浙闽沿岸泥)。我们力图深刻地、定量化地认识这些过程，建立过程和产物的联系，从而研究这些产物的形成机制，这就是从过程到产物的海洋沉积动力学。

1.2.3　海洋沉积动力学的研究特点与方法

海洋沉积动力学与力学的其他分支不同。例如，在流体力学(fluid mechanics)中，通过连续方程(continuity equation)和动量方程(momentum equation)可以构建一个闭合的理论体系，流体运动和能量输运可以由这些方程解出，还可以通过解析方法(analytical method)和数值方法(numerical method)得到相对精确的解。但这些方法对于海洋沉积动力学就行不通了。我们需要研究若干沉积物颗粒组成的体系的运动变化，这是很难用老办法进行预测的。但我们仍然得用流体力学方法，也就是连续方程和动量方程去研究它们，还要辅以大量的经验方法(empirical method)，得出最终的结果。所以我们不能像理论物理学家那样做研究，因为他们可以用一系列方程控制一切。在这门学科之中，存在许多的不确定因素，但正因为它们的存在，对海洋沉积动力学这门科学的理解也才有许多不断深入的可能性。

尽管这会是一门复杂的学科，但在其中仍有一些实用的信息，科学与工程界仍然对理论研究抱有需求。因此，我们得推动海洋沉积动力学的发展进步。它不像经典物理学或是化学那样已有不少的教科书，体系完备，内容也几乎不会变动。譬如说，你会发现现在的理论物理学教材和20世纪50年代的没什么大的差别；但是在海洋沉积动力学方面，每年都有新发现，我们的认识也在不断进步。

研究海洋沉积动力过程既需要在野外进行现场观测(*in-situ* field observation)，也需要理论分析(theoretical analysis)，更需要数值模拟(numerical modeling)，这是三种基本的研究方法。本书将着重把野外观测和理论分析进行结合，这样的做法对各位读者也很重要。读者之中，有一部分是从事理论研究的，可能会需要解一大串方程；进行数值模拟工作时，通常会在办公室或实验室里对着电脑屏幕，敲上一整天代码。但是其他的同行则会经常去野外开展工作，在船上漂泊，或是在岸边扎营，每天进行固定的观测工作。但无论如何，都必须重视理论与观测的结合。

还有一部分研究者是只要观测，数据一摊，却不解释。陈述事实当然是重要的，但它只是科学研究的开始。我们还需要了解沉积过程内在的过程和机制，从而准确地把握住系统的运行规律，进而预测未来。否则，这样的研究往往会被专家评价为调查报告，而不可能称为论文或专著。

1.2.4 从沙粒到层序、从亚秒到万年——尺度问题

尺度(scale)在地球科学中是一个重要的问题，它包括了时间尺度(temporal scale)和空间尺度(spatial scale)。海洋沉积动力学研究的问题是从沙粒入手的，一个沙粒的尺度可以是10^{-5} m，这些沙粒在稍大尺度的湍流(turbulence)涡旋的作用下，从海底起动或在水体里乱窜，在海底以上几厘米的边界层中(boundary layer)，我们要从亚秒(10^{-1} s时间间隔甚至更小)尺度测量和研究这种高频运动。这些高频运动又会体现出宏观的统计效应，我们经常在海上不眠不休工作一天一夜，持续观测25 h时间内水体悬沙浓度(suspended sediment concentration, SSC)的变化。沙粒的运动在海底会留下痕迹，小尺度的底形(长10 cm、高1～2 cm的小波痕)形成很快，往往只要几分钟或几十分钟，而大尺度的底形(长几十至几百米、高几米的水下沙丘)的形成和达到稳定需要的时间就要长得多，可能需要10 d。对于更大规模的地貌沉积体，它们演化的速度要更慢。我国江苏中部海岸潮滩地貌在人工引种盐沼植物后的演化已经是世界上少有的快速演化，但是其演化的时间尺度仍然以10年计(Zhao et al., 2017)，这里从陆地向海的潮滩宽度大约是10 km，而德国—荷兰北海沿岸类似尺度的潮滩体系演化的时间尺度要达到几十年甚至数百年(Yu et al., 2014)。几百千米尺度的长江三角洲和浙闽沿岸泥层序的形成则需要上

溯几千年(Gao et al., 2016)。地质历史上海洋沉积物的输运、堆积和保存一直在发生，但在本书中仅涉及离现在大约 1 万年的时间——也就是全新世(Holocene Epoch)时期。地貌沉积体的组合称为层序(sequence)，接近地表和海底的层序都是在这段时间内形成的，和我们当今的生活最为息息相关。

海洋沉积动力学地跨沙粒到层序，时跨亚秒到万年。读者也许会注意到，在上面提到的例子中，空间尺度和时间尺度是相配合的，小空间尺度往往对应小时间尺度，大空间尺度往往对应大时间尺度。一个有趣的问题是体系的空间尺度 L 与其达到演化平衡态(equilibrium state)所需时间 T 之间的关系是怎样的？这个关系是线性的，或是高次幂函数，还是低次幂函数？简单来说，假设空间尺度加倍，在线性关系下时间尺度也加倍，而高次幂函数关系下时间尺度的变化更快，大于 2 倍，低次幂函数关系下时间尺度的变化更慢，小于 2 倍。Dade 和 Friend(1998)给出了一个合理的理论估计，体系演化达到平衡态所需时间 T 与其空间尺度 L 的平方成正比。这就是说，如果简单地将地貌单元或是沉积体系的尺寸加倍，其演化达到平衡态所需的时间将是原来的 4 倍——不是线性关系，而是二次幂函数。

1.3　研究的实例

1.3.1　荷兰的“砂引擎”与海岸漂砂(砂质海岸)

在此举几个例子来进一步说明海洋沉积动力学是做什么的、是怎么做的、有什么用。笔者在荷兰居住了两年，来到阿姆斯特丹，从中央火车站出站时，发现站前广场的海拔是–6 m——荷兰是个低地国家。荷兰人为了解决生存问题，必须去研究海岸海洋科学：他们研究岸线变迁和沉积动力学，研究关于建造堤坝、抵御风暴潮和防止洪水侵入的学问。如果不去进行这些研究，荷兰举国很可能就将覆灭，如 1953 年冬季的风暴潮，荷兰约有 2000 人死于此次风暴潮所致的洪水，而当时荷兰全国人口只有 1000 多万。

荷兰著名的物理学家洛伦兹(Lorentz)和爱因斯坦(Einstein)生活在同一时期，他是经典物理发展为近代物理期间的一位承上启下式的科学巨擘。1902 年洛伦兹因创建电子理论、解释原子光谱在磁场中的分裂而获得诺贝尔物理学奖，其成果是相对论的重要基础，高中物理中常常计算的洛伦兹力就是以他的名字命名的。20 世纪 20 年代，正是物理学突飞猛进的黄金岁月，为了打造之后位列世界七大工业奇迹之一的荷兰须德海(Zuider Zee)工程，洛伦兹曾经花了几年时间研究如何计算、预测荷兰沿海的潮波和潮流。爱因斯坦在他的葬礼上发牢骚，说他不该在这样不重要的问题上花费时间和精力。但是，这是荷兰的国家需要(王正兵, 荷兰华人学者工程师协会通讯 2002 年第一期)。他是第一位将潮汐运动方程进行线性近似的科学家，也首先给出了实用的荷兰海岸潮汐预报计算方法。可见，荷兰人在海洋沉积动力学上花费了不少心血。

自2011年，荷兰投入了大量的资金开展一项名为“砂引擎”(Sand Engine，图1-2)的海岸工程。荷兰法律规定其海岸国土不能有一寸损失，但是海岸侵蚀问题一直困扰着从荷兰角港(Hoek van Holland)到登海尔德(Den Helder)100多千米的砂质海岸(如The Holland Coast)(图1-3)。那么如何控制海岸侵蚀问题？以代尔夫特理工大学(TU Delft)Stive教授为首的荷兰科学家提出了宏伟的构想和巧妙的解决办法(Stive et al., 2013)。在20世纪70年代，当海岸受到侵蚀时，可以通过在沿岸的沙滩上倾倒沉积物(主要是砂)来进行补给[图1-3(a)]。到90年代发现，只要用船把砂子沿着海岸倾倒到水下几米深的地方，波浪就会把砂子推到沙滩上，起到防护的作用[图 1-3(b)]。但是现在不必在沿岸的所有地域都进行补砂工作了，只需将需要补充的砂倾倒在某片特定的区域，潮汐和波浪作用会将这里的砂沿不同方向往沿岸地带输运再分配[图 1-3(c)]，这样就省下了一大笔开支。这一沿岸再分配的主要机制就是波浪破碎输沙导致的沿岸漂砂(littoral drift)效应。只需选定合适的“砂引擎”地点，花费较少的资源就可以减轻海岸侵蚀。这样的“砂引擎”长宽大约是数千米，造价需要大约10亿欧元。这一海岸工程措施是海洋沉积动力学的成功实践，是人类在了解自然之后对于自然力量的巧妙利用。

图1-2 位于荷兰角港和海牙之间的“砂引擎”

在海牙的西南方向约5 km处

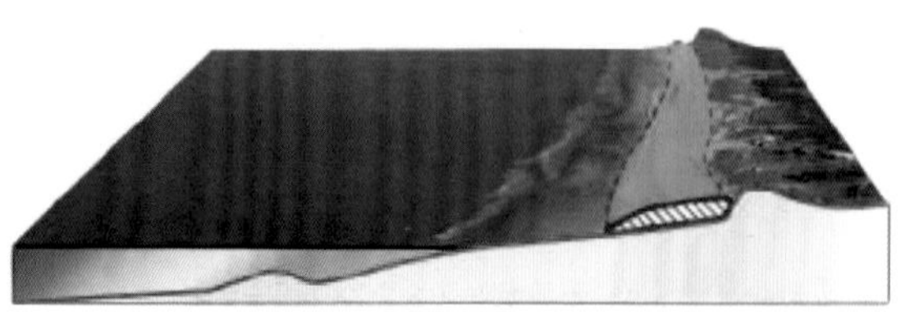

(a) 在海滩和沙丘原地补砂的传统方法

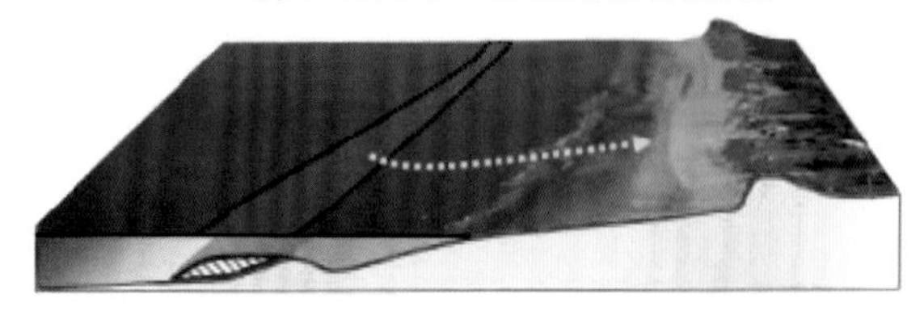

(b) 在近滨补砂的养护方法

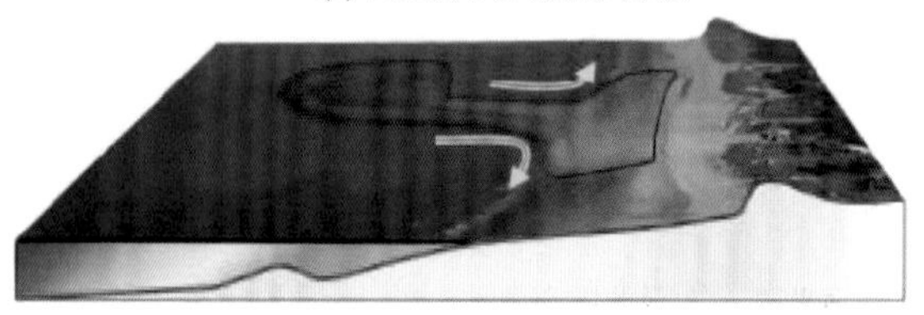

(c) 在特定区域集中补砂的“砂引擎”方法

图 1-3　砂质海岸的不同养护策略

资料来源：Stive 等(2013)

沿岸漂砂还会在砂质海岸上造就美丽的韵律状地形。图 1-4(a)是美国中东部的卡罗来纳(Carolina)海岸，图 1-4(b)是位于乌克兰的亚速海(Sea of Azov)，可以看到其中有若干突出的尖头，它们被称为砂咀(sand spit)，分布还具有一定的规律，几乎是周期性重复排列，间距约 100 km。为什么我们可以看见这么漂亮的海岸地貌呢？这是由和海岸大角度相交的波浪(如果站在沙滩上波浪迎面而来，就是小角度相交，反之，如果波浪斜着来，其来向越向岸线倾斜，则交角越大)引起的沿岸漂砂的正反馈效应所导致的。这种情况下的沿岸漂砂改变了沿岸地形，沿岸地形又改变了沿岸漂砂，最终造就了这种美丽的韵律状排列的砂咀。此后，正反馈作用转化为负反馈作用，地貌最终达到了平衡。中国青海湖南岸的一郎剑和二郎剑就是两条类似的韵律状砂咀[图 1-4(c)]，这里的湖岸就如同海岸，它们的形成机制也是如此。二郎剑如今已经是热门景区，而在早年，它是机密的鱼雷等水下武器的实验基地。关于砂咀形成的研究详细内容可以参考 Ashton 等于 2001 年在 *Nature* 上发表的“*Formation of coastline features by large-scale instabilities induced by high-angle waves*”(Ashton et al., 2001)一文。

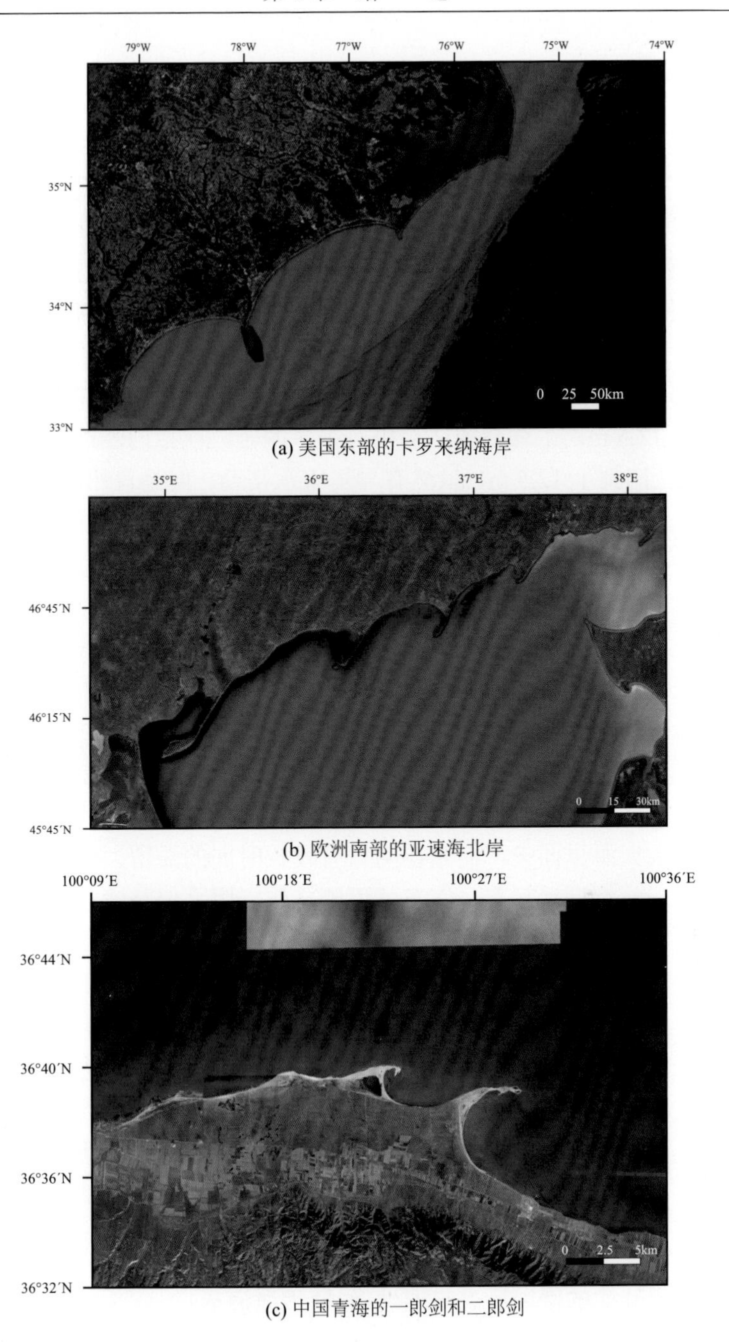

(a) 美国东部的卡罗来纳海岸

(b) 欧洲南部的亚速海北岸

(c) 中国青海的一郎剑和二郎剑

图 1-4 沿岸漂砂造就的砂咀

1.3.2 长江口深水航道与河口最大浑浊带

再来看一个中国的例子——长江口深水航道的治理问题。长江是中国最长的河流，在上海汇入东海。通过航道整治，可以让大型船舶顺利驶入长江，到达沿岸的港口。就像木桶的短板效应一样，航道的通行能力取决于其最浅处的水深。在整治前，长江口主航道最浅处在长江出河口和东海交汇的地方。虽然这里以上的河道和以下的大海都有 10 m 以上较大的水深，但是这里水深很浅，只有大约 6 m，就像一个门槛一样限制了大型船舶的驶入，这就是所谓的拦门沙。为此，中国政府投入了大量的资金进行航道整治，深挖航道并在两侧建筑导堤，使深水航道的水深在 12.5 m。工程建成之后仍有很多困难。在拦门沙地方的航道自然水深是 6 m，现在挖到了 12.5 m，虽然有导堤束水帮助，但是自然的力量仍在抵抗，泥沙在航道淤积，试图恢复自然水深。若要维持 12.5 m 深，就只能人工挖泥疏浚。相关单位每年都会对主航道进行疏浚工作，从航道中挖出多达约 $8\times10^7m^3$ 的沉积物，以维持航道水深，花费逾 20 亿元人民币。

之所以会在河海交互的地方形成比上下游都浅的拦门沙，一个重要原因是当地的水体特别浑浊，水体里的悬沙浓度比上下游都大，河口学中称为河口最大浑浊带(turbidity maximum)。悬沙落淤量和水体悬沙浓度成正比，浑浊的水体产生较大的落淤量，促使拦门沙形成。河口最大浑浊带不仅具有地貌效应，还会深刻影响着生物地球化学循环。这里的水特别浑浊，简单说来就是河流带来的沉积物无法快速地跑到大海里面去，而是在河口有较长时间的滞留，就像顺畅的道路上汽车密度不大，一旦拥堵起来，汽车就可能挤作一团。但是河口最大浑浊带的悬浮泥沙和拥堵的汽车不同。在拥堵时，汽车要么静止，要么缓行，但是这里的悬沙处于不断冲刷—淤积、上蹿下跳的动态之中，与此同时，沉积物颗粒表面附着的各种化学元素，如碳、氮、磷、硫等，就有充分反应、转化的机会，所以 Aller(1998)认为河口最大浑浊带是颗粒有机碳的焚化炉。

河口最大浑浊带研究是海洋沉积动力学的一大战场。如何提出有效减少航道淤积的方案，在降低疏浚航道开销的同时，保证航道水深？如何认识河口中的元素收支平衡，为应对气候变化提供科学依据？这些问题的解决都与河口最大浑浊带研究密不可分。

1.3.3 海岸盐沼陡坎的侵蚀后退与湿地保护(泥质海岸)

前面提到的荷兰海岸是由砂子组成的，这也是大多数人对于海岸的第一印象。但是许多海岸上的物质不是一粒一粒的砂子，而是粘在一起的泥巴。这种泥质海岸在中国的分布比砂质海岸要长得多。泥质海岸上有大片的滩涂位于潮间带(intertidal zone)，在潮汐的作用下，它们时而被潮水淹没，时而露出见光。一些草本植物能够耐盐生长，在潮间带上盘踞于靠近陆地的上部，这就是盐沼湿地。盐沼湿地的边缘可以发育陡坎(cliff)。如果各位曾造访美国东海岸或是英国南部的海岸，以及意大利威尼斯潟湖(Venice lagoon)，可以发现，在那里的潮间带上部长满了半米到近一人高的植物，就像草地一样，而向海处的低地则是光秃秃的泥滩(mud flat)。植被与泥滩之间发育了陡坎[图 1-5(a)]，在波浪的作用下，它会被不断侵蚀(图 1-5)。这里有威尼斯(Venice)的一幅古画[图 1-5(b)]，右边的人物头上缠着海草，象征海的力量，而左边的人物头上长的是盐沼植物，代表陆地势力，二人彼此搏斗，即是海陆势力较量的体现。这幅画作说明的是当时威尼斯潟湖面临的严重问题：来自海洋的侵蚀与当地盐沼湿地的力量已不容忽视。

(a) (b)

图 1-5 (a)威尼斯潟湖的盐沼陡坎；(b)海陆之间的较量

资料来源：(a) https://www.wearehereveniceorg/projects/ecology-of-venice/ecology-of-venice/life-in-the-lagoon-a-general-outline/；(b) Trevisan(1715)

在江苏海岸也发生了同样的故事：过去的潮滩剖面由陆向海都是光滑的，但在 1982 年引种互花米草之后，通过滩面测量发现了陡坎的形成(图 1-6)，并且这些陡坎还在持续向陆推进(Zhao et al., 2017)。也就是说，潮间带上部的泥质沉积物和植被，难逃被大海吞噬的命运，滩涂面积将大为缩减。江苏盐城位于黄海之滨，是鸟类的天堂，每年冬季，成千上万的候鸟会飞抵这里，其中就有珍贵的丹顶鹤。国家在此设立了江苏盐城湿地珍禽国家级自然保护区，重点保护丹顶鹤等鸟类。但是就在这个保护区的核心区，盐沼陡坎快速形成，侵蚀后退，并且速度快得惊人(Zhao et al., 2017)：在意大利、英国和美国东海岸等处，陡坎侵蚀后退速率在大约 1 m/a 或更少，但是这里达到了每年数十米！

这些盐沼湿地被侵蚀后就一去不复返了，盐沼湿地侵蚀对海岸带生态系统的平衡而言，包括碳循环、底栖生物的生存等方面，都是一个巨大的挑战(高抒等, 2014)。例如，海岸盐沼作为重要的蓝碳(blue carbon)生态系统，具有高效的固碳能力, 具有缓解大气 CO_2 浓度升高的潜力(章海波等, 2015; 周晨昊等, 2016)。如何从过程和机制上认识这一现象,并给出行之有效的解决方法(如荷兰砂质海岸的“砂引擎”计划)，也需要海洋沉积动力学家的努力。

图 1-6　江苏盐城湿地珍禽国家级自然保护区内的盐沼陡坎

图中为笔者

前面提到的正反馈效应在盐沼湿地演化过程中也有体现。Fagherazzi 等(2013)研究了一个有意思的现象:盐沼湿地以及其中发育的小型潟湖的形成演化。他们的研究认为，潟湖的空间尺度具有一个临界值。如果潟湖的初始大小超过了临界值，风吹过较大的湖面会产生较大的波浪，侵蚀潟湖与盐沼界面上的陡坎，从而扩大潟湖，这样湖面也进一步扩大，与此同时，增大的风会产生更大的波浪，盐沼会被进一步侵蚀，如此正反馈循环不断增强，从而导致整个盐沼湿地系统的毁灭。反之，如果潟湖的初始大小没有达到临界值，河流和海洋输入的沉积物倾向于在潟湖边缘堆积，盐沼扩张，从而减小了湖面面积，这样湖面越来越小，波浪也越来越弱，对盐沼的侵蚀能力也越来越弱，而堆积则保持不变，这种正反馈循环不断扩大，最终潟湖几乎消失，盐沼会占据大部分区域(图 1-7)。这是十分有趣的研究结果。

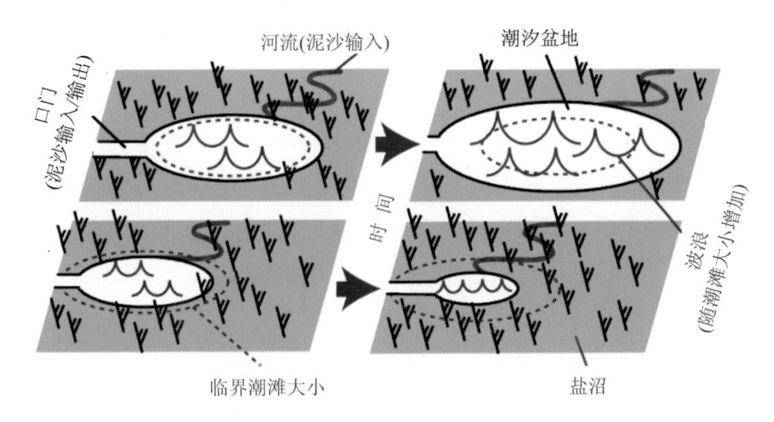

图 1-7　盐沼湿地以及其中发育的小型潟湖的形成演化示意图

资料来源：Fagherazzi 等(2013)

1.3.4　中国东部海域的悬沙和沉积体系

图 1-8 显示出中国东部海域并不像欧洲外海或是美国东部海域那样清澈，相比之下它是更加浑浊的。这并非由环境污染所致，而是由沿岸巨量的沉积物供给造成的。黄河和长江挟带大量的沉积物入海，这些沉积物通常是泥质的细颗粒，不会迅速沉降到海底保存起来，而是被波浪、潮汐和洋流挟带，悬浮在水体之中，在沿岸地带进行再分配。图 1-8 上的黑色区域代表陆地，右方渐变的色带表示悬

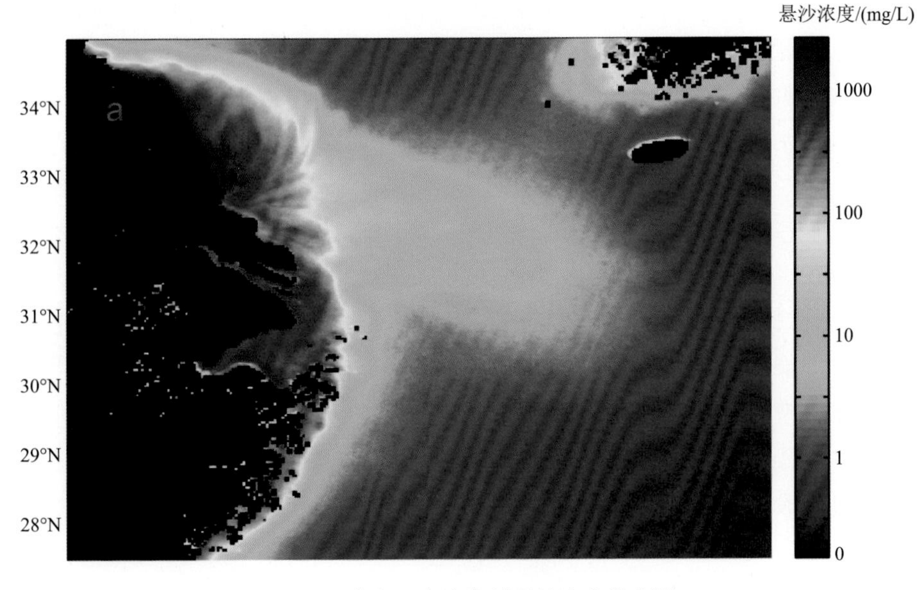

图 1-8　黄海—东海海域悬沙浓度分布图

资料来源：Mao 等(2016)

沙浓度。从图上可以得知，从我国杭州湾、长江口直到江苏海岸的大片区域都具有高于 1 g/L 的悬沙浓度(Mao et al., 2016)，这是英国北海和美国东西海岸悬沙浓度典型值的十多倍，此大片区域可能是世界上最大面积的浑水团！水体浑浊度对于其中的生物地球化学过程和光合作用至关重要，控制了诸如浮游植物暴发(phytoplankton spring bloom)等过程(Tian et al., 2009)。

沉积物使得沿岸海水变得更加浑浊，而在地质历史中，如只考虑全新世时期，这些陆源的沉积物在或长或短地漂泊之后终于找到了自己的归宿，固定在海底，保存在地层之中，这样就形成了一系列沉积体系(sedimentary system)。例如，入海的长江沉积物不断在河口堆积，形成了现在的长江三角洲。而还有一部分来自长江的沉积物沿岸向南输运，形成浙闽沿岸泥(Zhejiang-Fujian coastal mud area)。除此之外，江苏海岸、黄河三角洲和废黄河三角洲，以及山东半岛沿岸的泥质沉积体和黄海中部的泥质沉积体等，都是中国近海重要的沉积体系(图 1-9)。如何解译这些沉积体系的形成过程和机制，是中国海洋地质学(尤其是海洋沉积学)研究的核心问题之一(何起祥, 2006; Gao et al., 2016)。

这些大空间尺度和长时间尺度的沉积体系演化的研究，许多还是通过反演方法进行的，也就是在这些沉积体上打钻孔和开展浅层(海底以下几十米范围)地震剖面观测，利用钻孔和地球物理资料来分析它们的成因和演化信息(Xu et al., 2012; Liu et al., 2013)。而从海洋沉积动力学角度来看，我们提倡正演。和传统的反演方法(以地层记录分析为代表)不同，正演方法是在对沉积物输运、堆积和保存机理深刻理解的基础上，以数值模拟的方式，建立短时间尺度和长时间尺度的沉积体系产物之间的联系(Nittrouer et al., 2007)。如果模拟能够建立在正确的物理原理或图景之上，又与反演方法结果对比、交融，就具备了准确刻画系统特征、预测未来演化趋势的功能。

近 2000 年来长江沉积物在钱塘江河口—杭州湾形成的巨大堆积体，被称为钱塘江河口沙坎。陈吉余等(1964)和钱宁等(1964)通过地层分析和沉积动力过程分析给出了沙坎的演化过程和原因，笔者则使用了数值模拟的手段，以正演方法模拟了几千年来沙坎的形成和演化过程，研究了不同因素(河口平面形态、沉积物供给和河流径流量)对其的影响，建立了大型强潮河口沉积地貌演化的一般框架(Yu et al., 2012)。这是大尺度沉积地貌体系正演研究的一个例子。

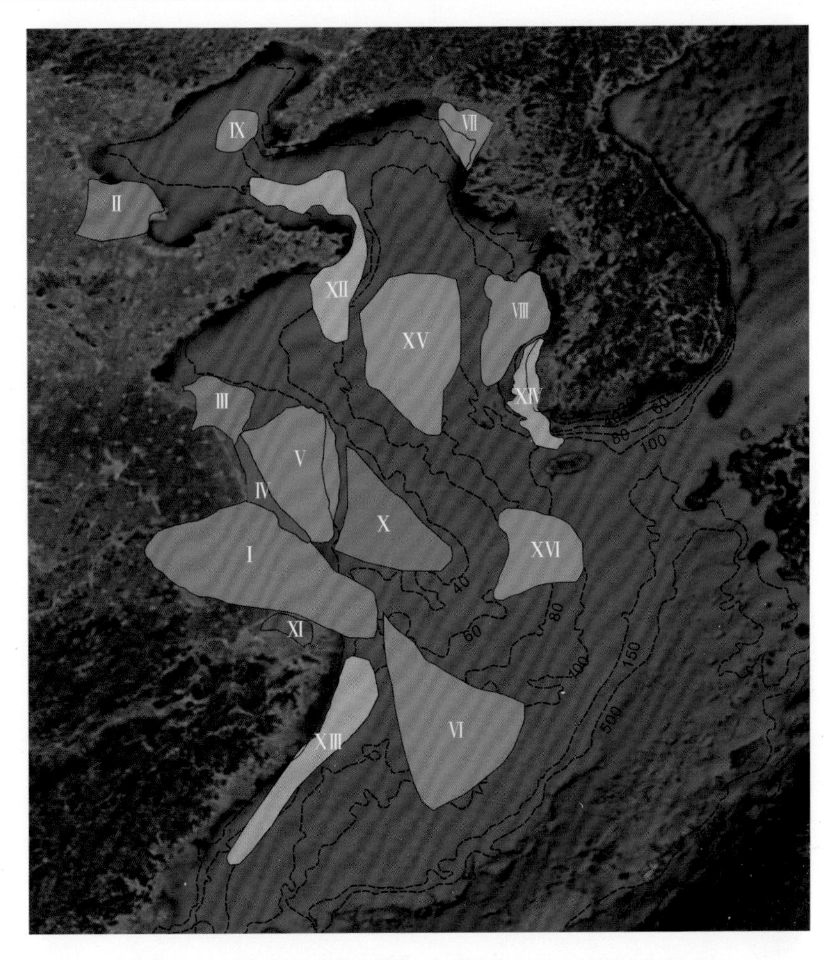

图 1-9　中国东部沿海(渤海、黄海和东海)上的沉积体系

罗马字母标注的区域为各沉积体系：Ⅰ为长江三角洲；Ⅱ为黄河三角洲；Ⅲ为废黄河三角洲(黄河 1128～1855 年在江苏北部形成的三角洲)；Ⅳ为江苏潮滩；Ⅴ为江苏辐射状潮流沙脊；Ⅵ为东海古潮流沙脊；Ⅶ为朝鲜湾潮流沙脊；Ⅷ为朝鲜南部沿岸潮流沙脊；Ⅸ为渤海潮流沙脊；Ⅹ为扬子浅滩；Ⅺ为杭州湾河口沉积；Ⅻ为黄河远端水下三角洲；XⅢ为长江远端水下三角洲(浙闽沿岸泥)；XⅣ为 Huksan 水下泥质带；XⅤ为南黄海中部泥质区；XⅥ为济州岛南部泥质区

资料来源：Gao 等(2016)

1.4　研究历史

海洋沉积动力学的源头是河流沉积物的动力学。我们人类过去在陆地上定居，想要利用河流，所以就有了都江堰这样举世闻名的水利工程。如果去四川省旅游，建议花上一天时间从成都去都江堰，实地探访这著名的水利工程。在约公元前256～前 251 年，古代中国人修筑都江堰，将岷江水引入成都平原灌溉农田。都江

堰的建设原则可以归结为六个字，“深淘滩，低作堰”。都江堰分流的水量，既不能太多，也不能太少。修建引水工程是要建造水渠，但是建造完成后，水流会挟带沉积物，如果它们将水渠淤塞了，那么岷江水就无法被引到成都平原。怎么办呢？古人利用了合适的工程方法修造渠道，在渠道中建造一道矮堰，这样每年洪季淤积在矮堰处的沉积物可以在枯水季节被淘走。这就是所谓“深淘滩，低作堰”（图 1-10）。古人利用沉积动力学的经验，设计引水渠和矮堰的位置和高度，以利于分水和清淤，这一伟大的工程直到今天仍旧发挥作用，泽被号称“天府之国”的成都平原。

图 1-10　都江堰景区内的“深淘滩，低作堰”石刻

下面介绍创立现代沉积动力学的两位里程碑式人物：巴格诺尔德（Bagnold，1896～1990 年）和小爱因斯坦（Einstein，1904～1973 年）。巴格诺尔德在第二次世界大战时曾任英军准将，在北非的沙漠里率军与隆美尔（Rommel，1891～1944 年）作战。在战前他就曾研究沙漠中砂粒的动力特性，之后他成功地把研究成果应用于战争之中。小爱因斯坦是爱因斯坦的长子。这两位科学家奠定了沉积物输运（sediment transport）理论的基本框架。巴格诺尔德享寿 94 岁，而小爱因斯坦由于在伍兹霍尔海洋研究所（WHOI）的研讨会上突发心脏病，不幸在 69 岁时就去世了。

另一位值得一提的人物是钱宁（1922～1986 年）。他是一名中国沉积动力学家，研究领域涉及河流和海洋沉积动力学，前面提到的钱塘江河口沙坎的研究就是他的杰作之一。他在 1943 年毕业于中央大学土木系，后赴美深造。他于 1949

年在加利福尼亚大学伯克利分校(University of California, Berkeley)师从小爱因斯坦，攻读博士学位。在1955年，他回到中国。他说："我的梦想就是研究黄河，研究中国的泥沙。"(钱理群，1991)之后他写成了一系列相关的著作。笔者非常崇敬钱宁先生，他回国后经历了巨大的苦难，却做出了巨大的成就。在网上可以搜索到很多关于他的故事，其中最令人感动的是，他在20世纪80年代"科学的春天"到来，可以正常工作之际，却已身患癌症，从1979～1986年去世前的短短7年间，他写成了两本大部头专著《泥沙运动力学》和《河床演变学》。在《泥沙运动力学》的前言中，他这样写道，"握笔伊始，犹在华年，而今掩卷住笔，竟已白发苍苍。"这本书是在他刚刚罹患癌症时写成的，而在写作第二本书《河床演变学》的时候，他已住在医院里了，"我总是在病房里浏览文献，进行构思，出院后赶快写成文字。忙忙碌碌在与时间的竞赛中，倒也感受到生活的乐趣，增加了我和疾病作斗争的勇气。"(钱宁等，1987)这些话语，都让人肃然起敬。他的弟弟钱理群，是北京大学中文系著名教授，曾为钱宁著传记《心系黄河——著名泥沙专家钱宁》。

1.5　本书的章节安排与文献阅读建议

1.5.1　章节安排

这里强调的是从过程到产物的海洋沉积动力学，限于篇幅和进度，本书专注于"过程"，所以名为《海洋沉积动力学原理》，"产物"部分计划写作于下一本姊妹书中。

具体而言，就是先从沉积物的特征和运动形式入手，依据沉积物的动力学性质和运动形式进行分类，再介绍它的沉降速度。然后进行与沉积物运动相关的水动力过程的介绍，重点是海底附近水体的边界层过程。水-底边界上的最显著形态特征是不平坦的底床，上面往往发育了底形，是海底对水摩擦的主要来源。潮汐、波浪和海流是海洋环境中水动力的主要因素，书中也会做些简要而有趣的介绍。有了以上的背景，就可以刻画沉积物的起动、推移质和悬移质输运过程。最终通过连续性方程，把沉积物输运和地层地貌演化结合起来，即建立过程和产物的联系。

在讨论"产物"部分的下一本姊妹书中，将以一些特定环境为例，包括河口、砂质海岸、潮滩、大陆架和深海等，分析其中沉积物输运的过程与产物。

1.5.2　从入门到前沿

本书每一章的开始，都会以一些电影、诗歌、绘画或者逸闻片段来引出其与海洋沉积动力学相关的主题，给出其中一些问题的科学解释，以增加本书的可读性，使这门看似枯燥的学问生动起来。

笔者希望以一种浅显易懂的方式来叙述海洋沉积动力学的方方面面，使这本书能成为适合初学者的入门读物，因为笔者的理解就是建立在这种简单的方式之上的。本书并不具备全面性。在当今信息社会中，相关的中外文教科书、专著、论文都很多(下面会简要介绍)，希望本书可以引领读者入门，帮助读者选择和阅读相关著作。

海洋沉积动力学的体系远不如物理学或者化学完善，研究的进步也在不断改变着我们的认识。本书也试图包含最新的研究成果，这样读者可以知道现在(21世纪初)海洋沉积动力学的前沿和发展方向，笔者更希望借此激发读者的研究兴趣和灵感。书中结合了较多笔者的研究成果，这些内容较为熟悉、容易驾驭。

常常有同学提问怎么学习这门课程。同学们各自专业背景不同，海洋、土木、生物、大气、地质、自然地理的同学都有，但是他们都很关心如何学好这门课。有人说，他的数学或者流体力学基础不够好；有人说，自己的沉积学基础欠佳。然而，最重要的并不是数学或者物理，而是各位对于沉积物运动概念的认识。各位得去思考，沉积物是怎么运动的，所形成的沉积体系又是如何演化的。

在此介绍德国哥廷根大学(Georg-August-Universität Göttingen)的空气动力学家普朗特(Prandtl，1875～1953年)。季羡林先生的《留德十年》中曾记载，在第二次世界大战时期，德国本土受到美英空军的轰炸，许多建筑被摧毁，普朗特却十分开心地跑到室外，感叹道，“这里的空气动力学实验可比我实验室里的好多啦！”(季羡林，2008)通过观察战机轰炸建筑物的效果，他得以了解建筑碎片在空中运动的细节。本书的基础理论之一，边界层理论(boundary layer theory)，就是以他和他的学生冯·卡门(von Kármán，1881～1963年)命名的。冯·卡门在中国也算是家喻户晓，因为他是钱学森(1911～2009年)的博士生导师。普朗特非常重视观察和分析力学现象，培养直观洞察能力。他曾说：“我只是在相信自己对物理本质已经有深入了解以后，才想到数学方程。方程的用处是说出量的大小，这是直观得不到的，同时它也证明结论是否正确。”(朱克勤和陆士嘉，2022)在这门课里，数学技巧是次要的，最重要的是去了解物理过程的本质图景。因此，是否具备数学背景没那么重要，重要的是去理解物理过程，在此基础上，数理方程和计算能够帮助大家去深入了解这些过程。

1.5.3　文献建议

与海洋沉积动力学相关的研究文献很多，这里为初学者给出一些建议。两本中文参考书就是之前我提到的钱宁的《泥沙运动力学》(钱宁和万兆惠, 1983)和《河床演变学》(钱宁等, 1987)。前者对于一般的沉积动力学，即沉积物输运过程有详细的论述；后者虽然是针对河流环境下沉积物输运的产物——河床演变进行讨论，但是研究海洋环境，也可从中借鉴许多方法和思想。

另外还有四本英文参考书，分别是 *Coastal and Estuarine Sediment Dynamics*(Dyer, 1986)、*Coastal Dynamics*(Bosboom and Stive, 2021)、*Dynamics of Marine Sands: A Manual for Practical Applications*(Soulsby, 1997)和 *Dynamics of Estuarine Muds: A Manual for Practical Applications*(Whitehouse et al., 2000)。Dyer(1986)的书理论性很强，是本领域的经典之作；Bosboom 和 Stive(2021)的 *Coastal Dynamics* 一书是经多年积累而成的完善的荷兰代尔夫特理工大学硕士课程教材，并且现在可以开放获取，主要关注砂质海岸的动力过程；Soulsby(1997)和 Whitehouse 等(2000)的书从题目就可以看出来是一对姊妹(砂和泥)实用手册，它们会教你运用具体的计算方法解决问题，并附有大量实例。

学术期刊是科学家报道研究成果的主要阵地。中文论文在中国知网(http://www.cnki.net/)上可以快速检索，分辨内容也较为迅速。相关国际期刊更是多种多样，可能给初学者带来检索和分辨的困扰，这里简要介绍下海洋沉积动力学的主要国际期刊。

Dyer(1986)书的前言中提到，海洋沉积动力学主要有三组人开展研究，一为地质地貌学家、二为海洋学家、三为土木(海岸)工程学家。三组人各有所长，也有相应的学术刊物。

地质地貌学家的主要刊物有：海洋地质学的 *Marine Geology*(Elsevier 公司出版)和 *Geo-Marine Letters*(Springer Nature 公司出版)；地貌学的 *Journal of Geophysical Research: Earth Surface*(John Wiley 公司出版)、*Geomorphology*(Elsevier 公司出版)和 *Earth Surface Processes and Landforms*(John Wiley 公司出版)。

海洋学家的主要刊物有：*Journal of Geophysical Research: Oceans*(John Wiley 公司出版)、*Continental Shelf Research* 和 *Estuarine, Coastal and Shelf Science*(Elsevier 公司出版)、*Estuaries and Coasts* 和 *Ocean Dynamics*(Springer Nature 公司出版)。

海岸工程学家的主要刊物有：*Coastal Engineering*(Elsevier 公司出版)、*Journal of Waterway, Port, Coastal, and Ocean Engineering*(美国土木工程师学会 ASCE 出版)。

当然其他综合性的地质、海洋、水利工程、地球物理、环境类期刊都常常刊登海洋沉积动力学的相关论文，以上只是本领域内论文较为集中刊登的几种刊物。其中最具代表性的期刊是 *Journal of Geophysical Research: Ocean*，*Marine Geology*，*Continental Shelf Research*，*Estuarine*、*Coastal and Shelf Science* 和 *Coastal Engineering*。

参考文献

陈吉余，罗祖德，陈德昌，等. 1964. 钱塘江河口沙坎的形成及其历史演变. 地理学报，(2):

109-123.
高抒. 2013. 中国东部陆架全新世沉积体系: 过程—产物关系研究进展评述. 沉积学报, 31: 845-855.
高抒, 杜永芬, 谢文静, 等. 2014. 苏沪浙闽海岸互花米草盐沼的环境-生态动力过程研究进展. 中国科学: 地球科学, 44: 2339-2357.
何起祥. 2006. 中国海洋沉积地质学. 北京: 海洋出版社.
季羡林. 2008. 留德十年. 北京: 人民出版社.
金秋鹏. 2011. 中国古代造船与航海. 北京: 中国国际广播出版社.
钱理群. 1991. 心系黄河——著名泥沙专家钱宁. 北京: 科学普及出版社.
钱宁, 李光炳, 谢汉祥, 等. 1964. 钱塘江河口沙坎的近代过程. 地理学报, 30: 124-142.
钱宁, 万兆惠. 1983. 泥沙运动力学. 北京: 科学出版社.
钱宁, 张仁, 周志德. 1987. 河床演变学. 北京: 科学出版社.
秦蕴珊. 1963. 中国陆棚海的地形及沉积类型的初步研究. 海洋与湖沼, (1): 71-85.
章海波, 骆永明, 刘兴华, 等. 2015. 海岸带蓝碳研究及其展望. 中国科学: 地球科学, 45: 1641-1648.
郑晓静, 王萍. 2011. 力学与沙尘暴. 北京: 高等教育出版社.
周晨昊, 毛覃愉, 徐晓, 等. 2016. 中国海岸带蓝碳生态系统碳汇潜力的初步分析. 中国科学: 生命科学, 46: 475-486.
朱克勤, 陆士嘉. 2022. 中国大百科全书 • 力学卷. 北京: 中国大百科全书出版社.
Aller R C. 1998. Mobile deltaic and continental shelf muds as suboxic, fluidized bed reactors. Marine Chemistry, 61: 143-155.
Ashton A, Murray A B, Arnault O. 2001. Formation of coastline features by large-scale instabilities induced by high-angle waves. Nature, 414: 296-300.
Bosboom J, Stive M J F. 2021. Coastal Dynamics. Delft: Delft University of Technology.
Dade W B, Friend P F. 1998. Grain-size, sediment-transport regime, and channel slope in alluvial rivers. The Journal of Geology, 106: 661-675.
de Gennes P G D. 1999. Granular matter: A tentative view. Review of Modern Physics, 71(2): S374-S382.
Dyer K R. 1986. Coastal and Estuarine Sediment Dynamics. New York: John Wiley.
Emery K O. 2002. Autobiography: Some early stages of marine geology. Marine Geology, 188(3/4): 251-291.
Fagherazzi S, Mariotti G, Wiberg P L, et al. 2013. Marsh collapse does not require sea level rise. Oceanography, 26(3): 70-77.
Gao S, Wang D D, Yang Y, et al. 2016. Holocene sedimentary systems on a broad continental shelf with abundant river input: Process-product relationships. Geological Society, London, Special Publications, 429: 223-259.
George D A, Hill P S. 2008. Wave climate, sediment supply and the depth of the sand-mud transition: A global survey. Marine Geology, 254: 121-128.

Griffin J D, Hemer M A, Jones B G. 2008. Mobility of sediment grain size distributions on a wave dominated continental shelf, southeastern Australia. Marine Geology, 252: 13-23.

Liu J, Kong X, Saito Y, et al. 2013. Subaqueous deltaic formation of the Old Yellow River (AD 1128—1855) on the western South Yellow Sea. Marine Geology, 344: 19-33.

Mao Z H, Pan D L, Tang C L, et al. 2016. A dynamic sediment model based on satellite-measured concentration of the surface suspended matter in the East China Sea. Journal of Geophysical Research: Oceans, 121: 2755-2768.

Margins Office. 2003. NSF Margins Program Science Plans 2004. New York: Columbia University.

Niino H, Emery K O. 1961. Sediments of shallow portions of East China Sea and South China Sea. Geological Society of America Bulletin, 72: 731.

Nittrouer C A, Austin J A, Field M E, et al. 2007. Continental Margin Sedimentation: From Sediment Transport to Sequence Stratigraphy. Blackwell: International Association of Sedimentologists: 549.

Rebesco M, Hernández-Molina F J, Van Rooij D, et al. 2014. Contourites and associated sediments controlled by deep-water circulation processes: State-of-the-art and future considerations. Marine Geology, 352: 111-154.

Soulsby R L. 1997. Dynamics of Marine Sands: A Manual for Practical Applications. Oxford: Thomas Telford.

Stive M J F, de Schipper M A, Luijendijk A P, et al. 2013. A new alternative to saving our beaches from sea-level rise: The sand engine. Journal of Coastal Research, 29: 1001-1008.

Tian T, Merico A, Su J, et al. 2009. Importance of resuspended sediment dynamics for the phytoplankton spring bloom in a coastal marine ecosystem. Journal of Sea Research, 62: 214-228.

Trevisan B. 1715. Trattato della Laguna di Venezia. Venezia: Domenico Lovisa.

Whitehouse R, Soulsby R, Roberts W, et al. 2000. Dynamics of Estuarine Muds: A Manual for Practical Applications. London: Thomas Telford.

Xu K, Li A C, Liu J P, et al. 2012. Provenance, structure, and formation of the mud wedge along inner continental shelf of the East China Sea: A synthesis of the Yangtze dispersal system. Marine Geology, 291: 176-191.

Yu Q, Wang Y W, Gao S, et al. 2012. Modeling the formation of a sand bar within a large funnel-shaped, tide-dominated estuary: Qiantangjiang Estuary, China. Marine Geology, 299-302: 63-76.

Yu Q, Wang Y W, Flemming B, et al. 2014. Scale-dependent characteristics of equilibrium morphology of tidal basins along the Dutch-German North Sea Coast. Marine Geology, 348: 63-72.

Zhao Y Y, Yu Q, Wang D D, et al. 2017. Rapid formation of marsh-edge cliffs, Jiangsu coast, China. Marine Geology, 385: 260-273.

第 2 章　沉积物的特征与运动形式

从沉积物开始，讨论海洋沉积动力学的第一部分：沉积物的特征与运动形式。海洋沉积动力学中有三个关键词，分别是“海洋”“沉积物”和“动力学”。我们关注的是海洋环境中沉积物的受力与运动，所以从沉积物开始。

2.1　单个沉积物颗粒的粒度

本节可以从英国诗人布莱克(Blake, 1757～1827 年)的诗作《天真的预言》(*Auguries of Innocence*)的前四句开始：

To see a World in a Grain of Sand	一砂一世界
And a Heaven in a Wild Flower	一花一天堂
Hold Infinity in the palm of your hand	双手握无限
And Eternity in an hour	刹那是永恒

一颗砂粒就是一个世界，世事浮沉塑造了它的形体、面容乃至灵魂。成千上万的沉积物颗粒蕴藏着无数信息，我们则需要通过研究蛛丝马迹了解沉积物颗粒的前世今生。在本节中，会讨论沉积物的粒度与其测量方法、沉积物的物理属性及其运动形式。

首先，想想什么是沉积物。在中文当中，沉积物可以被称为“泥沙”，这正是“泥沙俱下”之中的“泥沙”，进一步的简称就是“沙”。但是各位应当注意区分“沙”和“砂”这两个字——前者是三点水旁，后者是石字旁。三点水旁的“沙”对应英文中的 sediment，而石字旁的“砂”对应英文中的 sand。那么，sediment 和 sand 之间有什么不同呢？sediment 指所有的沉积物，包括了巨砾(boulder)、卵石(cobble)、大颗粒的砾石(gravel)、粗颗粒的砂(sand)和细颗粒的泥(mud)。在这里，“砂”只是“沙”的一部分。另外，泥又可以划分为较粗的粉砂(silt)和较细的黏土(clay)。

对于单个沉积物颗粒，度量它大小的重要指标是粒度(grain size)。顾名思义，粒度类似于长度，是对于颗粒大小的度量，它是划分沉积物种类最重要的指标。这里所说的颗粒大小，简单说来就是颗粒的直径。如果沉积物颗粒的尺寸非常大，大到跟我们的个头差不多，那么就可以把它称为巨砾(boulder)。美国著名的科罗拉多大学博尔德分校，全称为 University of Colorado Boulder。如果有同学去过庐山考察，在那边见到的“飞来石”，也属于巨砾的一种。比巨砾小一些的是卵石(cobble)，更小的是砾石(gravel)。砾石的粒度在 2～64 mm，而粒度在 0.0625～2 mm，即 62.5～2000 μm 的沉积物就称为砂(sand)。粉砂(silt)比砂更细，粒度在 0.004～0.0625 mm，即 4～62.5 μm。然而，黏土(clay)的粒度还要更小，小于 0.004 mm(4 μm)。所以，汉语里的“沙”或者“泥沙”指的是全部的沉积物，而“砂”指的是比 62.5 μm 粗的沉积物，“泥”指的是比 62.5 μm 细的沉积物。

目前，黏土和粉砂界限的划分仍然存在争议。有些标准将粒度 0.002 mm(2 μm)定为黏土和粉砂的分界线。在美国地球物理学会(American Geophysical Union, AGU)推荐使用的 Wentworth(1922)标度中，黏土和粉砂的粒度分界线为 0.004 mm (4 μm)。请各位牢记，在进行沉积物分类时，应该明示你所使用的分类方法，以免引起误解。

读者可能已经发现了，使用国际单位制(International System of Units, SI)长度单位度量沉积物粒度不是很方便，黏土粒度要小到 0.002 mm，砾石要大到 10 mm，于是 Krumbein 和 Aberdeen(1934)创立了 phi(φ)标度，将 SI 下的粒度转换为以 2 为底的负对数，便于表记。其转换公式为

$$\varphi = -\log_2 \frac{D}{D_0} \tag{2.1}$$

$$D = D_0 \times 2^{-\varphi} \tag{2.2}$$

式中，φ 为 phi 标度；D 为沉积物粒度(mm)；D_0 为参考粒径(1 mm)。

根据式(2.1)，河床上粒度约 1 mm 的砂，换算成 phi 标度，就是 0。如果沉积物颗粒非常细，如 8 μm 的粉砂，其 phi 标度就大约是 7，各位可以试着自己计算一遍。另外，根据式(2.2)也可以将 phi 标度换算回 SI 长度。phi 标度和 SI 长度的不同点在于，前者是对数标度，后者是线性标度；前者数值的线性变化对应着后者数值的指数变化。

现在思考一下各种沉积物类型之间的分界。黏土和粉砂之间的粒度界限取 4 μm，对应的 phi 值是 8；粉砂和砂之间的粒度界限为 0.0625 mm(phi 值为 4)；砂和砾石之间的粒度界限为 2 mm(phi 值为–1)。在对沉积物进行分类命名时，可用图 2-1 进行确定。

这样的分类命名方式有利于直观地描述某个沉积物颗粒的大小或是粗细。图 2-2 展示的是砂质海岸(sandy coast)，那里的沉积物以砂为主，在中国不常见。砂质海岸地域具有碧海蓝天、白沙长滩的优美风光，通常是热门的旅游目的地，如海南、青岛和大连等地。图 2-3 展示了电子显微镜下砂的颗粒形态，将图中的颗粒与比例尺进行比较，可以得出，这些砂粒的粒度多在 100 μm 左右。

phi-mm 转化公式：$\phi=-\log_2\frac{D}{D_0}$（$d$单位为mm）1 μm=0.001mm

ϕ	mm	mm	度数单位：in^①^ 小数单位：mm	类别名称［据Wentworth (1922)］	ASTM No. (U.S. Standard)	Tyler Mesh No.	筛分粒度对应的中值粒径	每毫克颗粒所对应的数量 石英质球体	每毫克颗粒所对应的数量 天然砂
−8	200	256	10.1"	漂砾					
−7	100	128	5.04"	卵石					
−6		64.0	2.52"	砾石 极粗	21/2"				
	50	53.0			2.12"	2"			
		45.3							
	40	33.1			11/2"	11/2"			
−5		32.0	1.26"	砾石 粗	11/4"				
	30	26.9			1.06"	1.05"			
		22.6							
	20	17.0			3/4"	0.742"			
−4		16.0	0.63"	砾石 中	5/8"				
		13.4			1/2"	0.525"			
		11.3			7/16"				
	10	9.52			3/8"	0.371"			
−3		8.00	0.32"	砾石 细					
		6.73			0.265"	3			
		5.66							
	5	4.76			4	4			
−2	4	4.00	0.16"	砾石 极细	5	5			
		3.36			6	6			
	3	2.83			7	7			
		2.38				8			
−1	2	2.00	0.08"	砂石 极粗	10	9			
		1.63	in/mm		12	10			
		1.41			14	12			
		1.19			16	14			
0		1.00	1	砂石 粗	18	16	1.2	0.72	0.6
		0.840			20	20			
		0.707			25	24	0.86	2.0	1.5
		0.545			30	28			
1	0.5	0.500	1/2	砂石 中	35	32	0.59	5.6	4.5
	0.4	0.420			40	35			
		0.354			45	42	0.42	15	13
	0.3	0.297			50	48			
2		0.250	1/4	砂石 细	60	60	0.30	43	35
	0.2	0.210			70	65			
		0.177			80	80	0.215	120	91
		0.149			100	100			
3		0.125	1/8	砂石 极细	120	115	0.155	350	240
	0.1	0.104			140	150			
		0.088			170	170	0.115	1000	580
		0.074			200	200			
4		0.062	1/16	粉砂 粗	230	250	0.080	2900	1720
	0.05	0.053			270	270			
	0.04	0.044			325	325			
		0.037			400				
5	0.03	0.031	1/32	粉砂 中					
	0.02								
6		0.016	1/64	粉砂 细					
	0.01								
7		0.008	1/128	粉砂 极细					
	0.005								
8	0.004	0.004	1/256	黏土					
	0.003								
9	0.002	0.840	1/512	黏土					

黏土：矿物学研究粉砂黏土界限

注：某些筛网的孔隙和粒级尺度略有不同（ASTM No.）

注：筛网的孔隙和粒级尺度相差为2%（Tyler Mesh No.）

注：适用于次棱状至次圆状的石英砂（单位：mm）（中值粒径）

注：适用于次棱状至次圆状的石英砂（每毫克颗粒所对应的数量）

沉降速度（石英质，20℃）/(cm/s)

- 球体（Gibbs,1971）：100，90，80，70，60，50，40，30，20，10，8，7，6，5，4，3，2，1，0.5，0.329，0.1，0.1085，0.023，0.01，0.0057，0.0014，0.001，0.00036，0.0001
- 粉末：50，40，30，20，10，9，8，7，6，5，4，3，2，1.0，0.5
- 斯托克斯定律（$R=6\pi\eta\nu$）

临界起动速度/(cm/s)

- (Nevin, 1946)：200，150，100，90，80，70，60，50，40，30，20
- (modifid from Hjulstrom,1939) 距底面1m：100，50，40，30，26
- 注：颗粒起动的速度受到其距底部的距离以及其他因素的影响

图 2-1　沉积物粒度分类图

资料来源：修改自 https://pubs.usgs.gov/of/2006/1195/htmldocs/images/chart.gif

① 1 in=2.54 cm。

图 2-2　海南岛的砂质海岸

2013 年摄于海南省陵水黎族自治县

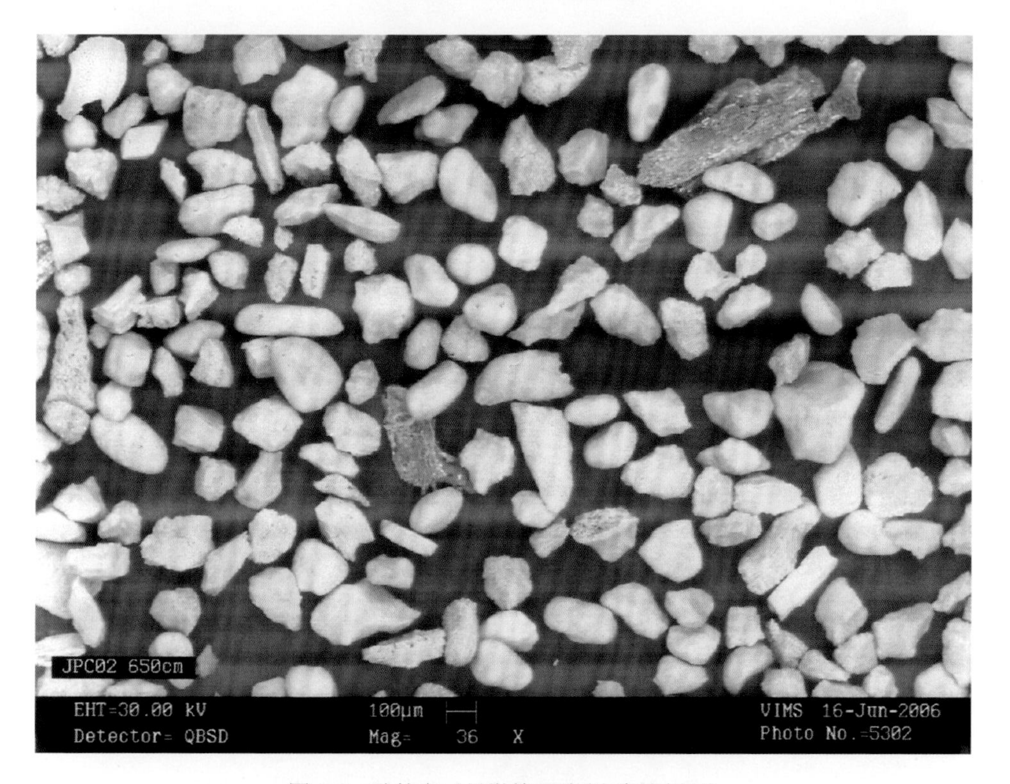

图 2-3　砂的电子显微镜照片(注意比例尺)

另外一种重要的沉积物类型是泥(图 2-4)。图 2-4(a)照片拍摄于 2003 年，当时笔者刚上本科四年级，第一次参加正式的野外研究工作。团队去江苏中部海岸的潮滩(tidal flat)采样，那里的工作十分辛苦，可以看到黑乎乎软塌塌的泥巴，它的黏合力很强，挖坑挖得很费力。另外一张照片则拍摄于浙闽沿岸的潮滩。浙江、福建沿海的海岸通常是基岩海岸(rocky coast)，但是那里也发育了许多小型港湾。

(a)

(b)

图 2-4　(a)江苏潮滩上的泥质沉积物；(b)福建罗源湾的泥质潮滩

外海的波浪作用难以传入这些港湾中，加上长江中的大量泥质沉积物随沿岸流向海输运，将海湾充填，在当地形成了泥质潮滩——其平均粒度只有大约 8 μm，非常细，比第一张照片里的江苏海岸潮滩上的沉积物更细。野外工作并非一帆风顺，总有不尽如人意的时候。再看这位老兄[图 2-4(b)]，他怎么了？他深陷于泥泞的潮滩中，不能自拔了，在被困了三四个小时之后，他才在同行伙伴们的帮助下脱离苦海。

从这些照片可以发现，如果人站在砂质海滩上，就跟平常站在水泥地上没什么区别，起码不会陷进去；但如果是站在泥滩上，那里的沉积物颗粒很细，同时含水量也很高，那就很可能会被困在那里。所以，在野外工作时，请时刻注意自身安全。可能瘦高的人是比较适合在泥滩上进行野外工作的，因为他们不太容易陷进去；如果是体重较大的人可就得小心了。

所以，为什么泥和砂的性质差别如此之大呢？可以看看电子显微镜下黏土的结构(图 2-5)。前面说道，粒度小于 4 μm 的颗粒属于黏土，4～62.5 μm 的颗粒属于粉砂，它们可以统称为泥。照片中显示的黏土结构和刚才看过的砂的结构是截然不同的。砂的成分主要是二氧化硅，即石英(silica, SiO_2)，少数情况下为碳酸钙(calcium carbonate, $CaCO_3$)等其他矿物。砂颗粒的形态是相对均一的，像鸡蛋或

图 2-5　黏土的电子显微镜照片(注意比例尺)

资料来源：http://blogs.egu.eu/divisions/sss/2014/09/05/lightening-the-clay-i/

米粒一样，是一粒一粒排列的。而黏土是由多种含水层状硅酸盐(phyllosilicate; layer silicate)矿物组成的混合体，常见组分有高岭石(kaolinite)、蒙脱石(montmorillonite)、伊利石(illite)、绿泥石(chlorite)等。这些黏土矿物(clay mineral)是成层的，一层一层组合在一起，形成更大的颗粒，就像是一张张纸彼此交叠。两层黏土矿物相互黏结在一起，层间的电磁力(electromagnetic force)是比较强的。

但如果沉积物变为两颗石英砂颗粒，它们之间就不会有这么强的电磁力维系黏结，因而砂在运动时会较多体现出每个颗粒独自的运动性质。而如果是数千层黏土矿物彼此黏结，可以预见，在同等条件下，相比非黏性的砂，需要更加强烈的水动力作用，才能够使这些黏土矿物起动。这就是沉积动力学研究中的一个核心问题：沉积物的动力特性(dynamic property)。依据沉积物颗粒间是否存在强烈的电磁力相互作用，可将全部沉积物划分为黏性沉积物(cohesive sediment)和非黏性沉积物(non-cohesive sediment)两种类型，在后面我们还会着重强调。

接下来，讨论沉积物粒度信息的意义。首先，沉积物的粒度决定了它的沉降速度(settling velocity)，在下一章我们会详细讨论。这门课是“海洋沉积动力学”，研究的是沉积物颗粒在水中运动的情况，它们在水中能受力起动，最终也会沉降下来。我们得了解它们起动和沉降的过程，有多少沉积物被输送到外海，又有多少能沉积在海底保存下来形成地层。在这些过程之中，沉降速度都是必须考虑的重要因素之一。

读者之中，可能有研究地球化学的同学，请考虑这个问题：沉积物表面的吸附能力与其表面积成正比，即同等体积的沉积物，如果颗粒越细，就具有越大的表面积和越强的吸附能力。为什么是这样？假设沉积物颗粒的粒度为 D，对于同样形状的沉积物颗粒，其体积 V 正比于粒度 D 的三次方，即

$$V \propto D^3 \tag{2.3}$$

其表面积 A 正比于粒度 D 的平方，即

$$A \propto D^2 \tag{2.4}$$

因此，其比表面积(specific surface area)为

$$\mathrm{SSA} = \frac{A}{V} \tag{2.5}$$

于是

$$\mathrm{SSA} \propto \frac{1}{D} \tag{2.6}$$

也就是说，同浓度下，沉积物颗粒的比表面积与粒度成反比。假设有甲、乙两个沉积物样品，甲杯中的沉积物比乙杯中的细，那么甲杯中的沉积物就具有更大的比表面积和更大的吸附能力。如果分别对两沉积物样品进行地球化学指标分析，结果显示，甲杯中沉积物吸附的碳、铅或是其他组分含量偏高，这就有可能

是由沉积物的粒度不同而导致的。因此，地球化学指标分析上的差异不一定能够正确反映采样地点的环境状况：有可能某种物质的源浓度是相等的，但由于沉积物粒度引起的吸附能力的差异，导致最终分析结果上的不一致。

另外，沉积物颗粒的散射(scatter)能力也与其比表面积成正比。每天早上，我们都会打开手机查阅今天的空气质量指数(air quality index, AQI)。通常，不必到手机上查询即时的空气质量如何，只需看看室外就可以了。如果室外空间是明澈的，那么当时的空气质量大概不错；如果是灰蒙蒙的一片，空气质量就好不到哪里去了。但是这样的经验也可能会出问题——不同污染源引起的空气污染，不都是一双肉眼能够察觉的。读者可能知道 $PM_{2.5}$ 和 PM_{10} 的定义，前者是指粒径不超过 2.5 μm 的颗粒物(particulate matter)，后者则是指粒径不超过 10 μm 的颗粒物(严格而言，这里的粒径应为空气动力学直径)。它们都是形成中国大气污染的主要污染源。前者较细，而后者相对较粗。在此考虑一个理想情况：某两天的空气中分别各只有一种污染物，前一天为 $PM_{2.5}$，后一天为 PM_{10}，虽然这两天空气污染物浓度相同，但是后一天的天气看上去会更干净。这是因为颗粒越细，散射光线的能力越强，相应地，空气就看起来更污浊。在水中也是同样的道理，不同粒径悬浮沉积物的光学性质是不同的。光信号会被沉积物颗粒散射，因此水体浑浊度就和悬浮颗粒的浓度有直接关系，所以我们会试图用光信号探测水中的沉积物浓度。但是在这种情况下，就必须针对同样粒径的沉积物进行探测，结果才显得有意义。

2.2　沉积物粒度信息的统计分析

刚才讨论的是单个沉积物颗粒的粒度。但是在实际工作中，遇到的总是成千上万颗沉积物颗粒构成的体系，大家可以算一下，抓一把平均粒度为 100 μm 的砂子，大概有多少粒。这么多颗粒在一起，肯定不可能都是体型一样的，必然有大有小，这时就得使用一些统计分析的方法。最直观的做法就是给出一个大小分布图，从中看出大的占多少，小的占多少，这就是沉积物粒度概率分布曲线(图 2-6)。图中的 x 轴是粒径，单位为 phi(φ)，随着 phi 标度的增大，沉积物颗粒的粒径也由粗向细变化；y 轴是某种粒度大小沉积物在全部颗粒中的概率密度，即一个最小测量粒径区间(如 0.25 φ)内沉积物的比例除以这个区间的宽度(即 0.25)。如果把所有粒径的沉积物的比例累加起来，也就是把这条曲线在测量区间上积分，其几何意义就是在测量区间上这些曲线和直线 $y = 0$ 所包围区域的面积，结果都是 1。

通过绘制沉积物粒度概率分布曲线，可以描述体系中沉积物的集群属性(group property)——这并非针对某一颗粒，而是对于体系之中成千上万个颗粒而

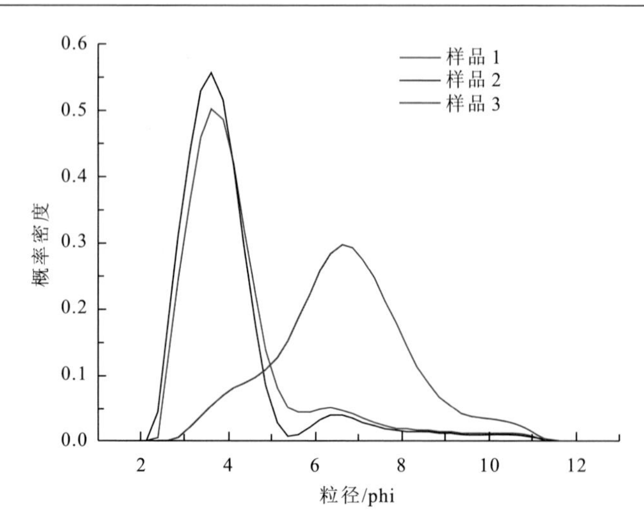

图 2-6　2013 年 5 月在江苏王港附近潮滩的沉积物样品粒度概率分布曲线图

可以看出样品 1 和样品 2 以 2.5～5 φ 粒径的沉积物为主，平均值在 3.75 φ 左右，但是在 >5 φ 部分有一个"尾巴"，也就是说它们混杂了一小部分的细颗粒沉积物。样品 3 的粒度概率分布范围就相对广一些(3～10 φ)，并且较细(平均值约 7 φ)

言。地质学家习惯在绘制沉积物粒度概率分布图时使用 phi 标度，这不仅符合他们将粗颗粒组分放在左侧、将细颗粒组分放在右侧的惯例(Blatt et al., 1980)，同时也方便应用统计学中的概念描述粒度概率分布，如均值(mean)、众数(mode)、中位数(median)、标准差(standard deviation)、峰态(kurtosis)、偏态(skewness)等，都可以用来描述沉积物的粒度概率分布特性，这和做统计学习题没什么区别，具体公式可以参见任何一本统计学教科书。只是在沉积学中，它们的名称有点不同，均值被称为平均粒径，标准差被称为分选(sorting)系数，中位数被称为中值粒径，而偏态和峰态的名称不变。以下是平均粒径(μ)、分选系数(σ)、偏态(S_k)和峰态(K_u)的统计学算法，在统计学中，它们分别被称为一、二、三、四阶矩。因此，这一算法在沉积学中被称为矩法，即

$$
\begin{aligned}
\mu &= \sum_{1}^{n} p_i s_i \\
\sigma &= \left[\sum_{1}^{n} p_i (s_i - \mu)^2\right]^{\frac{1}{2}} \\
S_k &= \left[\sum_{1}^{n} p_i (s_i - \mu)^3\right]^{\frac{1}{3}}
\end{aligned}
\tag{2.7}
$$

$$K_{\mathrm{u}}=\left[\sum_{1}^{n}p_i(s_i-\mu)^4\right]^{\frac{1}{4}}$$

式中，粒径 s_i 组分的比例为 p_i；n 为组分数；注意 s_i 可以是 phi 单位，也可以是 SI 单位，因此要加以说明，并且各粒径组分的比例之和为 1，即 $\sum_{1}^{n}p_i=1$。

还有一种经常出现的沉积物粒度概率分布统计参数是 D_x，它在统计学中也有自己的名称，叫作百分位数(percentile)，是指样本总体中，不超过该值的样本数占总样本数的百分比。例如在沉积物粒度概率分布曲线中找到 D_5，那么比它细的所有颗粒数目就占到总体的 5%；相应地，比 D_{95} 粗的所有颗粒数目也占了总体的 5%。中值粒径 D_{50} 就对应着沉积物粒度样本总体的中位数：一半的沉积物粒度细于 D_{50}，另一半则比 D_{50} 粗。

图 2-7 给出了沉积物粒度概率分布的一个例子。图 2-7(a)是根据采样计数得到的沉积物粒度频率分布直方图(histogram)，从中可以看到，有 47%的颗粒粒度位于−1～0 φ，也就是 2 mm 和 1 mm 之间，另有 22%的颗粒粒度位于 0.5～1 mm。取直方图中各矩形上边中点连线，就得到沉积物粒度概率分布曲线图[图 2-7(b)]。如果将频率分布按粒级进行累加作图，就得到了沉积物粒度累积频率曲线(cummulative frequency curve)图[图 2-7(c)]。利用累积频率曲线上某点的纵坐标是 D_x 中的 x(如 5、16、84、95 等)，找到它对应的横坐标，就得到 D_x 的值了。在计算机尚不普及的年代，通过手绘沉积物粒度累积频率曲线图，可以容易读出 D_x 的大小。

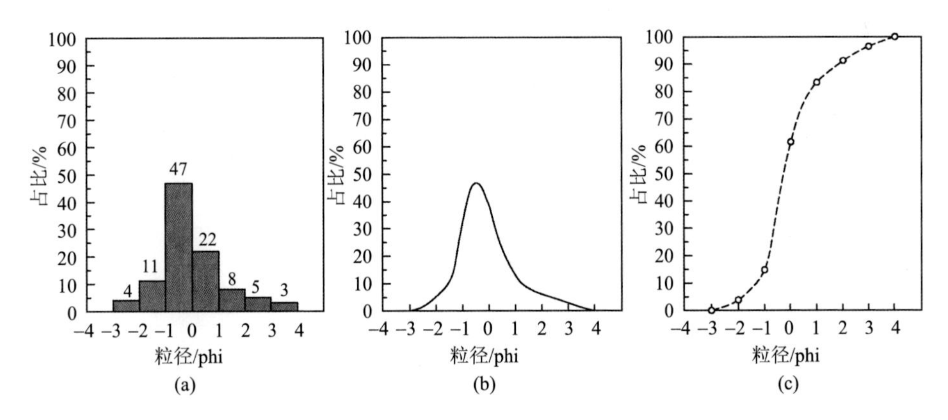

图 2-7　某样品沉积物(a)粒度频率分布直方图、(b)沉积物粒度概率分布曲线图和(c)沉积物粒度累积频率曲线图

x 轴为 phi 标度，因而粒径向右变粗

资料来源：修改自 Nichols(2009)

粒度的统计学参数对应着不同的沉积学意义。如果用一个粒径大小来代表我们抓起的一把沉积物，这个粒径一般是平均粒径，或是中值粒径 D_{50}。一般说来这两个值差别不大，在历史上可能使用 D_{50} 的人更多（如在推移质沉积物输运公式中要用一个代表粒径，大都选用 D_{50}），笔者认为这应该是因为在过去没有计算机的年代，手绘沉积物粒度累积频率曲线，得到 D_{50} 要比用式(2.7)计算平均粒径更加容易。由于历史的惯性，现在 D_{50} 仍被普遍使用。也是因为这个原因，Folk 和 Ward(1957)给出了一个用 D_x 来计算平均粒径(μ)、分选系数(σ)、偏态(S_k)和峰态(K_u)的办法，这也成为中国国家海洋局《海洋调查规范 第 8 部分：海洋地质地球物理调查》(GB/T 12763.8—2007)(国家海洋局，2007)的算法。因为这种算法是基于沉积物粒度累积频率曲线图的，因此它被称为图解法。其计算式为

$$
\begin{aligned}
\mu &= \frac{1}{3}(D_{16} + D_{50} + D_{84}) \\
\sigma &= \frac{1}{4}(D_{84} - D_{16}) + \frac{1}{6.6}(D_{95} - D_5) \\
S_k &= \frac{D_{16} + D_{84} - 2D_{50}}{2(D_{84} - D_{16})} + \frac{D_5 + D_{95} - 2D_{50}}{2(D_{95} - D_5)} \\
K_u &= \frac{D_{95} - D_5}{2.44(D_{75} - D_{25})}
\end{aligned}
\tag{2.8}
$$

图解法和矩法都是用来求算沉积物粒度的统计参数，刻画沉积物总体特征的，但是它们也具有一定差异，细节的对比可以参见贾建军等(2002)的论文。

分选系数是沉积物颗粒粗细分布的均匀程度，描述分选的分选系数正是统计学中的标准差[式(2.7)]。对比式(2.8)，二者的意义是接近的：如果 D_{84} 和 D_{16} 以及 D_{95} 和 D_5 的差距越小，那么沉积物颗粒大小的分布也就越均匀，就像图 2-6 中的样品 1 和样品 2 那样(与样品 3 相比)。图 2-8 从更加直观形象的角度描述了沉积物粒度概率分布的参数。刚才我们讨论过，分选反映了沉积物颗粒粗细分布的均匀程度，它可以用标准差来定量刻画。如果某份样品的分选是“好”的，那么这份样品中粗细颗粒粒度之间的差别就不是很大，从中随便抓起一把，这些被选中的沉积物粒度是几乎一样的，这就可以被称为是“分选好”。如果这份样品中的粗细颗粒粒度差别很大，那么我们就称它是“分选差”的。通过计算沉积物粒度概率分布的标准差，可以给这份沉积物样品的分选性归类定名，以方便比较。

一份理想的多粒级沉积物样品，其各粒级组分在 phi 标度下满足正态分布。但在实际情况下，沉积物样品的粒度概率分布曲线通常不是关于某一粒径对称的——其众数、平均值和中位数往往各不相同。在概率统计中，可以用偏度(三阶矩)衡量这种随机变量概率分布的不对称性。在正偏态下，单峰分布的粒度概率分布曲线的大头偏左，尾巴偏右，平均值大于中位数；而在负偏态下，则完全相反(Blatt

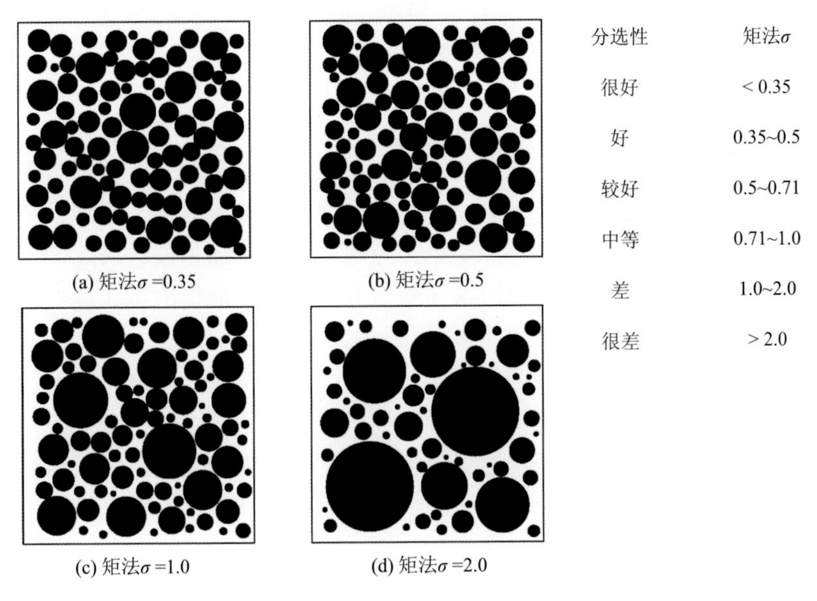

分选性	矩法σ
很好	< 0.35
好	0.35~0.5
较好	0.5~0.71
中等	0.71~1.0
差	1.0~2.0
很差	> 2.0

图 2-8　沉积物分选性示意图

资料来源：修改自 Nichols(2009)

et al., 1980)。在 phi 标度下，正偏态样本的平均粒径 phi 标度比中值粒径大，因而平均粒径小于中值粒径；负偏态样本的平均粒径 phi 标度比中值粒径小，平均粒径大于中值粒径(图 2-9)。

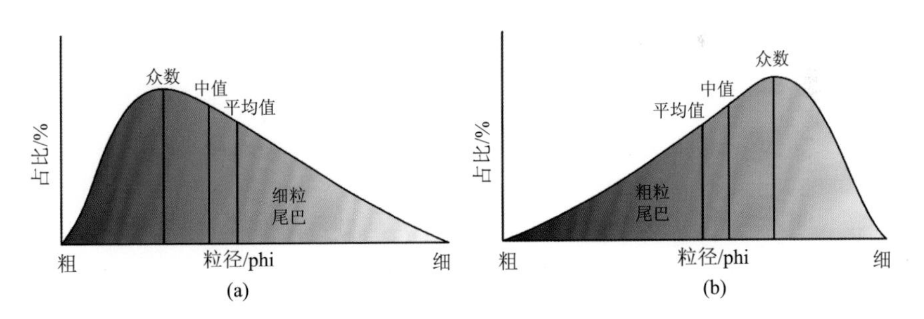

图 2-9　沉积物粒度概率分布曲线的(a)正偏态和(b)负偏态

x 轴为 phi 标度，粒径向右变细

粒度参数还有一项可能的用途，即不同地点的粒度参数差异可能含有物质输运信息。McCave(1978)最早将粒度参数的平面差异定义为“粒径趋势”，并认为它是沉积物输运、堆积的结果。在同一个沉积环境中，底质的粒度概率分布曲线随采样地点而异，粒径趋势是由多种动力过程所造成的，包括颗粒的磨损、选择性搬运和不同来源物质的混合。由此产生的问题是，通过粒度参数的空间分布(即

粒径趋势)，是否可以提取沉积物输运的信息？

针对海洋环境，高抒和柯林斯(Gao and Collins, 1992; Gao et al., 1994)发展了二维的粒径趋势分析(grain-size trend analysis, GSTA)方法，即利用粒度参数的空间分布反演海洋沉积物净输运方向的方法。它的原理是在同一沉积环境内，沿沉积物净输运方向，以下两种类型的粒径趋势出现的概率最大：①平均粒径变细、分选更好且更加负偏；②平均粒径变粗、分选更好且更加正偏。因此，以这两种粒径趋势所指示的方向来代表沉积物净输运方向，具有最佳的可靠性。这里的粒度参数是依据 phi(φ)标度计算出来的。

粒径趋势分析方法已在海湾、海峡、河口、近岸、潮流沙脊、潮汐汊道、潮间带、大陆架、深海峡谷、洪积平原等环境中得到广泛应用，所得结果与流场观测、示踪砂实验以及床面形态和地貌特征所显示的沉积物输运格局较为吻合。于谦和高抒(2008)对于这种经验性方法的物理机制进行了初步的研究。这一方法的详细内容可参见高抒(2009)的综述。

2.3　粒度测量方法

上文讨论了沉积物的粒度及其分布。那么，如何测量粒度呢？通常，有三种方法可测量沉积物粒度。一般来说，沉积物并不总是浑圆的。如果它是圆球，那么就可以直接测量它的直径作为粒度。但大部分沉积物颗粒形态是不规则的，不同的测量方法也会得出不同的粒度。

第一种是筛分法(sieving method)。筛分法所用的筛网(图 2-10)，是由若干个同样大小的正方形网格构成的。如果沉积物能够筛过这些边长为 D 的网格，那么它的粒度就比 D 小。对于同样尺寸的筛网，考虑简化的情形：假设沉积物可以看作一粒规则的椭球体，其长轴长为 a，短轴长为 b。假设筛网的网格边长也为 b，那么沉积物尖头朝下就可以通过筛网，这样它的粒度就不超过 b；如果是尖头在水平面上，扁头朝下，那么它就没法通过筛网，这时它的粒度就大于 b。但实际上，在沉积物过筛的过程中，是需要不断抖动筛的，所以这粒椭球就一定能过筛，它的粒度不会超过 b。因此在筛分法中，只需要找到沉积物颗粒能够通过的最小正方形，其边长就可定为该沉积物颗粒的粒度。

让我们来考虑一个有趣的问题：熊猫的“粒度”是多少？图 2-10(b)中的熊猫是头朝洞口，熊猫钻出了笼子。熊猫知道自己的“粒度”是取决于测量方法的：横着是绝对钻不过去的。熊猫躯干的界面都可以近似看作圆形，这样，只有让自己在洞口所在平面上的投影面积尽可能小，才有钻过洞口的可能。于是当熊猫恰好能钻过洞口的时候，洞口的边长或是直径，就可以用来表征它们的“粒度”了。

(a)　(b)

图 2-10　(a)沉积物颗粒筛分用的筛子和(b)熊猫“过筛”

第二种测量沉积物粒度的方法是沉降法(sedimentation method)。在第 3 章会研究沉积物颗粒沉降速度和其大小的关系(假定颗粒的密度大致稳定在 2650 kg/m^3)，那么在知道球体的沉降速度 w_s 后，就可以反过来推算它的粒度。对于形状不规则的沉积物颗粒而言，只要它们拥有相同的沉降速度，在这种方法下它们就拥有同样的粒径，这就是基于沉降速度的等效粒径。

通常使用数米高的沉降管(settling tube)进行测定较粗的砂质沉积物颗粒沉降速度的实验。在管中注水，然后让沉积物颗粒从液面顶端自由下落，就可以测量出它们的沉降速度。这是一种经典做法，但整套实验仪器体型巨大，操作不便。图 2-11 是位于德国北部威廉斯港(Wilhelmshaven)的森肯贝格研究所(Senckenberg Research Institute)中的沉降管，实验时需要爬上台阶到达管顶，然后释放砂质颗粒进行测量。

对于比砂更细的泥质沉积物，使用移液管(pipette)也可以类似地得到沉积物颗粒的沉降速度，从而得出等效粒径作为其粒度。森肯贝格研究所里还有另外一种仪器 SediGraph，可以将它看作是小型的沉降管。将样品放入机器之后，利用 X 射线光束照射沉降中的颗粒，通过分析透过颗粒的 X 射线光束信号，就可以得到样品中的沉积物颗粒的沉降速度。这样的机器仅比普通的电脑主机大一些，可以放在桌上工作(图 2-12)。

以上所提到的沉降法测量沉积物粒度，实际上是通过测量沉积物的沉降速度去得到对应的等效粒径。而在海洋沉积动力学中，之所以要知道沉积物粒度，一个很重要的原因是需要了解这些沉积物颗粒的沉降速度。因此，对于涉及海洋沉积动力学计算的工作，使用沉降法测量粒度，得到的结果可以说是最准确的。但是沉降法，尤其是利用沉降管进行测量，通常是很费时费力的。

图 2-11　森肯贝格研究所中的沉降管

用于测量砂质沉积物的沉降速度

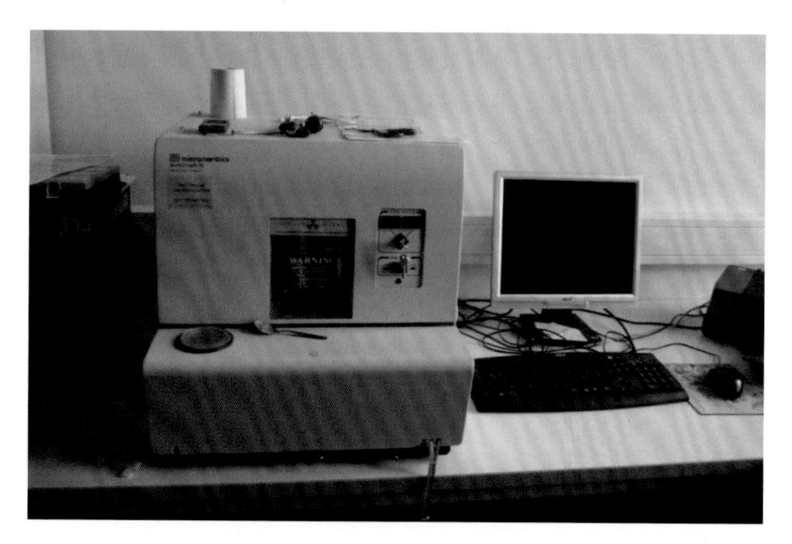

图 2-12　森肯贝格研究所中的 SediGraph

用于测量泥质沉积物的沉降速度

第三种测量沉积物粒度的方法是激光法(laser method)。激光法的本质是测量水中悬浮的沉积物颗粒对激光的散射能力，再将其转化为等效球体的直径作为粒度。不同粒径的沉积物颗粒对激光的散射能力也不同。在仪器(图 2-13)中加入沉积物样品后，用激光束进行照射，激光束穿过分散的颗粒样品后，通过测量散射光的能量强度分布，得到粒度概率分布曲线。这种方法是当前最方便的粒度测量方法，目前可能有 90%的粒度测量实验是用这种方法进行的。激光法特别适合测量细于 1 mm 的颗粒，且成本较为低廉。

图 2-13　南京大学的 Malvern2000 型激光粒度仪

2.4　沉积物的其他物理属性

下面让我们来看看沉积物的其他物理属性：密度、孔隙度和容重。

密度(density)是某种物质单位体积下的质量。沉积物颗粒密度可用 ρ_s 表示。对于砂和粉砂而言，它们的主要组分一般是石英，纯净的石英密度为 2650 kg/m^3，而黏土的主要成分是各种黏土矿物，它们的密度不一，介于 1700～3300 kg/m^3。

孔隙度(porosity)是指沉积物中孔隙所占体积与表观总体积的比值，可用 P 表示。对于非黏性沉积物而言，其颗粒形态相对均一，孔隙度较小，通常在 0.35～0.45，而对于黏性沉积物，孔隙度的变化范围很大。在泥被压实的时候，它的孔隙度很小，只有 0.2～0.3。但是在一般情况下，泥质沉积物中的黏土矿物是成层分散排列的，它们可能有数层彼此黏结在一起，以 A-B 方向排列，但其他的矿物颗粒可能会以垂直于 A-B 的方向排列，中间就会形成许多孔隙。在这些颗粒极为松散排列的情况下，泥质沉积物的孔隙度可以高达 0.95。造成不同沉积物孔隙度差异的原因就在于它们的排列方式：非黏性沉积物是一粒一粒的，颗粒之间的电磁力作为一种表面力，由于大颗粒接触面比较小，相对于重力、浮力等体积力微乎其微，排列时也能进行相对致密的堆积，它的孔隙度变幅不大；黏性沉积物中的黏土矿物颗粒是成层排列的，层间具有强烈的电磁力相互作用，但不同的大分子之间的联系又显得十分松散，因而其孔隙度变化可能会非常大，难以预测。

容重(bulk density)是沉积物总质量与它们占据的总体积的比值，记为 ρ_b。在野外，我们通过钻孔钻取沉积物样品，得到的柱状样就像是一块蛋糕。蛋糕的内部是多孔蓬松的，柱状样也具有类似的结构。假设沉积物的化学组成是均一的，由于孔隙的存在，其容重总是小于密度的。这时候，容重比密度更能反映柱状样中沉积物的集群属性。更进一步，我们还可以得到

$$\rho_b = (1-P)\,\rho_s \tag{2.9}$$

这就是沉积物容重与密度、孔隙度之间的定量关系。

对非黏性沉积物(砂)来说，P 通常为 0.35～0.45，那么它的容重就是 1460～1720 kg/m^3，总体而言变化不大；但对于黏性沉积物而言，由于孔隙度的变化幅度大，它的容重变化幅度也会很大，容重为 400～1500 kg/m^3 是可能性较大的值。在进行计算工作之前，一般需要在野外或室内测定研究区黏性沉积物的容重，至少有一个可靠的估计，才能在模型中设定参数进行计算。

那么，为什么要考虑沉积物的这些物理属性呢？一个重要的原因在于，需要由柱状样计算出当地的沉积速度，也就是底床在单位时间内累积的沉积物厚度。比如说，钻孔处的海底曾在一年内累积了 1 cm 厚的沉积物，但实际上，这 1 cm 并不是“纯”的沉积物，其中仍有许多的孔隙。所以在知道沉积物体积后，需要使用容重而不是密度，才能得到真实的沉积物质量，以进行沉积速度计算。

2.5　沉积物的动力特性

这里，对沉积物的动力特性(dynamic property)进行更深入的介绍，这是这门课里最为重要的概念之一。依据沉积物颗粒间是否存在强烈的电磁力相互作用，可将全部沉积物划分为黏性沉积物(cohesive sediment)和非黏性沉积物(non-cohesive sediment)两种类型。也就是说，某个沉积物样品要么是黏性的，要么是非黏性的，这就是这个样品的动力特性。当然可能存在二者过渡的灰色地带，但是综合当前的研究成果，我们对这部分的认识还非常少，它们在现实中出现的可能性也并不大，至少比黏性和非黏性这两个范畴出现的可能性要小很多。

非黏性沉积物颗粒较粗，类似于图 2-3 里面的砂子颗粒，一颗一颗的，每个

颗粒各自分散运动，它们之间的相互作用有限，不会彼此黏结，其运动性质主要取决于颗粒自身，作为独立的个体继续运动。黏性沉积物颗粒较细，类似于图 2-5 里面的黏土，在这里就不太适合称为颗粒了：组成沉积物的黏土矿物成层排列，一片一片的，层间以强烈的电磁力相互黏结，呈现一团一团的特征，其运动特性主要取决于沉积物颗粒之间的相互作用，而非颗粒自身的性质。

在沉积物输运的理论体系中，黏性沉积物体系和非黏性沉积物体系是相互独立的，计算方法是完全不同的，需要特别注意。比如第 1 章里提到的 *Dynamics of Marine Sands: A Manual for Practical Applications*（Soulsby, 1997）和 *Dynamics of Estuarine Muds: A Manual for Practical Applications*（Whitehouse et al., 2000）两本书，分别是针对非黏性沉积物和黏性沉积物的。所以，在学习和研究的开始就得明白，什么是黏性沉积物和非黏性沉积物，研究区域的沉积物是黏性还是非黏性的，之后再进入对应的理论体系研究。

黏性沉积物颗粒之间的相互作用通常难以估算，因此过去几十年内，沉积动力学领域关于颗粒运动的研究进展，主要还是集中于非黏性沉积物之中。我们对于非黏性情况的理解较为深入，计算和预测的精度也相对较高，并且不需要人为设定相关沉积物输运的参数。而关于黏性沉积物的研究进展相对有限，研究依赖的计算体系强烈受控于人为给出的相关参数，这些参数往往是没有合适办法估计的，经验性很强，具体内容将贯穿于后面的章节中。

上文说道，比较粗的沉积物是非黏性的，一颗一颗的；很细的沉积物是黏性的，一团一团的。那么现在的问题是，在野外遇到的沉积物样品一般是混合体系：其中有粗颗粒，也有细颗粒。往往在黏性的细颗粒物质占到一定比例后，不论非黏性粗颗粒物质有多少，混合物体系都是黏性的，如在黏性的豆沙里面拌入一颗一颗的芝麻，只要豆沙比例较多，那么混合物也还是和豆沙一样，是黏性的。

那么，如何判定某个沉积物样品是黏性的还是非黏性的呢？我们需要解决两个问题：第一，多细的沉积物具有黏性（类似于豆沙）；第二，这个黏性组分占有多大比例之后（类似豆沙占豆沙芝麻混合物的比例），就会导致整个样品呈现黏性的特征。问题有好几种说法，目前还存在争论。在第一个问题上，Van Rijn（2007）将粒度为 8 μm 作为区分黏性沉积物与非黏性沉积物的界限，而 Van Ledden 等（2004）认为应是 4 μm；但是对于第二个问题，他们的答案是一致的，都认为 5%～10%是黏性组分的比例界限，如果黏性部分多于这个界限，那么整个样品就是黏性的，反之则是非黏性的。这个结果有点出乎意料——只要这么小比例的黏性组分就可以改变沉积物整体的动力特性。

历史上人们经常把砂（平均粒径或中值粒径大于 62.5 μm）作为非黏性沉积物，泥（平均粒径或中值粒径小于 62.5 μm）作为黏性沉积物，如 *Dynamics of Marine Sands: A Manual for Practical Applications*（Soulsby, 1997）和 *Dynamics of Estuarine*

Muds: A Manual for Practical Applications（Whitehouse et al., 2000）两本书的书名中分别用了砂（sand）和泥（mud），其意义是指代非黏性沉积物和黏性沉积物。这个说法在大部分时候是正确的，因为平均粒径或中值粒径大于 62.5 μm 的沉积物中有超过 5%～10%的颗粒粒度小于 8 μm 或 4 μm 的黏性组分的可能性并不大，反之平均粒径或中值粒径小于 62.5 μm 的沉积物中有超过 5%～10%的颗粒粒度小于 8 μm 或 4 μm 的黏性组分的可能性比较大。不过，也可能存在从平均粒径或中值粒径上看是砂，但是黏性组分较多的沉积物总体，其动力特性是黏性的（Van Ledden et al., 2004）；反之，也有许多粒子，平均粒径在粉砂范围，但是黏性组分含量很少，这样就是非黏性，如钱塘江河口沙坎的沉积物就是如此（陈吉余等, 1964）。

Van Rijn（2007）将泥砂混合物按有机质、黏性组分（细于 8 μm 的黏土和细粉砂）、弱黏性组分（8～62.5 μm 的中粗粒粉砂）和砂这四种组分的含量不同进行分类，总结了泥砂混合物的动力特性，见表 2-1。

表 2-1　沉积物类型及各组分含量

沉积物类型	有机质/%	黏性组分/%	弱黏性组分/%	砂/%
砂（非黏性）	0	0	0	100
泥质砂（弱黏性）	0～10	0～5	20～40	60～80
砂质泥（黏性）	0～10	5～10	30～60	30～60
泥（黏性）	0～20	10～20	50～70	0～10
粉砂质泥（黏性）	0～20	10～40	60～80	0
黏土质泥（黏性）	0～20	40～60	40～60	0

资料来源：Van Rijn（2007）。

表中特别考虑了有机质的作用，但是在中国的许多区域，如江苏潮滩和邻接的大陆架浅海，沉积物有机质含量通常不到 1%，一般是 0.5%左右。但在世界上的其他地区，有机质有时也是需要重视的因素之一，它们也是细小的颗粒物，能像黏土矿物颗粒那样互相黏结在一起。例如，在美国东海岸的一些潮滩，当地沉积物中的有机质含量可达 5%～10%，这时候就不能忽略有机质对沉积物黏性起到的作用。

2.6　沉积物的运动形式

沉积物的运动形式主要分为两类：推移质（bed load）和悬移质（suspended load）（图 2-14）。中国成语“飞沙走石”正是对这种分类方式的生动描述：茫茫戈壁之中，狂风呼啸而至，卷起万千尘土飞扬，而块头大一些的石头无法被风卷起，只能在地上滚动。像大块的石头这样在流体中沿底床输运的沉积物颗粒就是推移质。沉积物也能被湍流带起，离开底床，像这样被流体挟带而在其中悬浮输运的沉积物颗粒就是悬移质。“飞沙走石”中的“飞沙”是悬移质，“走石”是推移质。

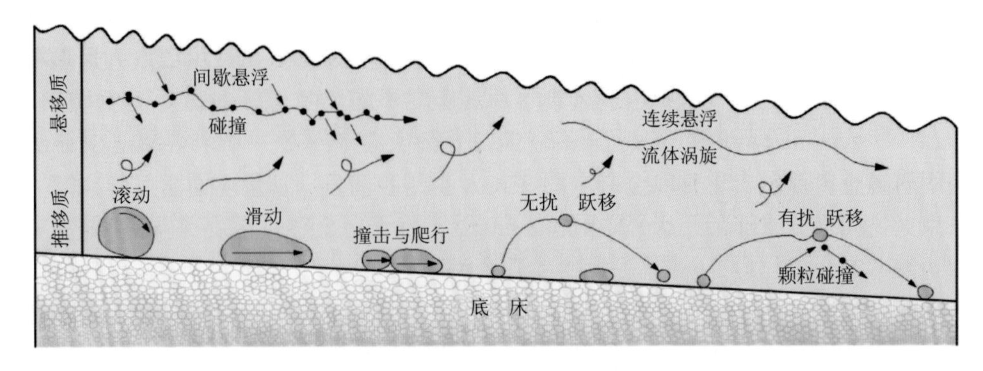

图 2-14　沉积物的运动形式：悬移质和推移质

在讨论沉积物运动形式之前，我们考虑的是沉积物的动力特性，依此将沉积物分为了黏性沉积物和非黏性沉积物。而刚才，将沉积物按运动形式分为推移质和悬移质。这两对体系之间有什么联系呢？让我们再回顾一下它们的内涵。

黏性沉积物颗粒较细，其运动特征主要取决于沉积物颗粒之间的相互作用，而非颗粒自身的性质；非黏性沉积物颗粒较粗，每个颗粒各自分散运动，其运动性质主要取决于颗粒自身。推移质是在流体中沿底床输运的沉积物颗粒，而悬移质是被流体挟带而在其中悬浮输运的沉积物颗粒。

对于黏性沉积物而言，其内部的相互作用很强，因此通常它们不能作为推移质沿着底床输运，要运动必然悬浮于水体，成为悬移质。

对于非黏性沉积物而言，它们可以作为推移质在底床上运动：跳跃、滚动或是滑动都可以。而当流体流速增大到湍流可以带起这些沉积物的时候，沉积物颗粒就可以在水柱中悬浮运动。因此，非黏性沉积物既可以作为推移质运动，也可以作为悬移质运动，其具体运动形式取决于沉积物自身属性和水动力条件。

那么，如何定量判断非黏性沉积物的运动状态呢？需要考虑这几条原则。首先，沉积物的起动需要满足一定的条件。想象这里有一把椅子，将其放在地上，就像是海底的沉积物颗粒一样。如果想让它动起来，就得用力推或拉它。对椅子施加 1 N 的作用力，它不动；把作用力加大到 2 N，它还是不动。如果将作用力一直增加到 20 N，它刚好动起来了，那么这时 20 N 就是椅子在地面滑动时的临界起动力。同样地，对于沉积物的起动临界状态，也有起动临界切应力(critical shear stress)与之对应，记为 τ_{cr}。对于具有一定密度与粒度的非黏性沉积物颗粒，它的起动临界切应力是一个确定的值，当底床沉积物所受固液界面上的切应力超

过起动临界切应力 τ_{cr} 后，底床的沉积物颗粒就可以被带动。细节内容会在第 6 章和第 7 章沉积物的输运与起动和推移质输运中详细说明。

但是沉积物悬浮的条件又是怎样的呢？在沉积物已经可以动起来(切应力超过起动临界切应力 τ_{cr})之后，如果底床流体对沉积物颗粒的上举速度超过沉积物的沉降速度 w_s，沉积物颗粒就可以在流体中悬浮，成为悬移质；反之，沉积物颗粒则在底床附近滚动、滑动，成为推移质。

在此，引入摩阻流速(friction velocity)的概念，它将底床上的水流切应力 τ_b 转化为速度 u_* 表示，即

$$u_* = \sqrt{\frac{\tau_b}{\rho}} \tag{2.10a}$$

在讨论沉积物起动问题时，水流切应力 τ_b 中，只有直接作用于床面沉积物颗粒的那部分才能将床面侵蚀，带起颗粒运动。我们将这部分切应力记为底床表面切应力(skin bed shear stress)，用符号 τ_{bs} 表示。类似地，可以将其对应的摩阻流速 u_{*s} 表示为

$$u_{*s} = \sqrt{\frac{\tau_{bs}}{\rho}} \tag{2.10b}$$

上面说道的起动临界切应力 τ_{cr}，也可以用这个公式转化为速度量纲的起动临界摩阻流速 u_{*cr} 。这一摩阻流速被认为接近于流体对沉积物颗粒的上举速度(v_{up})，即

$$v_{up} = \frac{u_{*cr}}{b} \tag{2.11}$$

式中，参数 b 的推荐值有 1.25(Bagnold, 1966; Li and Amos, 2001)、1(Bridge, 1981; Harris and Wiberg, 2001)和 0.64(Allen, 1971)。Naqshband 等(2017)的水槽实验结果显示出 $b = 1$，即 $u_{*cr} = v_{up}$ 时沉积物的运动形式发生了根本改变，水体紊动对颗粒的上举力和其自身重力相当，即为推移质和悬移质的界限。

当 $w_s < v_{up}$，即 $u_{*cr} > bw_s$ 时，沉积物颗粒如果已经起动了，由于湍流的存在，颗粒会随流体作为悬移质输运。记沉积物颗粒刚好作为悬移质输运时的流体切应力为 τ_{crs}，为计算简便，我们考虑 $b = 1$ 时的情况。这时候颗粒在 $u_{*cr} = w_s$ 时刚好可作为悬移质输运，即

$$\tau_{crs} = \rho w_s^2 \tag{2.12}$$

式中，τ_{crs} 可以称为临界悬浮切应力，当底床表面切应力 τ_{bs} 同时大于起动临界切应力 τ_{cr} 和临界悬浮切应力 τ_{crs} 时，沉积物主要作为悬移质运动。

但是，τ_{cr} 和 τ_{crs} 之间，或者说 u_{*cr} 与 w_s 间的关系又是怎样的？

第一种情况是 $\tau_{cr} < \tau_{crs}$，也就是 $u_{*cr} < w_s$，即图 2-15 的左边。设想底床的沉积物颗粒随着界面上的底床表面切应力 τ_{bs} 逐渐增大，先增大到 τ_{cr}，然后到达

(τ_{cr},τ_{crs}) 的区间内，这时沉积物颗粒已经起动，但还不足以悬浮起来，因此它会作为推移质运动。在 τ_{bs} 增大到超过 τ_{crs} 后，沉积物颗粒就会作为悬移质继续运动。在这种情况中，沉积物有三种可能的运动状态，即

$$\tau_{bs} \in \begin{cases} (0, \tau_{cr}], & \text{静止} \\ (\tau_{cr}, \tau_{crs}], & \text{推移质} \\ (\tau_{crs}, +\infty), & \text{悬移质} \end{cases} \tag{2.13}$$

第二种情况是 $\tau_{crs} < \tau_{cr}$，也就是 $w_s < u_{*cr}$，即图 2-15 的右边。在这种情况下，底床表面切应力 τ_{bs} 逐渐增大，先到达 τ_{crs}，然后到达区间 (τ_{crs},τ_{cr})。由于此时的摩阻流速 $u_* < u_{*cr}$，沉积物颗粒根本就无法起动，而保持在静止状态，直到 τ_{bs} 增大到超过 τ_{cr}（当然也超过了 τ_{crs}），这时沉积物颗粒在起动后就会直接作为悬移质运动。在这种情况下，沉积物只有两种可能的运动状态，即

$$\tau_{bs} \in \begin{cases} (0, \tau_{cr}], & \text{静止} \\ (\tau_{cr}, +\infty), & \text{悬移质} \end{cases} \tag{2.14}$$

起动临界摩阻流速 u_{*cr} 和沉降速度 w_s 都是沉积物颗粒的固有物理属性。将不同粒度沉积物的 u_{*cr} 和 w_s 分别对粒度(phi 标度)在同一坐标系下作图可以得到以上两种情况的分界点，约为 2.7 φ(图 2-15)。可见，满足第二种情况 $\tau_{crs} < \tau_{cr}$ 的不只有泥质沉积物，还有一部分砂质沉积物(粒径在 2.7～4 φ)。对于颗粒粗于 2.7 φ 的非黏性沉积物而言，由图上信息可以得知它们满足 $u_{*cr} < w_s$，随着底床表面切应力 τ_{bs} 的逐渐增大，经历了两个运动形式分界点，即 τ_{cr} 和 τ_{crs}，其运动形式由静

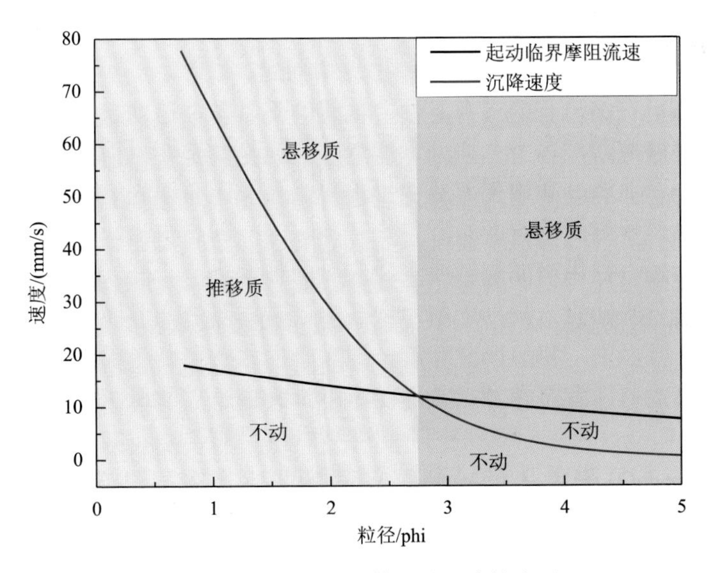

图 2-15　非黏性沉积物运动形式的分区

止变为推移质，再变为悬移质。而颗粒细于 2.7 φ 的沉积物则满足 $w_s < u_{*cr}$，随着底床表面切应力 τ_{bs} 的逐渐增大，只有一个运动形式分界点 τ_{cr}：它们要么静止，要么主要作为悬移质运动，没有机会成为推移质。例如粒度为 3.5 φ 的极细砂即是这样运动。在它们开始运动时，也许你可以在这些运动的砂中找到 1%的推移质，但剩下的 99%都是悬移质。

区分推移质和悬移质具有重要的意义。在计算和分析中，首先就要判断出此时此地的沉积物运动形式是以推移质为主还是以悬移质为主，这样就可以快捷地开展计算，并对系统的行为有一个较为准确的把握。比如，泥质物质(D_{50} < 62.5 μm，细于 4 φ)只能作为悬移质输运，计算它的推移质输运率，就毫无意义了。

文献中还存在床沙质(bed material load)和冲泻质(wash load)这一对概念。不同的定义，总是会令人困惑，不过如果我们能静下心来仔细思索，区分它们也不是很困难。长江南京段的河床底质和河中悬浮的沉积物差别很大，其中最容易觉察的就是它们粒度的差异。组成河床的沉积物通常是较粗的颗粒，而被水挟带悬浮的沉积物是细颗粒。这就是说，只有一部分较粗的沉积物能留下来填充河床。在江苏中部海岸潮滩的中下部以及浅海大陆架，采集底床沉积物样品，进行分析会发现那里的沉积物粒度一般在 60～70 μm，而在水中悬浮的颗粒物一般是 8～10 μm 粗细的，它们通常与底床的堆积加厚没什么关系。因此，把用于建造底床的沉积物称为床沙质，而将那些与建造底床无关的沉积物称为冲泻质。划分床沙质与冲泻质的标准不光依赖于沉积物的来源，也与当地的水动力因素密切相关。在研究中应注意区分床沙质和冲泻质。有研究者会将水流带来的冲泻质代入底床堆积的计算，这是完全错误的，因为冲泻质会一直被水流挟带，而不参与造床。钱宁(1957)和 Church(2006)仔细讨论了这个问题。

沉积物有粗有细，有的具有黏性，也有的不具备，运动起来又分推移质和悬移质，在进行研究时应当时刻仔细，注意区分。尤其是在目前的计算之中，应把它们作为黏性、非黏性两个体系分开进行。

参考文献

陈吉余，罗祖德，陈德昌，等. 1964. 钱塘江河口沙坎的形成及其历史演变. 地理学报，30: 109-123.

高抒. 2009. 沉积物粒径趋势分析:原理与应用条件. 沉积学报, 27: 826-836.

国家海洋局. 2007. 海洋调查规范　第 8 部分：海洋地质地球物理调查. 北京：中国标准出版社.

贾建军，高抒，薛允传. 2002. 图解法与矩法沉积物粒度参数的对比. 海洋与湖沼, 33: 577-582.

钱宁. 1957. 关于“床沙质”和“冲泻质”的概念的说明. 水利学报, (1): 29-45.

于谦，高抒. 2008. 往复潮流作用下推移质粒径趋势形成模拟初探. 海洋与湖沼, (4): 297-304.

Allen J R L. 1971. A theoretical and experimental study of climbing-ripple cross-lamination, with a field application to the Uppsala Esker. Geografiska Annaler: Series A, Physical Geography, 53 (3/4) : 157-187.

Bagnold R A. 1966. An approach to the sediment transport problem from general physics. United States Department of the Interior: Professional Paper, 422-I: 1-37.

Blatt H, Middleton G V, Murray R C. 1980. Origin of Sedimentary Rocks. 2nd ed. Englewood Cliffs: Prentice-Hall.

Bridge J S. 1981. Hydraulic interpretation of grain-size distributions using a physical model for bedload transport. Journal of Sedimentary Petrology, 51: 1109-1124.

Church M. 2006. Bed material transport and the morphology of alluvial river channels. Annual Review of Earth and Planetary Sciences, 34: 325-354.

Folk R L, Ward W C. 1957. Brazos River bar: A study in the significance of grain size parameters. Journal of Sedimentary Petrology, 27 (1) : 3-26.

Gao S, Collins M. 1992. Net sediment transport patterns inferred from grain-size trends, based upon definition of "transport vectors". Sedimentary Geology, 81 (1/2) : 47-60.

Gao S, Collins M B, Lanckneus J, et al. 1994. Grain size trends associated with net sediment transport patterns, an example from the Belgian continental shelf. Marine Geology, 121 (3/4) : 171-185.

Gibbs R J, Matthews M D, Link D A. 1971. The relationship between sphere size and settling velocity. Journal of Sedimentary Research, 41(1): 7-18.

Harris C K, Wiberg P L. 2001. A two-dimensional, time-dependent model of suspended sediment transport and bed reworking for continental shelves. Computers & Geosciences, 27 (6) : 675-690.

Hjulstrom F. 1939. Transportation of Debris by Moving Water//Trask P D. Recent Marine Sediments. Tulsa: American Association of Petroleum Geologists: 5-31.

Krumbein W C, Aberdeen E J. 1937. The sediments of Barataria Bay. Journal of Sedimentary Research, 7 (1) : 3-17.

Li M Z, Amos C L. 2001. SEDTRANS96: The upgraded and better calibrated sediment-transport model for continental shelves. Computers & Geosciences, 27 (6) : 619-645.

McCave I N. 1978. Grain-size trends and transport along beaches: Example from eastern England. Marine Geology, 28 (1/2) : 43-51.

Naqshband S, McElroy B, Mahon R C. 2017. Validating a universal model of particle transport lengths with laboratory measurements of suspended grain motions. Water Resources Research, 53 (5) : 4106-4123.

Nevin C. 1946. Competency of moving water to transport debris. Geological Society of America Bulletin, 57: 651-674.

Nichols G. 2009. Sedimentology and Stratigraphy. 2nd ed. Oxford: John Wiley & Sons.

Soulsby R L. 1997. Dynamics of Marine Sands: A Manual for Practical Applications. Oxford: Thomas Telford.

Van Ledden M, Van Kesteren W G M, Winterwerp J C. 2004. A conceptual framework for the erosion behaviour of sand-mud mixtures. Continental Shelf Research, 24: 1-11.

Van Rijn L C. 2007. Unified view of sediment transport by currents and waves. I: Initiation of motion, bed roughness, and bed-load transport. Journal of Hydraulic Engineering, 133(6): 649-667.

Wentworth C K. 1922. A scale of grade and class terms for clastic sediments. The Journal of Geology, 30: 377-392.

Whitehouse R, Soulsby R, Roberts W, et al. 2000. Dynamics of Estuarine Muds: A Manual for Practical Applications. London: Thomas Telford.

第 3 章　沉积物的沉降速度

3.1　沉降速度的定义

这一章的主题是沉积物的沉降速度，本章将从伽利略(Galilei, 1564～1642 年)和比萨斜塔(Torre pendente di Pisa)这个著名的故事开始(图 3-1)。他从比萨斜塔上扔下两颗同种材料、不同大小的球，来证明球落地时的速度和花费的时间相同。我们可以由这个故事联想到流体中颗粒的沉降速度，不论大小，应该是与其尺寸和密度(尽管伽利略的实验没有证明这一点)都无关的。

图 3-1　伽利略和他的比萨斜塔铁球实验

但是事情是和我们猜的一样吗？仔细想想，好像哪里有点不对。这两颗球的尺寸比沉积物颗粒要大多了；另外，它们是在空气中自由下落的。空气的黏性比起水来说要弱得多：在 25℃时，水的动力黏性系数是 8.90×10^{-4} Pa·s，而空气只有 1.81×10^{-5} Pa·s，足足小了将近两个数量级！如果将一块拳头大小的砾石和一颗石英颗粒同时丢进水池里，砾石会迅速沉底，但砂可能要经过数十秒才会到达池底。

所以，不同沉积物颗粒在水中的下坠速度是不同的，并且差别很大。我们研究的沉积动力学、研究的沉积物在水中的运动和最终在地层中的归宿，沉降速度就在这些过程中扮演着一个极其重要的角色。

什么是沉降速度？这里我们需要给出一个定义，这很重要。沉积物颗粒的沉降速度(settling velocity、fall velocity 或 terminal velocity, 用符号 w_s 表示)是沉积物在静止流体中沉降达到平衡时的速度。对于海洋环境而言，这样的静止流体就是指静水。我们给出的定义应当是普适的，否则就可能变成鸡同鸭讲。在这里，静水是必须强调的一个条件。设想，同一颗粒，将它丢进风平浪静的湖中和丢进长江，它最终达到的运动速率显然是不一样的。长江干流的流速可达 1 m/s，在动水和静水这两种环境中，假设两地水深相同，沉积物颗粒到达底床的时间显然也是不一样的。为了比较不同沉积物的沉降速度，就必须在下定义时设定统一的前提。在这里，限定的是流体的状态，它必须是静止的。在后面的内容之中，沉降速度将作为沉积物颗粒的固有属性被应用于各类计算当中。尽管在实际情况中，水流具有一定的流速，并且水中也存在湍流，但这些外在条件都不会影响沉降速度这一沉积物颗粒的固有属性——这是由其定义决定的。

3.2　影响沉降速度的因素

沉积物颗粒的沉降速度与哪些因素有关？我们可以找一颗砾石进行思考。首先是粒度(grain size)，然后是颗粒形状(粒形，particle shape)，它们共同决定了沉积物的体积。具体而言，沉积物的粒形可以用磨圆度(roundness)和球度(sphericity)来度量。如果沉积物的表面是崎岖不平、带有许多棱角的，那么它的磨圆度就很差；如果是像足球那样表面平整，没有棱角，那它的磨圆度就很好(图 3-2)。球度则是衡量物体与球体的接近程度，它由 Wadell(1935)定义为

$$\Psi=\frac{\pi^{\frac{1}{3}}(6V_{\mathrm{p}})^{\frac{2}{3}}}{A_{\mathrm{p}}} \tag{3.1}$$

式中，Ψ 为球度；V_p 为颗粒体积；A_p 为颗粒表面积。

第三个因素是颗粒密度(density)，它和沉积物体积一起决定了沉积物所受的重力，同样形状和体积的沉积物颗粒，如果密度不同，它们受到的重力也就不同，在水中的沉降速度会具有显著的差异。最后一个重要的因素是流体的性质，包括流体的黏度(viscosity)和密度。

沉降速度是沉积物颗粒在静止流体中沉降的速度，因此我们首先要考虑沉积物颗粒发生了什么，其次需要考虑的就是沉积物颗粒周围的环境如何，这就反映到了流体的性质上来。所以，我们先讨论水的物理性质，特别是它的黏度，也就

是流体抵抗剪切和拉伸变形的程度。为了理解黏度，首先考虑一个流体力学中的经典假设库埃特流(Couette, 1858～1943 年)，见图 3-3。

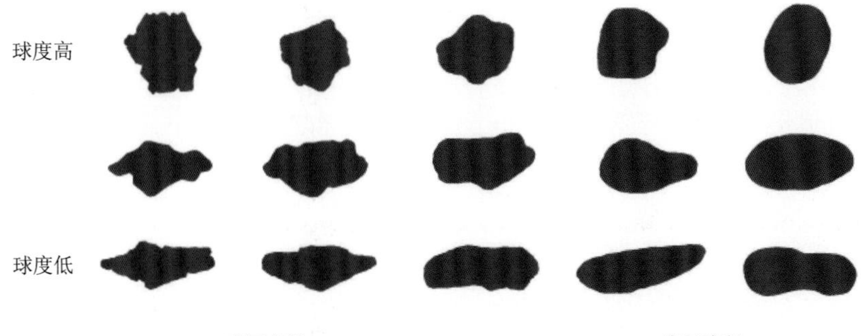

图 3-2　沉积物的球度和磨圆度分类示意图

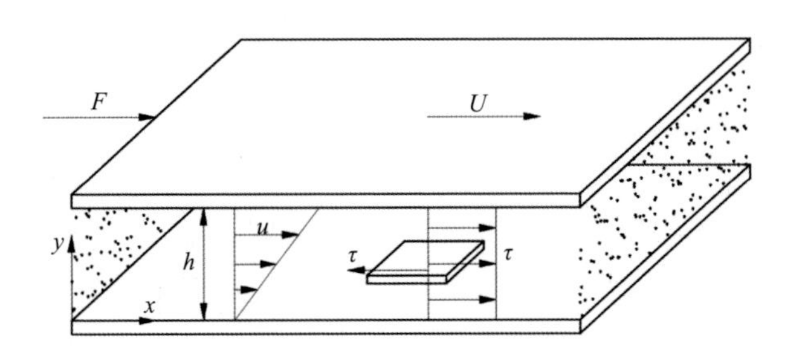

图 3-3　库埃特流示意图

如图 3-3 所示，假定有两块厚度可忽略不计的相同的平行板，它们的面积都为 A，平板间充满不可压缩的黏性流体。下方的平板固定于水平面上，距离它上方 h 处的平板在力 F 的作用下正以很小的速度 U 进行匀速直线运动。这时板间流体分层流动，互不混合。由实验测量可得，平行于平板方向的流速 u 从接近下方平板处的 0，线性增大到接近上方平板处的 U。另外，拖动平板使其进行匀速运动的力 F，与其运动速度 U、面积 A 成正比，而与水深 h 成反比。因此，若记比例系数为 μ，我们可以得到

$$F = \mu A \frac{U}{h} \tag{3.2}$$

将单位面积上物体受到外力作用时，为了抗拒形变或其他变化而在其各部分间产生的内力定义为应力(stress)；而“受力”则是外力。例如对流体而言，外力应该是 F(平板重力可以忽略)，而流体为了抗拒被平板拖曳、由黏性产生的各层间的力则为应力。将应力沿受力表面的切向和法向进行分解，应力在物体受力表面的法向分量称为正向应力(normal stress)，在物体受力表面的切向分量称为剪切

应力(或称剪应力、切应力，shear stress)。在库埃特流中，力 F 总是沿流体表面切向的。特别地，记流体所受的切应力为 τ ，单位为 N/m^2，即 Pa，则有

$$\tau = \frac{F}{A} = \mu \frac{u}{h} \tag{3.3}$$

对于更一般的剪切流(shear flow)，流体的流动仍然是由外加的作用力 F 驱动的，并且流层之间也存在剪切应力 τ ，但流速分布未必是自下而上线性增加的。牛顿通过实验证明式(3.3)的微分形式仍然成立，即

$$\tau = \mu \frac{\partial u}{\partial y} \tag{3.4}$$

这里，记流体水平运动方向为 x，垂直于流体运动、自下而上的方向为 y。式(3.4)后来被称为牛顿黏性定律(Newton's law of viscosity)。

我们由此知道，流体所受的切应力 τ 正比于流体流速的垂向梯度 $\frac{\partial u}{\partial y}$。我们将比例系数 μ 定义为流体的动力黏度(dynamic viscosity)，或称剪切黏度(shear viscosity)，它是流体抵抗剪切变形的程度。不同的黏性流体对应着不同的动力黏度 μ 。在进行库埃特流实验时，选取的流体是水。但如果把水换成油或者蜂蜜，在其他条件不变的情况下，如果要使平板运动速度仍为 U，对板施加的力 F 就要大一些，这就说明上述几种流体的动力黏度是不一样的。动力黏度越大，流体抵抗剪切变形的程度也越大。

流体的运动黏度(kinematic viscosity)，记为 ν ，是流体动力黏度与流体密度的比值，即

$$\nu = \frac{\mu}{\rho} \tag{3.5}$$

运动黏度 ν 将会在后面进行流体的雷诺数(Reynolds number)计算时派上用场。

流体的黏度并非一成不变，而是会随温度等因素发生变化。在流体周围环境不发生改变时，如果流体切应力与流体流速的垂向梯度(也称应变速率) $\frac{\partial u}{\partial y}$ 成正比，就称它为牛顿流体(Newtonian fluid)，反之则为非牛顿流体(non-Newtonian fluid)。牛顿流体的黏度与其受力无关；非牛顿流体的黏度会随其受力的改变而改变，具有“记忆效应”。在水的自身组成不变(此时我们将水视为不可压缩流体)，并且周围环境(如温度)也不发生改变时，水的黏度也不发生改变，这时就可以将水看作牛顿流体。

在此给出了水在不同温度下的动力黏度(表 3-1)。可以看到，在 10～100℃的范围内，水的动力黏度是逐渐降低的，也就是说水温越低，水就越黏稠，产生同等剪切变形受到的阻力越大。需要记住，通常状态下(20℃)水的动力黏度大约是

1.0×10^{-3} Pa·s，相应地，运动黏度为 1.0×10^{-6} m^2/s，这会在以后的计算中经常用到。

表 3-1　水在不同温度下的动力黏度

温度/℃	动力黏度/(10^{-3} Pa·s)	温度/℃	动力黏度/(10^{-3} Pa·s)
10	1.3080	60	0.4658
20	1.0020	70	0.4044
30	0.7978	80	0.3550
40	0.6531	90	0.3150
50	0.5471	100	0.2822

3.3　小型球形颗粒的沉降过程

下面将注意力转移到一颗完全浸没在水中的沉积物颗粒上，来分析它沉降过程中的受力情况。它受到重力(gravity)、浮力(buoyancy)和摩擦阻力(friction drag)三个力。重力是因颗粒受到地球吸引而产生的，方向竖直向下；浮力是颗粒浸没在水中所受压力的合力，方向竖直向上；摩擦阻力(或称拖曳力)是黏性流体对颗粒表面施加的阻滞其运动的力，方向竖直向上。这三个力共同决定了沉积物颗粒的运动状态。

我们对颗粒的重力和在水中所受的浮力都不陌生。记沉积物颗粒的密度为 ρ_s，水的密度为 ρ，重力加速度为 g，颗粒体积为 V，则沉积物颗粒所受的重力 F_g 为

$$F_g = \rho_s g V \tag{3.6}$$

由于颗粒完全浸没在水中，所以它排开水的体积也是 V，由阿基米德原理，颗粒所受浮力 F_b 为

$$F_b = \rho g V \tag{3.7}$$

取竖直向下的方向为正向，那么颗粒在水中所受的净重力 F_g' 为

$$F_g' = F_g - F_b = (\rho_s - \rho) g V \tag{3.8}$$

考虑颗粒为球体的简化情况，设其直径为 D，则其体积 V 为

$$V = \frac{1}{6}\pi D^3 \tag{3.9}$$

于是这颗球形颗粒在水中所受的净重力 F_g' 为

$$F_g' = \frac{1}{6}\pi D^3 (\rho_s - \rho) g \tag{3.10}$$

颗粒在水中受到的拖曳力与它的粒形、相对运动速度以及流体性质都有关。颗粒在水中运动得越快，受到的阻力越大，因此，拖曳力应该正比于颗粒在水中相对运动速度的某次幂。在颗粒运动达到平衡时，拖曳力是与相对运动速度的平方成正比的。根据阻力方程[①](drag equation)，拖曳力 F_D 可表示为

$$F_D = \frac{1}{2}\rho u^2 C_D A \tag{3.11}$$

式中，ρ 为水的密度；u 为颗粒相对于水的运动速度；A 为颗粒在运动方向上的正交投影面积；比例系数 C_D 称为拖曳系数(drag coefficient)，是一个与颗粒形状、粒度和流体的运动黏度相关的无量纲参数(dimensionless parameter)。关于 C_D 如何计算，我们会在后面提到。

现在让我们来思考一颗球状沉积物颗粒在静水中沉降的全过程。将它从水面处释放，它很快就完全浸没在水中，受到的净重力(重力与浮力的合力)将使它加速。在颗粒完全被水浸没后，它所受的净重力就不变了。与此同时，颗粒还受到竖直向上的拖曳力作用。对于这颗球体，它在运动方向上的正交投影面积 A 不变，为

$$A = \frac{1}{4}\pi D^2 \tag{3.12}$$

将水看作不可压缩的均质流体，即

$$\frac{d\rho}{dt} = 0 \tag{3.13}$$

因此，水的密度 ρ 也是不变的。

实验证明，随着颗粒在静水中沉降，它的运动速度 u 不断增加，而与此同时，它受到的拖曳力 F_D 也不断增加。颗粒所受的合外力 $F_g' - F_D$ 仍然是竖直向下的，但随着拖曳力增大，合外力 $F_g' - F_D$ 不断减小。拖曳力 F_D 在不断增大之后，可以与颗粒所受的净重力 F_g' 达到平衡。此时颗粒的运动速度即为其沉降速度 w_s。下面，我们就试着计算颗粒的沉降速度。

在颗粒受力平衡时，根据式(3.8)和式(3.11)有

$$(\rho_s - \rho)gV = \frac{1}{2}\rho w_s^2 C_D A \tag{3.14}$$

因此

---

① 阻力方程是由瑞利男爵约翰·斯特拉特提出的。约翰·斯特拉特，第三代瑞利男爵(John William Strutt, 3rd Baron Rayleigh, 1842～1919 年)，是英格兰物理学家，早年在剑桥大学三一学院学习数学。他与拉姆齐(William Ramsay, 1852～1916 年)合作发现了氩气，而自己又提出了瑞利散射定律描述光的散射。

$$w_s = \sqrt{\frac{\rho_s - \rho}{\rho} \frac{g}{C_D / 2} \frac{V}{A}} \tag{3.15}$$

代入式(3.9)和式(3.12)，有

$$w_s = \sqrt{\frac{2}{3} \frac{\rho_s - \rho}{\rho} \frac{g}{C_D / 2} D} \tag{3.16}$$

还剩 C_D 没有计算。先前讨论过 C_D 是一个与颗粒形状(包括磨圆度、球度)、粒度和流体的运动黏度相关的量。因为拖曳力是作用在颗粒表面上的，所以它应当与颗粒密度无关。科学家们通过理论分析和经验关系得到了球体的拖曳系数 C_D，之后，又对不同形状的沉积物颗粒和底形进行了分析，得到了各种情况下用于计算的拖曳系数 C_D。我们先从最简单的情况开始，然后再结合实际情况进行修正。

对于一个完美的球体在黏性低雷诺数流体情况下的沉降问题，即斯托克斯定律(Stokes law)，在许多经典流体力学教科书中，有它的详细推导方法。现在跳过推导，只看它的最终结果，拖曳力可表示为

$$F_D = 3\pi\mu D u \tag{3.17}$$

比较式(3.11)、式(3.12)和式(3.17)可得

$$C_D = \frac{24\mu}{\rho u D} \tag{3.18}$$

结合运动黏度 ν 的定义式(3.5)，有

$$C_D = \frac{24\nu}{uD} \tag{3.19}$$

这样，就得到了满足斯托克斯定律时球体运动的拖曳系数 C_D 的计算公式，即式(3.19)。分析此式可得，拖曳系数 C_D 与流体的运动黏度 ν 成正比，流体的运动黏度越大，就体现为越大的拖曳系数。与此同时，拖曳系数 C_D 与球体相对运动速度 u 以及粒径 D 都成反比。这就是说，在同种流体中，如果球体的相对运动速度变快，或者是粒径增大，拖曳系数反而会变小。

回到上文讨论的前提，也就是球体运动满足斯托克斯定律时所具备的条件：表面平滑的球形物体在黏性低雷诺数流体中所进行的运动。特别地，我们需要给出雷诺数(Reynolds number)的概念。雷诺数 Re 是从流体力学的一个基本方程——纳维-斯托克斯方程(Navier-Stokes equations)中得到的，它是流体流动时惯性项 $\frac{\rho u^2}{l}$ 与黏性项 $\frac{\mu u}{l^2}$ 的比值，是一个无量纲数，即

$$Re = \frac{\rho u^2 / l}{\mu u / l^2} = \frac{ul}{\nu} \tag{3.20}$$

式中，u 为流体的特征速度；l 为流体的特征长度；ν 为流体的运动黏度。具有相同雷诺数的流体运动是相似的。这个问题在第 4 章里面还会仔细说道。对于小球在水中沉降而言，特征长度是它的直径 D，特征速度自然就是沉降速度了，这样就可以定义颗粒雷诺数 Re_{D} 为

$$Re_{\mathrm{D}} = \frac{uD}{\nu} \tag{3.21}$$

于是，就可以定量判断颗粒周围的边界层(即颗粒周围极薄的、流速具有非零垂向梯度的水层)的流态，知道那里是层流还是紊流。对于同样的流体(水)，颗粒在其中的运动速度越小，颗粒的直径越小，颗粒周围边界层内的水流越容易呈现成层流动的特征。雷诺数小的话，流动稳定，一层一层的，互相混合程度很小，对应着层流(laminar flow)；如果雷诺数大，指示了流动的惯性相对于黏性要大，这样的流动不稳定，称为湍流(或称紊流，turbulence)，水体中会产生若干涡旋(eddy)阻滞沉积物颗粒的运动。对于颗粒沉降问题，区分层流和湍流的颗粒雷诺数界限大约是 1。

接下来用颗粒雷诺数作为区分颗粒周围边界层流态的判据，对于层流和紊流的情况进行分类讨论。前面说到的斯托克斯定律，即式(3.19)，只适用于黏性低雷诺数流体情形，即 $Re_{\mathrm{D}} \ll 1$ 的情形，这时颗粒周围的边界层水流状态是层流，当前的流动状态称为斯托克斯流(Stokes flow)或蠕动流(creeping flow)。当 Re_{D} 在 1 左右时，流态向紊流过渡，但还是比较接近层流状态。而当 Re_{D} 显著增大，如到达 10^3 或是 10^4，流态就肯定是紊流了。

当颗粒在静水中运动达到平衡时，其运动速率 u 即为沉降速度 w_{s}。在颗粒周围边界层流态为层流时，结合式(3.16)和式(3.19)，或直接比较式(3.11)和式(3.17)可以得到

$$w_{\mathrm{s}} = \frac{(\rho_{\mathrm{s}} - \rho) g D^2}{18\mu} \tag{3.22}$$

这时，依据斯托克斯公式得到沉积物颗粒的沉降速度与其粒径的平方成正比。需要注意，上式成立的前提是 $Re_{\mathrm{D}} \ll 1$。

现在大家可以动手计算几个问题。根据式(3.22)，粒径为 0.1 mm 的石英颗粒在海水中的沉降速度是多少？之前请各位记住，20℃时水的动力黏度大约是 1.0×10^{-3} Pa·s，这里可以作为已知条件用上。另外石英的密度为 2650 kg/m^3，海水密度取 1027 kg/m^3，重力加速度 g 取 9.8 m/s^2，这样就有

$$w_{\text{s-quartz}} = \frac{(2650-1027)\times 9.8\times(0.1\times10^{-3})^2}{18\times1.0\times10^{-3}}\ \mathrm{m/s} = 8.84\ \mathrm{mm/s}$$

也就是说，这颗颗粒的沉降速度大约是 10 mm/s。再将结果代入式(3.21)，得

到它的颗粒雷诺数 Re_D 大约为 1——计算结果是勉强可以接受的。

那么，假设颗粒的粒径变为 100 mm，或者是 1 μm，它们各自在水中的沉降速度又大约是多少呢？根据式(3.22)，沉降速度与沉积物颗粒的粒径平方成正比，因此只需比较不同沉积物颗粒粒径之间的倍数关系就能得出结果：粒径为 100 mm 的砾石，沉降速度约为 10^7 mm/s，也就是 10 km/s；粒径为 1 μm 的颗粒，沉降速度约为 10^{-3} mm/s。前一种情况下，得出的结果显然是荒谬的！第一宇宙速度大约是 7.9 km/s，以超过第一宇宙速度运动的物体，就可以绕地球做椭圆轨道运动了。而后一种情况，如果颗粒的沉降速度只有 10^{-3} mm/s，假设水深有 10 m(这是浅海地区的典型值)，如果颗粒一直以 10^{-3} mm/s 向下运动，总共要 10^7 s 才能到达底床。一天 24 h，一共是 86400 s，这样计算下来这颗颗粒需要一百多天才能沉底，也是不可能的结果。虽然这两个数值都是实际中不可能存在的——一个偏大太多，另一个偏小太多，但引起这两个计算值同实际情况的偏差的原因却不相同。

先解释为什么粒径为 100 mm 的颗粒沉降速度过大(1 μm 颗粒沉降速度过小的问题下节会讨论)。可以计算，100 mm 颗粒以 10 km/s 沉降时，对应的颗粒雷诺数是 10^9，远超临界值 1；大颗粒在水中运动的全过程中，大部分时候周围的水流边界层流态已经到达紊流。于是，斯托克斯定律就不再适用。看下面这幅图(图 3-4)，它的横纵坐标都是对数标度的。从中可以看到，颗粒粒径较小(小于 0.1 mm)时，颗粒边界层流态为层流，满足斯托克斯定律，粒径的对数与沉降速度的对数呈线性关系，在图上显示为斜率约为 0.5 的直线，也就是说此时颗粒的沉降速度与粒径的平方成正比。而在颗粒粒径较大(粒径对数达到 10^0 mm 量级)时，

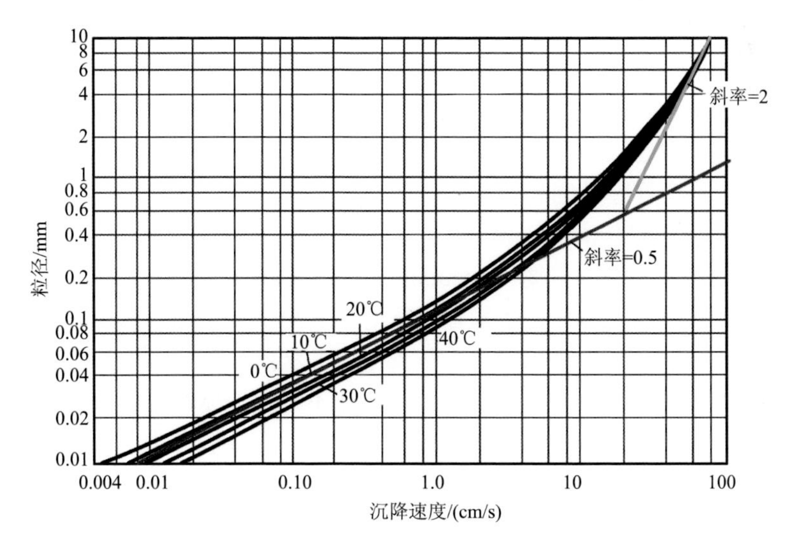

图 3-4　石英球体在清水中的沉降速度

资料来源：改绘自钱宁和万兆惠(1983)

颗粒边界层流态为紊流，不满足斯托克斯定律，图上直线的斜率约为 2，考虑式(3.16)，不难发现，此时拖曳系数 C_D 是个定值，此时颗粒的沉降速度与粒径的平方根成正比。

具体而言，对于 $Re_D \in [10^3, 10^5]$ 的颗粒，在用式(3.16)计算沉降速度时，认为拖曳系数 C_D 是定值，这样，颗粒的沉降速度就与粒径的平方根成正比。此时，拖曳系数 C_D 可以由实验测量或经验公式得到。

简单而言，对于直径小于 0.1 mm 的单个球形颗粒，可以用斯托克斯公式，即式(3.22)计算沉降速度，此时满足颗粒雷诺数足够小的要求。

3.4　一般非黏性沉积物颗粒(天然砂)的沉降过程

在现实情况中，大部分非黏性沉积物颗粒并不是浑圆的。也就是说，它们相比同体积的圆球，球度更小，磨圆度更差(棱角更加分明)，这使得它们的沉降速度相比同体积的圆球更小。这是为什么呢？磨圆度差会阻碍颗粒沉降，这容易理解，边上的棱角比起光滑的表面，会受到更大的阻力。但是同样体积、密度和表面光滑程度的一块铁饼和铁球相比，或是一颗杧果和橙子相比，为什么铁饼和杧果在水中沉降速度要更慢呢？

回到式(3.15)，颗粒在运动方向上的正交投影面积 A 是一个重要的参数，沉降速度和它的平方根成反比，而颗粒球度的差别就在这里。对于一颗完美的球，其在运动方向上的正交投影面积 A 总是不变的，可由式(3.12)计算得出；而与球形物体相同体积的铁饼和杧果，它们的 A 比起球体是变大还是变小了呢？这取决于它们在水中下落的姿态——是以较大的还是较小的截面下落，前者相当于铁饼、杧果平着下落，这样 A 就会变大，沉降速度变小；后者相当于铁饼、杧果竖着下落，这样 A 就会变小，沉降速度变大。可能很多人的第一反应是后者，但是事实却是前者。这是个稳定性问题。

静力学中的平衡态(equilibrium state)共有三种：稳定平衡(stable equilibrium)、随遇平衡(又称中性平衡，neutral equilibrium)和不稳定平衡(unstable equilibrium)(图 3-5)。物体处于稳定平衡时，其势能处于极小值，在受到外力的微小扰动而偏离平衡位置时，能够恢复到原先的状态；物体处于随遇平衡时，在受到外力的微小扰动而偏离平衡位置时，势能不发生改变，能在新的位置达到平衡；物体处于不稳定平衡时，其势能处于极大值，在受到外力的微小扰动而偏离平衡位置时，不能恢复到原先的状态，而是朝着势能减小的方向试图取得一个新的稳定平衡。

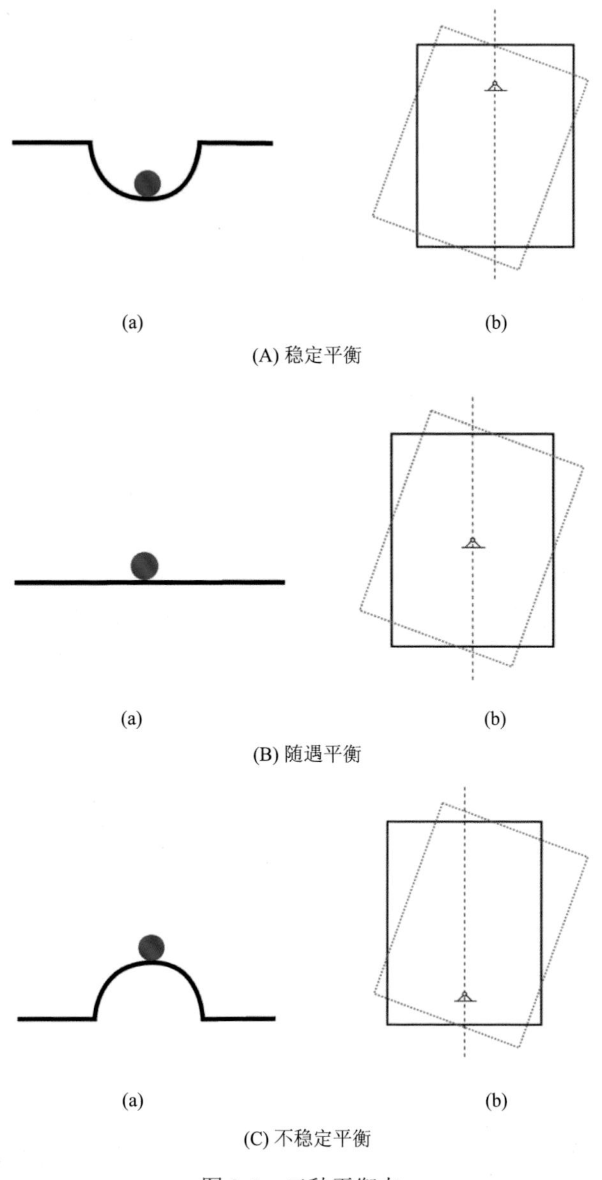

图 3-5　三种平衡态

《唐诗三百首》收录了韦应物的《滁州西涧》七绝，其中有一句是“春潮带雨晚来急，野渡无人舟自横。”这就是说，在河流中如果有一条小船，在达到稳定平衡时，它的长轴应当垂直于水流方向，横在河里。类似地，铁饼和杧果在下落时，虽然平着和竖着两种取向都是平衡状态，但对它们施加微小的扰动，使其旋转某个很小的角度，在竖着下落时，这个微小的扰动会被正反馈循环放大，使其最终旋转至横着下落，因此这个状态是不稳定平衡[类似图 3-5(C)]；而横着下落时，对它们施加微小的扰动，扰动会在负反馈循环中衰减，最后它们仍会维持横着的状态，匀速沉降，这个状态是稳定平衡[类似图 3-5(A)]。这就是说，沉积物颗粒在沉降时，总倾向于使自己在运动方向上的正交投影面积达到最大，以尽快取得更大的拖曳力，从而取得平衡。因此同样体积和密度的颗粒，球度越小，沉降速度越小。王振东(2008)《诗情画意谈力学》一书的第一章和后记就是讲的这个问题。

总而言之，同体积和密度的不规则沉积物颗粒与圆球相比，如果将它们同时在水面处释放，在二者都没有达到平衡时，不规则沉积物颗粒所受的阻力总比圆球大，在最后达到平衡时，虽然二者都做匀速直线运动，但不规则沉积物颗粒竖直向下的加速度减小得比圆球更快，因此不规则颗粒用更短的时间达到平衡，但加速不够充分，于是它的沉降速度就小于圆球的沉降速度。

现在让我们回顾一下影响沉积物颗粒沉降速度的这些因素：从粒度、粒形到颗粒密度，再到流体性质。对于天然砂质沉积物，这些因素早在数十年前就被彻底讨论过了。加利福尼亚大学伯克利分校教授、美国国家科学院院士 Dietrich (1982)曾在 *Water Resources Research* 上发表题为《天然颗粒的沉降速度》(*Settling velocity of natural particles*)的论文，讨论了影响天然颗粒沉降速度的因素，并给出了计算天然颗粒沉降速度的原理与方法，可称为一篇里程碑式的文章。

而在实际计算中，也有一些基于实验的经验公式可供使用。Soulsby(1997)基于大量不同形状(球度、磨圆度)天然砂的实验数据给出了天然砂沉降速度的经验公式，在实际工作中是一个较好的估计公式，即

$$w_{\mathrm{s}} = \frac{\nu}{D}\left(\sqrt{10.36^2 + 1.049 D_*^3} - 10.36\right) \tag{3.23}$$

式中，无量纲粒度(dimensionless grain size) D_* 为

$$D_* = \sqrt[3]{\frac{g(\rho_s - \rho)}{\rho \nu^2}} \cdot D \tag{3.24}$$

可以看出，这个公式的参数只包含了颗粒的粒度和密度，以及流体的密度和运动黏度以及重力加速度。由于砂是非黏性沉积物，应用式(3.23)进行沉降速度计算是没有大问题的，误差可以控制在 10%以内。非黏性沉积物粒径和沉降速度的关系见图 3-6。但对于黏性沉积物而言，事情就没这么简单了。

天然砂的球度变化范围较窄，这是上述沉降速度经验公式建立和较好适用的隐含前提。但是对于一些具有特殊形态的沉积物，如扁平状的贝壳碎屑，经典研究并没有覆盖。虽然扁平状的贝壳颗粒沉降时姿态较为复杂，但从统计角度而言，它们仍倾向于以最大正交投影面垂直于沉降方向运动。Li 等(2020)的研究表明，扁平状的贝壳碎屑的球度明显小于天然砂，故使用基于天然砂得出的式(3.23)计算其沉降速度显著大于实测值，其形状扁平化导致的其在运动方向上的最大正交

投影面积增大是其沉降速度减小的主控因素。

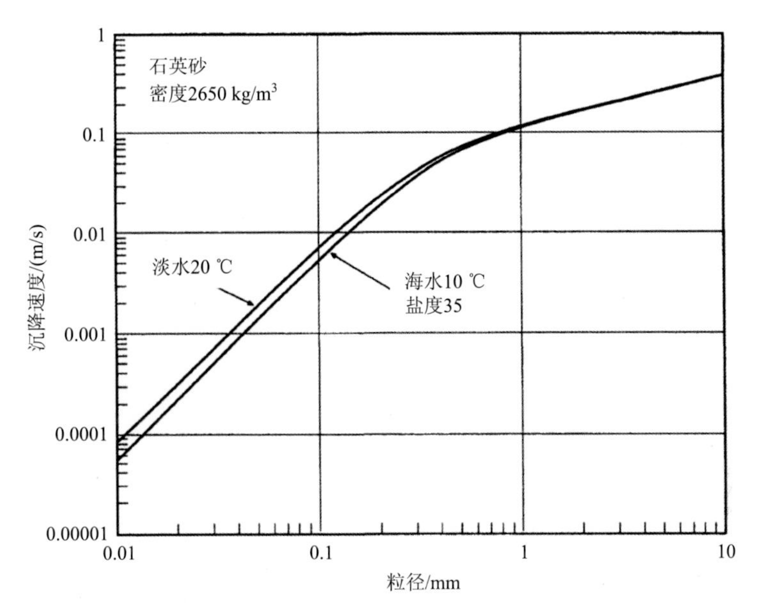

图 3-6　非黏性沉积物粒径和沉降速度的关系

资料来源：修改自 Soulsby（1997）

近些年来，海洋中微塑料的环境和生态效应开始受到人们日益强烈的关注，密度大于海水的微塑料可以看作一种新型沉积物，需要对其动力学行为有更好的理解。因为微塑料颗粒密度变化范围更大，形状也更加多样化，使用天然砂沉降速度经验公式的误差也十分明显，目前这一领域尚处于起步阶段。

3.5　黏性沉积物的沉降

上文对粒径为 1 μm 的颗粒计算得到的沉降速度大约是 10^{-3} mm/s，这个结论是错误的。为什么呢？因为这样的颗粒是黏性沉积物，它们会发生絮凝(flocculation)。请回忆上一章里非黏性沉积物和黏性沉积物在电子显微镜下的照片。非黏性沉积物是一粒粒独立排列的，但是黏性沉积物会成层排列，并且层间以强烈的电磁力相互作用彼此黏结，因此即使努力把它们分散开来放入水中，它们还是很容易结合起来，成为一团一团的絮凝团(flocs)。因此，粒径为 1 μm 的颗粒无法独自运动，而是会彼此黏结，作为一个整体进行运动，形成的絮凝团的粒度比起原先的沉积物颗粒就显著增大了。虽然它们可能仍然满足适用斯托克斯定律进行计算的条件，但它们并不能作为粒径 1 μm 的颗粒独自沉降，而总是互相黏结，形成絮凝团，其粒径典型值为 $10^2 \sim 10^3$ μm 量级（图 3-7），要比组成它的颗粒大很多；另外，絮凝团内部颗粒并不是紧密黏结的，而是总存在大量的孔隙，这使得絮凝团的密度远小于形成它的颗粒密度，约为原颗粒密度的十分之一或更小（Watanabe, 2017）。

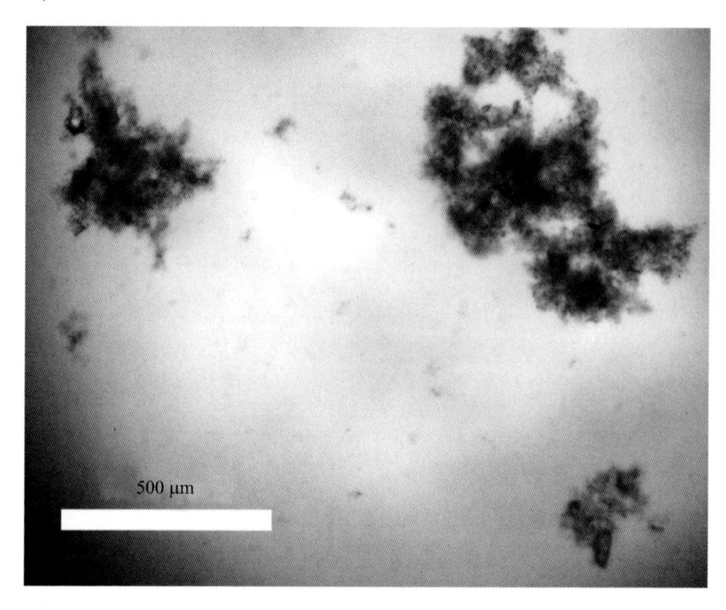

图 3-7　絮凝团的电子显微镜照片

资料来源：Tran 和 Strom（2017）

那么，如何估计这些由黏性沉积物颗粒组成的絮凝团的沉降速度呢？这是一项十分棘手的工作。由于受海水盐度、紊动、沉积物粒度、矿物组成、生物作用等多种因素影响，黏性沉积物颗粒形成的絮凝团的尺度、密度、形态及其沉降速度的预测非常复杂，尚未有普遍适用的方法（Wang et al., 2013）。黏性沉积物絮凝理论的进展可以参见 Winterwerp 和 Van Kesteren（2004）、Chassagne 和 Safar（2020）。

目前的研究认为，它们的沉降速度典型值在 0.1～1.0 mm/s。例如，对于河流（淡水）中的泥质物质，美国加州理工学院的 Lamb 等（2020）指出它是以絮凝团形式存在，典型的沉降速度是 0.34 mm/s，和组成絮凝团的颗粒的大小无关。海洋环境下，由于海上中盐离子的作用，絮凝作用可能会更强一些，如果这样的话，絮凝团的沉降速度会更大一些。根据我们刚才的讨论，在计算黏性沉积物颗粒沉降速度时，直接使用原颗粒粒径代入斯托克斯定律得到的结果是不可信的，这种方法只适合非黏性沉积物，对于黏性沉积物，我们必须考虑到它们的絮凝作用。

奥陶纪到志留纪河相泥岩的突然增加，原先认为是由于植物的进化，有深根的植物出现后加速了泥质物质的产生导致的。但是 Lamb 工作组挑战了这一观点，指出有机质的增加导致更强的絮凝作用，大大提高泥质物质的沉降速度，从而形成了含大量泥质的洪积平原(Zeichner et al., 2021)。这是絮凝作用改变地球的一个有趣实例。

刚才我们的讨论，实际上都默认水中没有其他沉积物颗粒。现在我们需要把悬沙浓度纳入考虑。对于黏性沉积物而言，在悬沙浓度从低到高增加时，可能会导致絮凝团更容易长大，从而增大沉降速度，但是悬沙浓度很高时，絮凝团之间的相互作用会更加显著，从而影响到絮凝团的沉降速度，使之减小，这一现象称为阻滞沉降(impeded settling)。

图 3-8 显示了英国塞文河口(Severn Estuary)的悬沙浓度与颗粒平均沉降速度之间的关系。从中我们可以发现，在悬沙浓度较低(小于约 5 g/L)时，沉积物颗粒的平均沉降速度随悬沙浓度增大；但当悬沙浓度很高(量级为 10^1 g/L)时，水体变得十分浑浊，这些絮凝团相互阻滞沉降，从而导致沉积物颗粒的平均沉降速度随

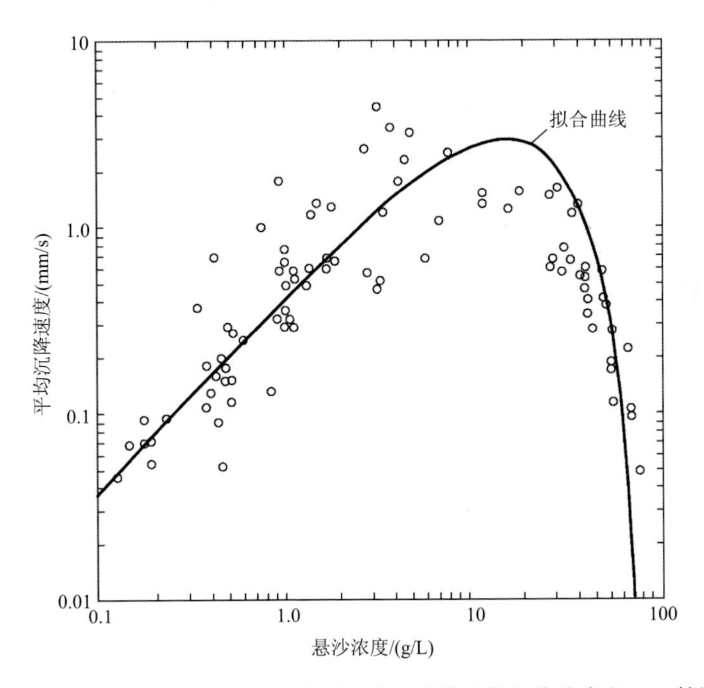

图 3-8　英国塞文河口(Severn Estuary)的悬沙浓度与颗粒平均沉降速度(Owen 管测得)之间的关系

资料来源：改绘自 Whitehouse 等(2000)

悬沙浓度减小(Whitehouse et al., 2000)。目前，定量刻画絮凝团受紊动、悬沙浓度以及水体盐度的影响，以及由此导致的沉降速度的变化，仍是巨大的挑战。解决这些问题牵涉一系列复杂的物理、化学和生物过程。

多年来，人们正努力寻求原位测量黏性絮凝团沉降速度的方法。由于絮凝团会随着环境(温度、盐度、生物、湍流等)变化而变化，所以需要在现场测量，带回实验室再测量的误差非常大。最早的方法是现场从水中取一管水(管子水平)，拉到船的甲板上后，把管子竖起来[类似于实验室中沉降管法(参见 2.3 节)测粒度(沉降速度)的方法]，测量水中絮凝团的沉降速度，这种方法最早由英国 HR Wallingford 的 Owen 于 1976 年提出，称为欧文管(Owen tube)法(Owen, 1976; Malarkey et al., 2013)，图 3-8 的结果就是这样测得的。此外，还有水下照相追踪法，用水下照相机重复拍照，确定目标絮凝团，追踪其位置变化，从而计算沉降速度，原理和我们开车时的拍照测速是一样的(Sternberg et al., 1996; Benson and French, 2007)。1993 年，欧洲多家著名研究机构(剑桥大学、普利茅斯大学、汉堡大学、哥本哈根大学、代尔夫特水力学所等)带上各自的仪器，基于欧文管法和照相追踪法，在德国汉堡附近的易北(Elbe)河口同时同地观测，各自完成研究论文，并比对结果，集合发表于 *Journal of Sea Research* 杂志 1996 年的第一、二期刊合刊(Dyer et al., 1996; Eisma, et al., 1996)。

美国 Sequoia 公司开发了一系列现场激光散射透射仪(laser *in-situ* scattering and transmissometry, LISST)，其中的 LISST-ST(X)还另外搭载了沉降管(settling tube)，可以进行沉降速度测量(图 3-9)。这种沉降管整体呈圆柱形，但上半段内部为长方体，以减小流体雷诺数，减弱湍流对测量的影响。该公司的科学家 Agrawal 和 Pottsmith(2000)在期刊 *Marine Geology* 上介绍了使用 LISST-ST 进行颗粒沉降速度测量的具体方法：在测量船到达测站后，将仪器启动、保持沉降管打开并投放至目标站位，沉降管中的电机持续运作以吸入新鲜的水样；经过很短的时间间隔(4 s)后，管底螺旋桨电机停止运作，水样也抽取完成；在极短的时间(50 ms)后，沉降管关闭，沉降实验开始；此时位于长方体下端的激光器在固定的时间点发射信号，获得沉降颗粒物的光学特征与浓度信息，并进行记录；在一次沉降实验完成后，管底螺旋桨电机重新工作，依靠其旋转产生的湍流清洁沉降管和激光探头，并重新抽取水样，进行下一次实验。当某种形态(对应一定的光学特征)的颗粒沉降完全后，激光探测得到其浓度就为 0。依据记录的颗粒物光学特征随时间的变化，就可以得到水样中颗粒的沉降速度分布。

(a) LISST-ST

(b) LISST-STX

图 3-9　现场激光散射透射仪(LISST)与沉降管

此外还有一些间接的方法用来观测絮凝团的沉降速度。一种方法是，用 LISST 测量絮凝团的体积浓度(占水体的体积比例)，再用其他方法测出水体中絮凝团的质量悬沙浓度(详见 8.1 节)，这样二者相除就可以算出絮凝团的密度。LISST 同时可以测出絮凝团的粒度，这样知道了 D 和 ρ_s，套用斯托克斯公式[式(3.22)]就可以算出絮凝团的沉降速度(Mikkelsen and Pejrup, 2001; Lu et al., 2020)。另一种方法是基于均衡且不分层假设下的悬沙浓度垂向剖面(Rouse 剖面)，反推沉降速度(Lupker et al., 2011)，相关内容在 8.3 节的第一部分有仔细的讨论。此外，还有一种利用声学多普勒流速仪(ADV)(4.2 节)观测得到的高频悬沙浓度变化，同样再假定垂向悬沙通量平衡，就可以计算得到沉降速度(Fugate and Friedrichs, 2002; Maa and Kwon, 2007)，这部分的原理在第 8 章悬移质输运中提及。

然而，上述的测量方法也存在一定的问题，并且野外应用尚未普及，详情可见 Mantovanelli 和 Ridd(2006)的综述论文。如果不是专门从事黏性絮凝团研究的学者，通常会在计算中指定一个絮凝团沉降速度的估计值。比如，笔者在研究中，一般取江苏海岸的黏性絮凝团沉降速度为 0.5 mm/s 左右，有时也选用 0.3 mm/s 或是 0.8 mm/s 这样的数值，这也是大多数情况下的海洋环境下的典型值，比 Lamb 等(2020)给出的淡水环境下的典型值 0.34 mm/s 要大一些。

参 考 文 献

钱宁, 万兆惠. 1983. 泥沙运动力学. 北京: 科学出版社.

王振东. 2008. 诗情画意谈力学. 北京: 高等教育出版社.

Agrawal Y C, Pottsmith H C. 2000. Instruments for particle size and settling velocity observations in sediment transport. Marine Geology, 168: 89-114.

Benson T, French J R. 2007. InSiPID: A new low-cost instrument for *in situ* particle size measurements in estuarine and coastal waters. Journal of Sea Research, 58: 167-188.

Chassagne C, Safar Z. 2020. Modelling flocculation: Towards an integration in large-scale sediment transport models. Marine Geology, 430: 106361.

Dietrich W E. 1982. Settling velocity of natural particles. Water Resources Research, 18(6): 1615-1626.

Dyer K R, Cornelisse J, Dearnaley M P, et al. 1996. A comparison of *in situ* techniques for estuarine floc settling velocity measurements. Journal of Sea Research, 36: 15-29.

Eisma D, Bale A J, Dearnaley M P, et al. 1996. Intercomparison of *in situ* suspended matter (floc) size measurements. Journal of Sea Research, 36: 3-14.

Fugate D C, Friedrichs C T. 2002. Determining concentration and fall velocity of estuarine particle populations using ADV, OBS and LISST. Continental Shelf Research, 22: 1867-1886.

Lamb M P, de Leeuw J, Fischer W W, et al. 2020. Mud in rivers transported as flocculated and suspended bed material. Nature Geoscience, 13: 566-570.

Li Y N, Yu Q, Gao S, et al. 2020. Settling velocity and drag coefficient of platy shell fragments. Sedimentology, 67: 2095-2110.

Lu T, Wu H, Zhang F, et al. 2020. Constraints of salinity- and sediment-induced stratification on the turbidity maximum in a tidal estuary. Geo-Marine Letters, 40: 765-779.

Lupker M, France-Lanord C, Lavé J, et al. 2011. A Rouse-based method to integrate the chemical composition of river sediments: Application to the Ganga basin. Journal of Geophysical Research: Earth Surface, 116: F04012.

Maa J P Y, Kwon J I. 2007. Using ADV for cohesive sediment settling velocity measurements. Estuarine, Coastal and Shelf Science, 73: 351-354.

Malarkey J, Jago C F, Hübner R, et al. 2013. A simple method to determine the settling velocity distribution from settling velocity tubes. Continental Shelf Research, 56: 82-89.

Mantovanelli A, Ridd P V. 2006. Devices to measure settling velocities of cohesive sediment aggregates: A review of the *in situ* technology. Journal of Sea Research, 36: 199-226.

Mikkelsen O, Pejrup M. 2001. The use of a LISST-100 laser particle sizer for *in-situ* estimates of floc size, density and settling velocity. Geo-Marine Letters, 20: 187-195.

Owen M W. 1976. Determination of the settling velocities of cohesive muds. Hydraulic Research Station, Wallingford, Report No. IT, 161: 1-8.

Soulsby R. 1997. Dynamics of Marine Sands: A Manual for Practical Applications. London: Thomas Telford.

Sternberg R W, Ogston A, Johnson R. 1996. A video system for *in situ* measurement of size and settling velocity of suspended particulates. Journal of Sea Research, 36: 127-130.

Tran D, Strom K. 2017. Suspended clays and silts: Are they independent or dependent fractions when it comes to settling in a turbulent suspension? Continental Shelf Research, 138: 81-94.

Wadell H. 1935. Volume, shape and roundness of quartz particles. The Journal of Geology, 43(3): 250-280.

Wang Y P, Voulgaris G, Li Y, et al. 2013. Sediment resuspension, flocculation, and settling in a macrotidal estuary. Journal of Geophysical Research: Oceans, 118(10): 5591-5608.

Watanabe Y. 2017. Flocculation and me. Water Research, 114: 88-103.

Whitehouse R, Soulsby R, Roberts W, et al. 2000. Dynamics of Estuarine Muds: A Manual for Practical Applications. London: Thomas Telford: 210.

Winterwerp J C, Van Kesteren W G M. 2004. Introduction to the Physics of Cohesive Sediment in the Marine Environment. Amsterdam: Elsevier.

Zeichner S S, Nghiem J, Lamb M P, et al. 2021. Early plant organics increased global terrestrial mud deposition through enhanced flocculation. Science, 371: 526-529.

第 4 章　流体流动、湍流与边界层

第 1 章中提到海洋沉积动力学的定义：研究沉积物在海洋环境中搬运、堆积及其环境效应的学问。来自不同地方的沉积物，在海洋环境中会被潮汐、波浪和洋流等动力搬运至目的地，最终保存起来。为了理解沉积物的输运过程，需要了解挟带沉积物的载体，也就是作为流体的海水的运动状态。

关于洋流(大陆架和大洋环流)、潮汐和波浪这些海洋中关键动力过程的基本知识可以参见物理海洋以及相关海洋沉积动力学书籍。入门级的读物包括 Stewart(2008)关于物理海洋学的一般性介绍，The Open University(1989)、Bosboom 和 Stive(2021)对于近岸波浪和潮汐问题的简明介绍；高阶的读物包括 Bowden(1983)对海岸环境下物理海洋过程的教科书，以及 Holthuijsen(2007)关于波浪和 Gerkenma(2019)关于潮汐的专著等。

本章的核心是经典物理海洋学教材中未仔细介绍的边界层及其内部和底床受力问题，因为沉积物的运动正是这些力作用的结果，所以是海洋沉积动力学的核心问题。我们将从湍流(雷诺应力的本质原因)入手，在介绍观测方法之后(这些在上述文献中已有说明)，仔细地对边界层问题，尤其是海流(包括洋流与潮流)边界层，进行说明。从描述性内容开始讲述，之后会应用公式和方程来深入探讨流体的运动特性。公式和方程的推导是比较简化的，不求严格，重在增进我们对物理过程的理解。本章力求把其中的细节讲清楚，但仍有不足，如果想要更深入、严格地了解这部分内容，还是需要去阅读流体力学的相关教程。

4.1　湍流：从凡・高到海森堡

本节从荷兰画家凡・高(Van Gogh, 1853～1890 年)的著名画作《星夜》(*De sterrennacht*)开始(图 4-1)。凡・高一生饱受心理疾病的困扰，这幅描绘星光灿烂夜晚的油画是 1889 年他在法国的一家精神病院里创作的。Clair 评论这幅不朽作品道：“在极度的痛苦中，凡・高奇迹般地感知到了大自然最复杂的创造之一。他独特的灵魂糅合大自然最神秘的动态、流体与光线，创造出了一种不可言述的、热烈的美。”[①]

---

① https://www.ted.com/talks/natalya_st_clair_the_unexpected_math_behind_van_gogh_s_starry_night。

图 4-1　凡 · 高的著名画作《星夜》(*De sterrennacht*, 1889)

而作为科学家，我想说的是，凡 · 高不仅在这幅画中展现了自己奔腾慌乱的内心，同时也有意无意地表现了自然界中的湍流结构——从水到风再到星空。这幅画当中的许多漩涡，在科学上可以解释为与湍流(turbulence，也称紊流、湍动)相关的涡旋(eddy)：它们看似杂乱无章，其实却非常严密地遵循了自然界中湍流的数学结构，即科尔莫戈罗夫(Kolmogorov, 1903～1987 年)的 2/3 标度律(K41 理论)，可谓是艺术与科学重合的极致。凡 · 高在“精神错乱”时对湍流的“感觉”，需要结合物理的认识，运用数学的刻画，才有可能得到解决。一代代科学家前仆后继，成就卓然，但是依然没有完美搞定湍流问题。这里的湍流也称紊流，其中“湍”字的普通话发音是 tuān，但是我在大三修读南京大学大气系蒋全荣教授的“流体力学”的时候，他告诉我们，在学界大家一般都会读 chuǎn，这是个十分有趣的传统。

物理学史上有两位著名的德国科学家，分别是索末菲(Sommerfeld, 1868～1951 年)和海森堡(Heisenberg, 1901～1976 年)。海森堡于 1923 年获得慕尼黑大学(Ludwig-Maximilians-Universität München)的物理学博士学位，他的导师正是索末菲。在当时，任何人想要获得物理学博士学位，都需要通过理论物理和实验物理两道考验，不能有所偏废。海森堡虽然精于理论物理，实验技能却十分糟糕，因此当时许多教授都不认为他能取得学位。但最终他不仅顺利取得了学位，还由于在量子力学理论中做出的巨大贡献，在 1932 年获得了诺贝尔物理学奖，作为世界上最伟大的物理学家之一名垂青史。索末菲则是迄今为止教导过最多诺贝尔物理学奖得主的人。他有四名博士学生(海森堡、泡利、德拜、贝特)曾获诺贝尔奖，而另外三名诺贝尔奖得主鲍林、拉比、劳厄也曾在他的门下学习工作过。尽管索末菲曾被诺贝尔奖提名 81 次之多，他最终还是没能摘得这顶科学桂冠，但是他的学术生涯依然可称杰出。

海森堡认为自己不擅长实验，就去从事理论物理方面的研究。当时索末菲曾给海森堡两个博士论文题目供选择，海森堡选择了“二维湍流的解”，这在当时可以说是不可能完成的任务。尽管海森堡在湍流问题上花费了不少精力，但他还是无法解出描述流体流动的纳维-斯托克斯方程组(Navier-Stokes equations)，不过他凭借敏锐的直觉，成功地“猜”出了二维湍流的精确解(Heisenberg, 1924)，而且在后来也被证明是正确的。世上有两种物理学家，一种是像狄拉克(Dirac, 1902～1984 年)那样的，所有研究成果都出自严谨的数学推理；另外一种是像海森堡或玻尔(Bohr, 1885～1962 年)一样，依靠敏锐的物理直觉导出结论。海森堡在 1923 年得出的湍流解，直到 1955 年才由华人应用数学家林家翘(1916～2013 年)在 *The Theory of Hydrodynamic Stability* (Lin, 1955)一书中严格证明——他也是冯·卡门(von Kármán, 1881～1963 年)的博士生(和钱学森、郭永怀相同)。由于湍流问题解决之困难，海森堡曾说：“当我去见上帝的时候，我会问他两个问题：为什么会有相对性？又为什么会有湍流？我相信，他会有前一个问题的答案。”弦外之音，自然是说湍流问题非常困难了。

这里只会向各位介绍湍流理论中的一点皮毛，对这个问题感兴趣的读者可以去阅读赵松年和于允贤(2016)所著的《湍流问题十讲：理解和研究湍流的基础》一书。这是一本中文小册子，其难能可贵之处就在于它力图用通俗易懂的语言去描述湍流这样复杂的过程。另外，还有一些英文文献可供阅读，其中关于湍流问题的有 *An Introduction to Turbulent flow*(Mathieu and Scott, 2000)、*Turbulence: An Introduction for Scientists and Engineers*(Davidson, 2004)、*An Introduction to Ocean Turbulence*(Thorpe, 2007)三本专著；关于边界层问题的有 Boudreau 和 Jorgensen(2007)主编的专著 *The Benthic Boundary Layer: Transport Processes and Biogeochemistry*，以及 *Physical problems of the benthic boundary layer*(Bowden, 1978)、*The bottom boundary layer of shelf seas*(Soulsby, 1983)和 *The bottom boundary Layer*(Trowbridge and Lentz, 2018)三篇综述论文。

4.2 流体流动状态的观测：流速测量

流速(flow velocity)是描述海水运动状态的重要参数。在我们的研究中，常用到以下四种仪器进行流速测量。

1) 旋桨式流速仪

外观如同火箭弹一般的旋桨式流速仪(propeller current meter)具有悠久的历史。图 4-2 是南京大学所购的英国 Valeport 公司出品的 106 型轻量级旋桨式流速仪。使用它进行流速测量的原理十分简单：将仪器置于水中，由于设计的重心，它会保持水平，并经由于尾翼作用，仪器的长轴会转动至平行于水流的方向。水流流过旋桨，驱动它旋转，仪器再将接收到的桨叶旋转速度换算为水流的速度。由于速度是个矢量，我们不光要知道它的大小(速度)，也要知道它的方向。新型的旋桨式流速仪内置电子罗盘，可以确定仪器的取向，从而推算水流的运动方向。

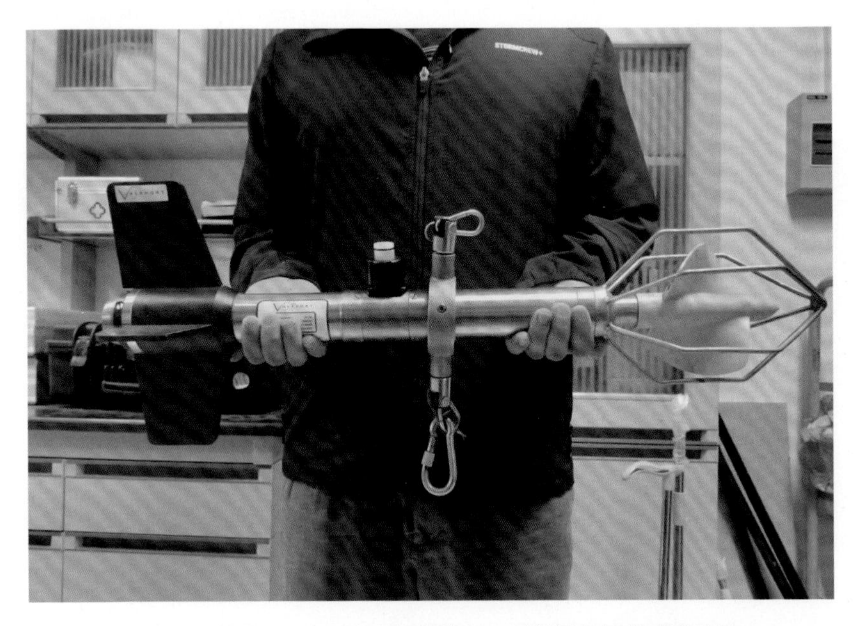

图 4-2　英国 Valeport 公司出品的 106 型轻量级旋桨式流速仪

虽然旋桨式流速仪在技术上来说比较陈旧，但它仍然是海洋调查中最可信赖的一种仪器。它所依靠的力学原理虽然简单，却仍然行之有效。不过，因为它的体量很大，又需要在水中保持水平，所以只能得到仪器位置水平方向上的二维流速，不能观测到垂向上的流速。另外，由于流速是靠螺旋桨的转速转换得到的，需要对一定时间内的观测数据序列进行处理，才能获得有意义的观测数据，所以旋桨式流速仪的数据输出频率也较低，典型的频率最高只能到 1 Hz。

2) 电磁流速仪

电磁流速仪(electromagnetic current meter, EMCM)也是一种常用的测量流速的仪器，它测量流速的理论基础是电磁感应。见图 4-3，流速计端部的黑色圆球外部涂胶做了防水处理，内部则是灵敏的线圈，在通电之后成为电磁铁，产生一定的磁场。含有多种离子的海水作为导体切割电磁铁磁场的磁感线，产生的感应电流也引起了磁场，因此圆球内的合磁感应强度也发生改变。在球体的内壳的横切面上(垂直仪器的长轴)，每隔 90° 设置一个电极，并接到电压传感器上，这样通过分析各方向的电压大小和变化，再由内置电子罗盘测量电极的朝向，就可以得到黑色球体处的流速大小和方向，但是，仅限于在球的横切面这个二维平面上。因此，如果将这个流速仪垂直放置，就能够测量水平面上的二维流速，而水平放置就能够测量相对海底垂面上的二维流速。电磁流速仪的反应是很敏捷的，它的流速测量能够达到 8 Hz 或 10 Hz 的高频率，同时，它又能测量垂向流速，因此成为早年野外观测研究湍流的唯一手段(Bowden and Fairbairn, 1956)。

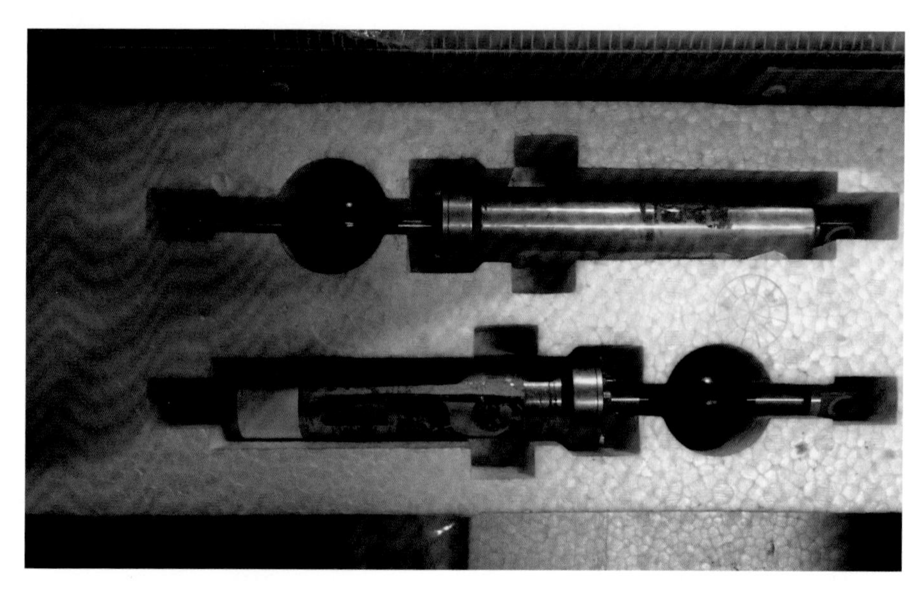

图 4-3　日本 JFE Advantech 公司出品的 AEM-HR 型电磁流速仪

3) 声学多普勒流速剖面仪

前面两种流速仪分别基于机械和电磁感应原理，近年来基于多普勒效应的声学流速仪发展很快，应用广泛。多普勒效应(Doppler effect)是指波源和观察者有相对运动时，观察者接收到波的频率不同于波源的发射频率的现象。

火车在铁道上运行时会不时鸣笛。如果站在铁路边上，火车迎面开来时，它的鸣笛声会变得尖细(频率变高)，而火车开过观察者、逐渐远离时，它的鸣笛声又会变得低沉(频率减小)。这一现象最早在 1842 年由奥地利物理学家多普勒(Doppler, 1803～1853 年)发现。而后在 1845 年，荷兰科学家巴洛特(Ballot, 1817～1890 年)曾让一队乐手在敞篷火车上吹奏，在站台上测到了音调的改变，这是个十分有意思的实验。关于多普勒效应的物理推导在各种物理教材和网络百科中可以容易地查到。

在观察者与波源之间存在相对运动时，观察者接收到信号的频率会发生变化。如果将多普勒效应应用于声学仪器中，固定信号源，给定波速后只需要知道信号源的频率与接收信号的频率(多普勒频移)，就可以算出物体的运动速度。

声学多普勒流速剖面仪(acoustic Doppler current profiler, ADCP)是一种利用多普勒效应进行流速测量的仪器(图 4-4)。它将多波束声信号以一定的频率、不同的取向(垂直向下或垂直向上)发射至水柱中，水体中位于不同深度的悬浮颗粒会将发射信号进行反射，由于多普勒效应，接收到的回波信号频率会发生改变，这样就可以求算出这些颗粒物的运动速度，也就是它们所在深度的流速，并且这个流速是三维流速(包含东、北、上 3 个分量)。将测站处从海底到仪器(ADCP 下视)或者从仪器到海表(ADCP 上视)的一整个水柱每隔一定的间距划分为一个单元，ADCP 将获得每个单元的(代表性)流速值，从而得到这个水柱的流速剖面(图 4-5)。

图 4-4　各种型号的 ADCP

摄于华东师范大学河口海岸学国家重点实验室

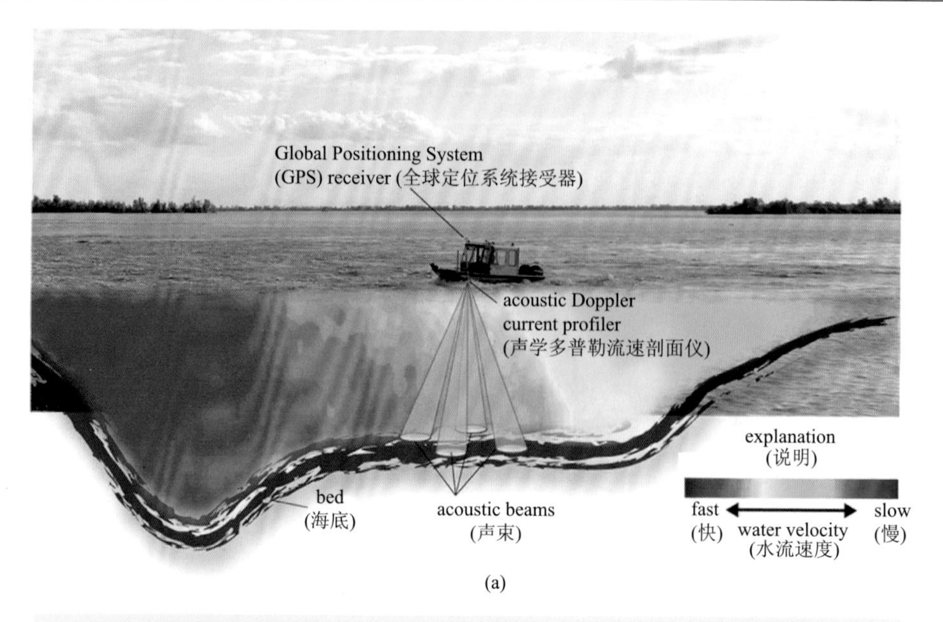

(a)

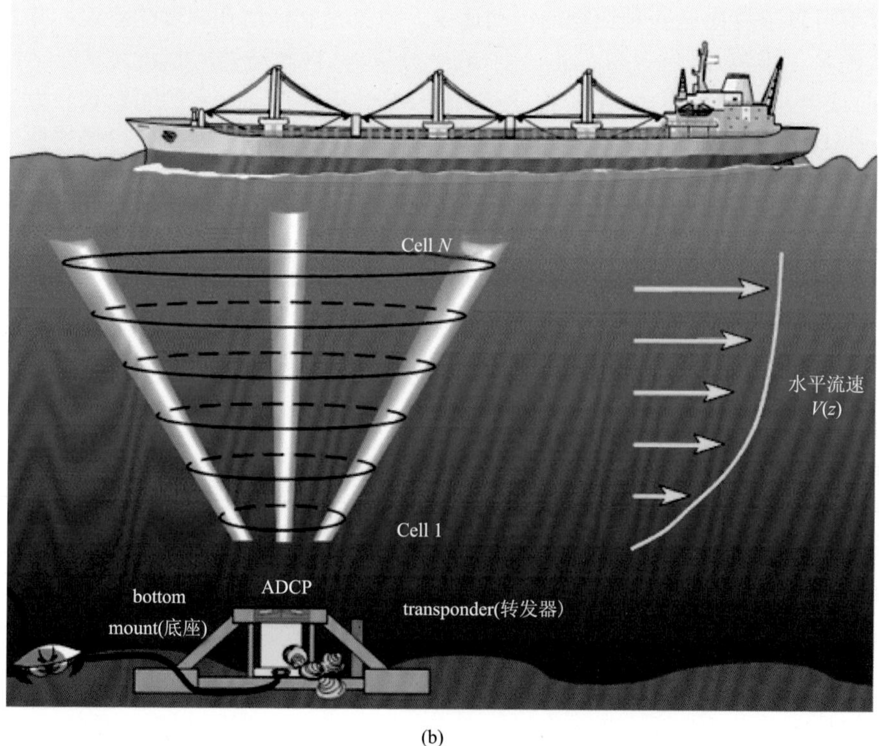

(b)

图 4-5　(a)船载 ADCP 下视和(b)海底固定的 ADCP 上视测量水柱各层(Cell 1～Cell N)流速

资料来源：(a) https://cn.mathworks.com/company/newsletters/articles/analyzing-and-visualizing-flows-in-rivers-and-lakes-with-matlab.html；(b)修改自 Sontek 公司宣传幻灯片

ADCP 的常见工作频率为 1 Hz 左右(如 2 Hz 和 0.5 Hz)，这不是说它每秒只发射一组声信号，而是它大概每秒接收一次数据，因此我们可以每 1 s 左右测量得到一个流速剖面。现在也有新式的 ADCP 能够以 8 Hz 或更高频率测量流速。

常见的 ADCP 发射频率有 300 kHz、600 kHz 和 1200 kHz 等，发射频率越高，声信号在水中的衰减也越快，但是相应地，ADCP 能够探测的每一水层厚度的分辨率也越高。1200 kHz 的 ADCP 探测水柱的厚度一般在 10～20 m，600 kHz 的在 40～50 m。

在流速剖面测量时，我们可以将 ADCP 固定在金属杆上，然后将金属杆固定在船舷边，再将仪器调整至位于水下约 0.5 m 的位置(为了保证它发送的多波束声信号时刻在水中传递)，就可以发送指令开始测量了[图 4-5(a)]。这样，就可以得到从海底到仪器的一整个水柱的流速剖面随时间的变化。也可以将 ADCP 固定在一只更小的无人双体船底部，仪器的入水深度仅为 0.1 m，这样波源可以时刻保持位于水下的状态。无论是将仪器固定在测量船边，还是用小船搭载仪器拖在测量船后，都可以选择把船抛锚，测量一个固定站位的水层流速，或开船走航，连续测量不同地方的水层流速(即流速剖面的走航观测)。在固定站位，也可以把 ADCP 固定在海底上视观测，就像图 4-5(b)那样。此外，还有一种侧视(side observation)观测方法，是将 ADCP 固定在水体某一深度，水平发射信号，观测水平方向上不同位置的流速。

4) *声学多普勒流速仪*

声学多普勒流速仪(acoustic Doppler velocimetry, ADV)也是一种利用多普勒效应进行流速测量的仪器。声信号源位于仪器前端爪状传感器的中央，在它的周围依次分布着 3 个信号接收器(图 4-6)。通过综合接收器收到的 3 个回波信号，就可以计算出信号源前方 10 cm 处小圆柱体(直径为 0.6 cm，高为 0.9 cm)处的瞬时三维流速。不同于 ADCP 可以获取流速的垂向剖面，ADV 进行的只是单点测量，但它的接收频率一般比 ADCP 高一些。通常可将 ADV 的接收频率设为 16 Hz，但根据仪器分辨率和调查目的的不同，也可将接收频率设为更高的 32 Hz 甚至 64 Hz。另外，由于 ADV 常被固定在三脚架上投放至海底进行边界层流速观测，它的本体与探头都采用了高强度的材料制作外壳，以抵御高能水流的冲击。

图 4-7 是 2015 年 10 月在江苏如东潮滩上通过 ADV 观测得到的高频(16 Hz)三维流速时间序列。横轴为时间，纵轴为速度，向东、北、上为正，向西、南、下为负。将实测结果(蓝色曲线)进行分解，得到高频(黑色曲线)和低频(红色曲线)两组波形。图示的测量时长仅有 64 s，因此对低频流速求平均，所得平均值可以认为是潮汐的效应(潮汐周期数量级 10^1 h $\gg$ 64 s)，而移除潮汐效应后得到的高

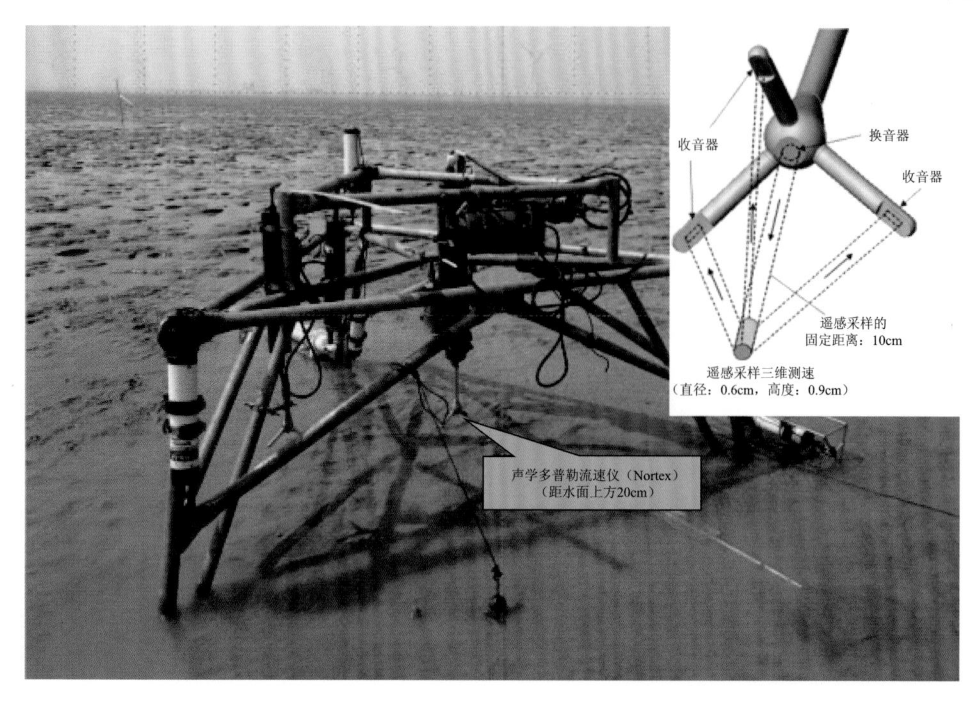

图 4-6　三脚架观测系统上的 Nortek 公司的 Vector Velocimeter 6 MHz with standard head 型 ADV
小图是 ADV 探头示意图

频脉动项则是波浪作用的结果(波浪周期为 10^0 s 量级，64 s 包含了数个周期)。高频变化的脉动流速是由湍流或者称紊动(turbulence)造成的，它是多数地球物理流体运动所具备的特性。

从图 4-7 中可以看出，当地水体的三维流动都可以分解出高频脉动项，也就是说，水体除了受到各种周期为数小时或者更长的波(潮汐)的影响，做相对规律的运动之外，还受到周期只有秒级的波浪作用而不停振荡。但是如果我们将流速观测频率提高，就会发现，分解出的高频脉动项的振荡周期也变短了，甚至小于 0.1 s。这种看似杂乱无章而又充满活力的水质点运动，是流体内部物质、动量和能量混合、传递的途径。凡·高在《星夜》中画的那些涡旋相当于在某一时刻流体紊动轨迹的照片，而这里的高频脉动是在某一空间坐标系下流体运动的时间序列。虽然完全认识湍流可能是“上帝也无法完成的任务”(海森堡语)，但是近百年来科学的进步提升了我们的认识，能够帮助我们解决许多与湍流相关的实际问题。

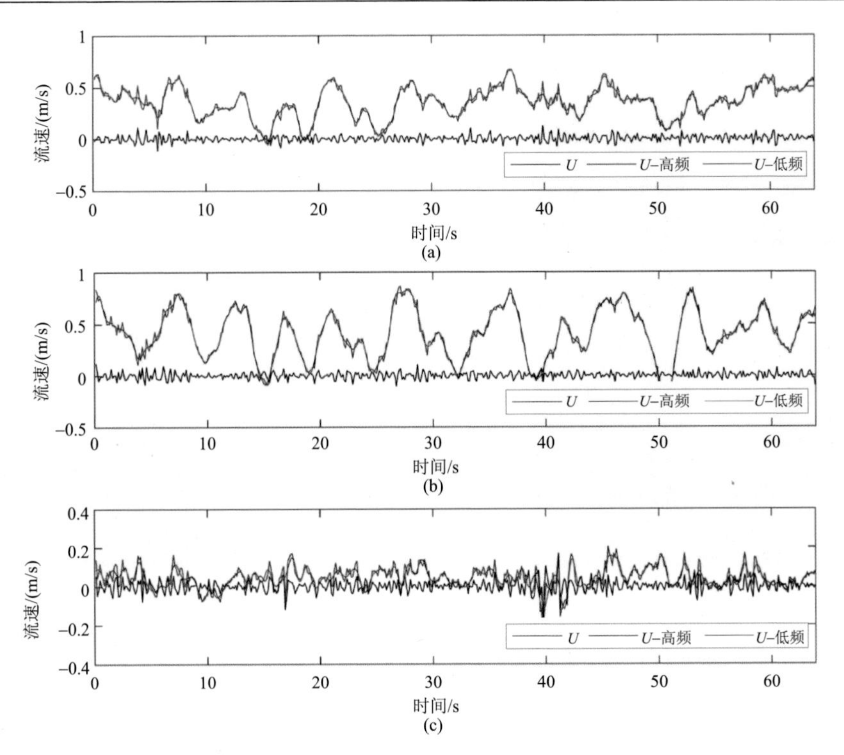

图 4-7　江苏如东潮滩上 ADV 观测的高频(16 Hz)三维流速的时间序列

(a)、(b)、(c)分别为东、北、上方向流速

4.3　湍流与雷诺应力

不知道读者是否仔细观察过点燃的棒状香。图 4-8 空气的运动难以察觉，如果加入一点示踪物，比如香的烟雾，就可以仔细观察湍流。在非常靠近火焰的地方，烟雾的流动是近乎垂直的。之后这些微粒的运动就会慢慢偏离直线，从“孤烟直”变成“风卷云涌”，也就是说，它们受到湍流的作用后，运动轨迹显得杂乱无章了。那么，为什么在烟雾颗粒刚开始运动的时候，它们先沿直线运动了一定的距离呢？这是因为湍流的发生也需要一定的空间尺度，在达到一定尺度后，才会像画作《星空》那样，形成大大小小的涡旋，这就是我们在生活中时时刻刻能看到的湍流。

首位展示湍流与层流区别的科学家是爱尔兰人雷诺(Osborne Reynolds, 1842～1912 年)。当他在英格兰曼彻斯特的欧文学院(Owens College，现为University of Manchester)任教时，设计了一个经典的管道实验(Reynolds, 1883)，见图 4-9：向一支注满水且可调节流速的水平玻璃管中心注入染料，使水平管中

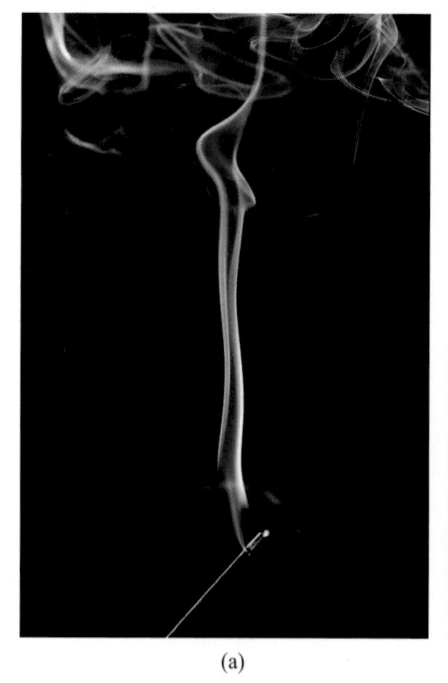

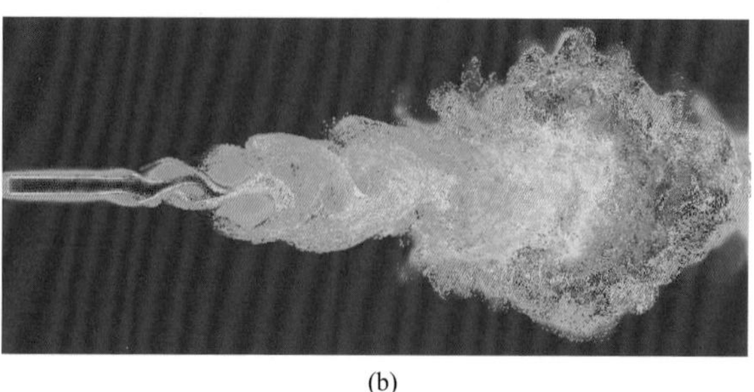

(a)　(b)

图 4-8　(a) 点燃的棒状香；(b) 类似于香烟烟雾的示踪颗粒在流体中受紊动控制的混合涡旋

资料来源：https://zh.wikipedia.org/zh-cn/香

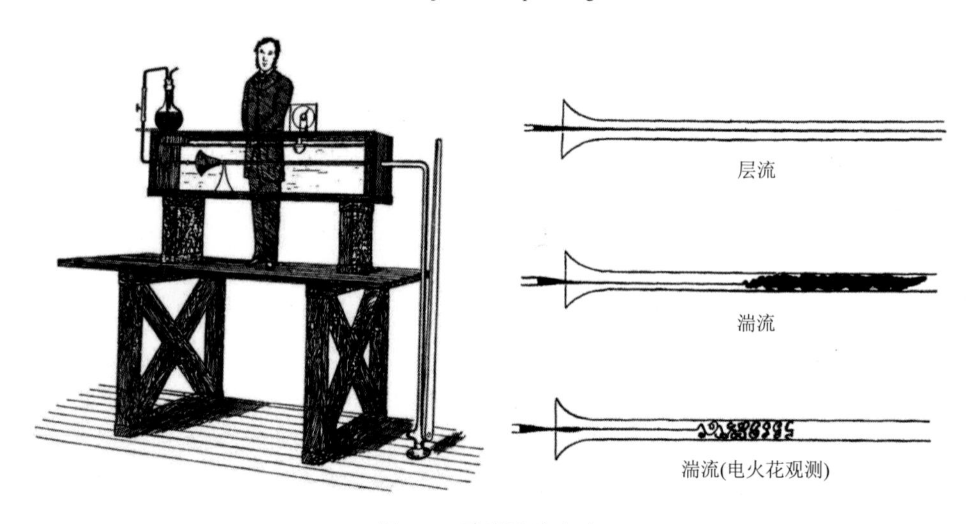

图 4-9　雷诺湍流实验

的水分别以不同流速流动，观察染料在管中形态的变化。他发现，在管中流速较小时，染料会在管中心沿直线随水流运动，与周围的清水互不混合，称为层流；逐渐增加流速，染料流体的流线开始出现波状摆动，摆动的频率及振幅随流速的增加而增加，称为过渡流；当流速增加到很大时，流线不再清晰可辨，流场中产生了许多小漩涡，称为湍流。

在 1908 年，索末菲引入了一个描述流体运动的无量纲数，以雷诺的名字来命名，称为雷诺数(Sommerfeld, 1908)。按照现在通行的记法，雷诺数 Re 可表示为

$$Re = \frac{ul}{\nu} \tag{4.1}$$

式中，u 为流体的特征速度；l 为流体的特征长度；ν 为流体的运动黏度。在雷诺的长管实验中，流体的特征速度为流速，特征长度为圆管的直径。在这样的前提下，一般有 $Re < 2000$ 时，流体的流态为层流。增大流速或管径，流体的雷诺数也增大，流体的流态将向湍流过渡。一般在 $Re > 4000$ 时，就可认为此时的流态为湍流了。自然界中的流动，绝大多数都是湍流，只有在极个别流速极缓慢的情况下，才能观察到层流。

在第 3 章中曾定义过颗粒雷诺数，见式(3.21)。当时选取的特征长度为颗粒的粒径，这是一个比管径小好几个数量级的值，所以当颗粒表面边界层流态为层流时，算出的颗粒雷诺数有 $Re_D \ll 1$，比管道流动中的颗粒雷诺数 $Re_D < 2000$ 也小了几个数量级。

这里，我们进一步考虑湍流的性质：

(1)湍流是随机过程。湍流运动是随机分布、不可预测、无规律可循的。具体而言，在三维流速的三个正交分量上，都可以分解出湍流所致的不规则高频脉动项。与此同时，在各个时空尺度上，都能找到不同尺度的湍流。

(2)湍流具有不同的尺度。大尺度涡旋引起小尺度涡旋，并将能量转移至更小的尺度。在流体流动由层流转变为湍流时，先产生大尺度涡旋，它们不断破裂，不断形成更小的涡旋，从而造成能量传递与耗散。

(3)湍流在高雷诺数流态下产生。在雷诺数较低时，流体的流动为层流，只有雷诺数增大到超过临界值，才能产生湍流。

(4)湍流能起动并扩散颗粒，产生混合作用。这是由流体的黏性决定的。

具体而言，使湍流产生的动力又有哪些呢？常见的空气运动(风)、水体流动(水平方向的洋流、波浪，垂直方向由于温度和盐度梯度导致的对流)、局地摩擦(特定地形、植被分布)、生物活动(包括人类活动)等现象，都能产生尺度不一的湍流。

英国科学家理查德森(Lewis Fry Richardson, 1881～1953 年)在其著作 *Weather Prediction by Numerical Process*(Richardson, 1922)中这样总结湍流涡旋形成的机理：

Big whirls have little whirls	大漩涡孕育着小漩涡，
that feed on their velocity,	小漩涡靠父母的速度过活；
and little whirls have lesser whirls	小漩涡产生更小的漩涡，
and so on to viscosity.	代代相传直至为黏性所服。

湍流在尺度不断变小的过程中，时刻发生着能量和动量的传递。通常来说，涡旋尺度减小后，它的运动速度也减小，因此尺度更小的涡旋一般也对应着更小的雷诺数，这样最终紊流也会化为层流，此时因流体黏性所致的层间摩擦也会进一步耗散涡旋的动能。

湍流是如此常见，但又如此地复杂。目前的湍流理论之中仍有许多不完善之处有待研究。下面介绍能够应用于海洋沉积动力学研究的湍流理论。

在流体力学中，描述流动有两种基本观点，分别称为拉格朗日法(Lagrangian method)和欧拉法(Eulerian method)。拉格朗日法着眼于某个流体质点随时空变化而发生的运动。例如，在观察香烟燃烧时，盯着某个烟雾颗粒，看它的运动轨迹，就是用拉格朗日法研究这颗颗粒的运动。欧拉法则是着眼于空间上某个定点上流动情况的变化。例如，在江苏如东潮滩进行流速测量，将 ADV 固定在潮沟的上方，最终它测得的是某个定点的流速时间序列。在实验室和野外，我们往往会通过固定流速仪测量某个或某些固定位置的高频流速变化的方法来研究湍流，因此我们试着用更加方便的欧拉法来描述流动。

对某个定点进行流速测量，可以得到该处流速的时间变化。为方便研究，将流速进行三维的正交分解。考虑其中的 x 方向，记这个方向上的流速为 u，在考虑其方向变化(符号正负)后将其对时间 t 作图(图 4-10)。图 4-10 的函数图像上，湍流的印迹十分明显——它引起了流速的脉动变化。现在我们需要提取出这个高频脉动变化。

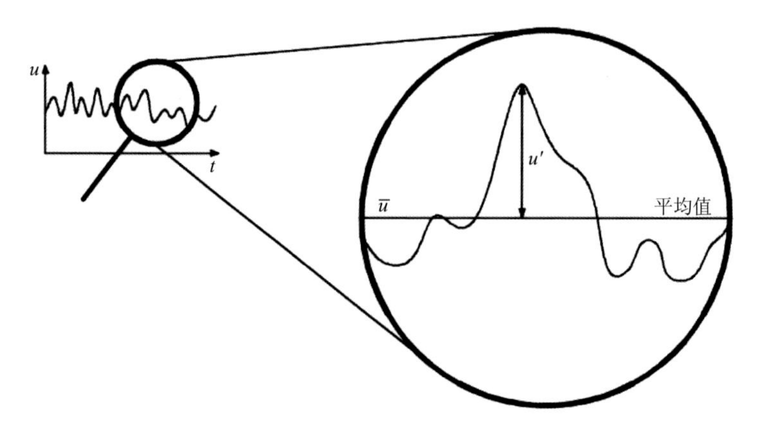

图 4-10　平均流速($\overline{u}$)和脉动流速(u')

在 T 时间内(典型值为 10^0 min 量级)，对瞬时流速求平均有

$$\overline{u}=\frac{1}{T}\int_0^T u(t)\mathrm{d}t \tag{4.2}$$

流速的时均值是一个数值，不随时间变化。因此，只需从瞬时流速中减去流

速的时均值，就能得到脉动流速，即

$$u'(t) = u(t) - \overline{u} \tag{4.3}$$

脉动项是由湍流导致的，对其求平均，发现它的平均值为零。这也是易于理解的，即

$$\overline{u'(t)} = \overline{u(t) - \overline{u}} = \overline{u} - \frac{1}{T}\int_0^T \overline{u}\mathrm{d}t = \overline{u} - \overline{u} = 0 \tag{4.4}$$

这样，将 x 方向上的流速 u 表示为

$$u(t) = \overline{u} + u'(t) \tag{4.5}$$

类似地，y 方向流速 v 和 z 方向流速 w 也可以写成

$$v(t) = \overline{v} + v'(t) \tag{4.6}$$

$$w(t) = \overline{w} + w'(t) \tag{4.7}$$

下面考虑流体的受力情况。所有流体界面上的力都可以按法向(垂直于此界面)和切向(平行于此界面)进行分解，其中，单位面积界面的切向受力称为剪切应力(shear stress)。对于剪切应力而言，在上一章已经有所讨论，在层流流态下，牛顿黏性定律(Newton's law of viscosity)成立，即

$$\tau = \mu\frac{\partial u}{\partial y} \tag{4.8}$$

牛顿黏性定律说明，流体所受的切应力 τ (水平方向)正比于流体流速的垂向梯度 $\frac{\partial u}{\partial y}$，比例系数 μ 是流体的动力黏度(dynamic viscosity)，对于同种流体而言，其动力黏度只是关于温度的函数(表 3-1)。但在湍流的情况下，如何计算层间的作用力呢？

在高雷诺数下产生的湍流，具体表现为流体中形成的尺度不一、运动变化状态不可预测的涡旋(eddy)。我们将三维流速分解出均值项和脉动项，得到式(4.5)～式(4.7)。如果将三维流动简化为二维的情况，即只有水平和垂直两个方向的流动需要考虑，那就只需要讨论式(4.5)和式(4.7)。

将式(4.5)和式(4.7)代入流体运动边界层的动量方程中，就得到了表达上类似于剪切应力的雷诺应力(Reynolds stress)项，也称为湍流切应力，即

$$\tau_{\mathrm{R},xz} = -\rho\overline{u'w'} \tag{4.9}$$

雷诺应力的数学推导比较复杂，读者可直接参考流体力学的相关教材(如余志豪等, 2004; 赵松年和于允贤, 2016)，在其中推导动量方程的地方都会涉及雷诺应力的导出。现在我们先只探讨其中的物理含义。

考虑一个长方体流体微元，底层的流速比上层的要小一些。流体的垂向流动不会在流态为层流时产生，但在湍流情况下，流体中的涡旋会引起动量和能量的

垂向传递。

我们考虑这样一个具有单位宽度的流体微元 $ABCD$(图 4-11)，并关注其下界面 AB，由于湍流产生的脉动，在单位时间内，从 z 轴向上通过 AB 面进入流体微元的流体质量为 $\rho w'\mathrm{d}x$，那么它带入的湍流脉动产生的 x 方向动量就为 $\rho u'w'\mathrm{d}x$，其时间平均值为 $\rho\overline{u'w'}\mathrm{d}x$，从而，在 x 方向上对单位面积的作用力就是 $\rho\overline{u'w'}$。在流体力学中，受力面的外法向被定为正应力的正向。若正应力的正向沿坐标轴正向，则切应力也沿坐标轴正向；若正应力的正向沿坐标轴负向，则切应力也沿坐标轴负向。根据这一原则，若以图中的 x 轴和 z 轴正向为正应力的正向，则得到的 x 方向上的雷诺应力应为 $\tau_{\mathrm{R},xz}=-\rho\overline{u'w'}$。这里的负号也表示了动量传递是沿正应力负向(坐标轴正向)的。这就说明，雷诺应力可以理解为湍流脉动项引起的单位时间、单位面积上动量交换的平均值(附加应力)。

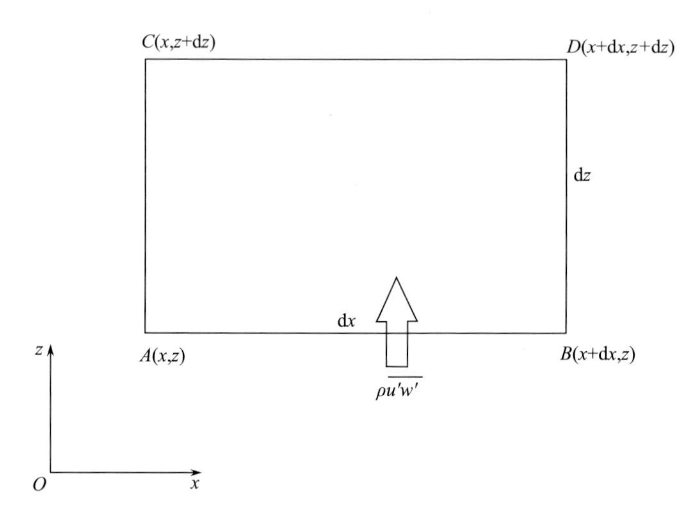

图 4-11　雷诺应力的解释

资料来源：修改自余志豪等(2004)

这是在 xOz 平面上的情况，在 yoz 平面上也可以如法炮制，得到 y 方向上的雷诺应力应为 $\tau_{\mathrm{R},yz}=-\rho\overline{v'w'}$，它和 x 方向上的雷诺应力的矢量和，就是在 x–y 平面上的合雷诺应力。

在湍流所致的雷诺应力项中，含有 2 个湍流脉动项。我们试图通过每时每地的测量或预测它们的变化，再求平均以得到雷诺应力，显然是不现实的。为了研究方便，我们仿照层流情况下的牛顿黏性定律[图 3-3 和式(3-4)]，将雷诺应力与平均水平流速的垂向梯度进行联系，这里只考虑最简单的 xOz 平面上的二维问题，即

$$\tau_{\mathrm{R},xz}=-\rho\overline{u'w'}=\rho K_{\mathrm{z}}\frac{\partial\overline{u}}{\partial z}\tag{4.10}$$

这里的比例系数 K_z 称为涡黏系数(或称湍流黏性系数，eddy viscosity)，反映了垂向湍流混合(动量、能量交换)的强度。在定义了涡黏系数之后，只要知道涡黏系数和垂向的(平均)水平流速梯度，就可以计算雷诺应力项了。不同于层流情况下的黏度系数是定值(流体的黏度系数仅仅受控于温度)的情况，这里的涡黏系数是时间和空间的函数。平均水平流速是容易观测的，所以计算雷诺应力的关键就在于怎么确定 K_z，这是一个复杂的问题。对于这一问题，我们的认识还很不充分，但下节将介绍一些经典且实用的解决办法。

在实际的海水流动中，底床以上不同高度处的流体切应力大小是不同的，涡黏系数一般也不同。在非常靠近海底的水层中，雷诺切应力趋于一个定值，我们将它定义为底床切应力(bed shear stress)，记为 τ_b，反映的是底床与流体之间的摩擦强度，或者说是底床对流体的阻力。为方便计算，我们定义摩阻流速(friction velocity)，以代表底床切应力，即

$$u_* = \sqrt{\frac{\tau_b}{\rho}} \tag{4.11a}$$

摩阻流速并不是真实存在的速度，而只是用一个速度量纲的物理量来反映底床切应力的参数。注意到在海洋环境中底床切应力有2个来源，一为水流(包括洋流与潮流)底床切应力，记为 τ_C；二为波浪底床切应力振幅(波浪底床切应力是在波浪周期内振荡的，故用其振幅来表示)，记为 τ_W；二者合起来即浪流联合作用下的底床切应力，记为 τ_{CW}，下表的C和W分别表示水流(current)和波浪(wave)的意思。同样的，对应的摩阻流速也需要记为水流摩阻流速 u_{*C}、波浪摩阻流速 u_{*W}、浪流联合作用摩阻流速 u_{*CW}，即

$$u_{*C} = \sqrt{\frac{\tau_C}{\rho}} \tag{4.11b}$$

$$u_{*W} = \sqrt{\frac{\tau_W}{\rho}} \tag{4.11c}$$

$$u_{*CW} = \sqrt{\frac{\tau_{CW}}{\rho}} \tag{4.11d}$$

在只有水流或者波浪情况下，$\tau_b = \tau_C$（$u_* = u_{*C}$）或 $\tau_b = \tau_W$（$u_* = u_{*W}$），如果两个都需要考虑，则 $\tau_b = \tau_{CW}$（$u_* = u_{*CW}$）。本书中有时会简化直接写成 τ_b 和 u_*，可以根据出现的环境判定它们是对应水流、波浪还是浪流联合作用的情形。

4.4　边　界　层

边界层(boundary layer)，顾名思义就是流体受到某一固体边界影响的区域，

如海流在海床上会受到海床的阻力，流速因此减小，并且越靠近边界(海床)流速越小，直到水流和海底的界面流速变成 0。在海洋沉积动力学中，海底边界层是水流和底床相互作用的前线：一方面，流体受力，湍流产生，引起物质(包括沉积物)的混合和能量的输送，这是悬移质输运的关键；另一方面，流体通过边界层在底床上施加切应力，作用于底床沉积物，导致了沉积物的起动、推移输运和再悬浮，并且能够造就一定的底床形态。

既然边界层是流体受固体边界影响的区域，那就需要定义边界层的范围，也就是边界层厚度。边界层厚度有数种不同的定义和计算方法，可参考流体力学的相关著作。在浅海环境中，周期性变化的潮汐和波浪是造成水体流动的主要因素，这种情况下边界层厚度是$u_{*\mathrm{m}} / \omega$，ω 是流速周期性振荡的角频率(Soulsby, 1983)，$u_{*\mathrm{m}}$ 是底床摩阻流速的振幅。我们通常遇到的半日潮中的主要组分 M_2 分潮的周期是 12.4 h，角频率是 $1.4\times10^{-4}\ \mathrm{s}^{-1}$，那么以典型的$u_{*\mathrm{m}}$数值 1～2 cm/s 来计算，潮流边界层厚度大约是 100 m，这往往超过了浅海水体的深度。而以波浪的周期 5s 计算，波浪边界层厚度就只有 10^{-2} m 量级。波浪边界层因为非常薄，在整个水层中占比非常小，它的作业主要体现在波浪底床切应力的计算上，这将在 5.5 节仔细讨论。

层流遵循牛顿黏性定律，其中的比例系数正是流体的动力黏度 μ。而对湍流而言，我们仿照牛顿黏性定律，构造了涡黏系数以方便计算。涡黏系数不同于动力黏度，它是一个随距底高度 z 变化的量。如何计算它的变化规律进而得出边界层中水平流速的垂向分布？我们需要追随前人的脚步，深入边界层理论之中。

边界层理论肇始于航空工业。在 20 世纪上半叶航空工业尚在起步的时候，科学家们需要计算飞机机翼上下的空气流动情况，以优化飞行器的性能。彼时在哥廷根大学(Georg-August-Universität Göttingen)任教的普朗特结合工程应用实际，建立了半经验的混合长度理论(mixing length theory)以描述流体的垂向流速分布。从这一经典理论入手，在浅水(水深 10^1 m 量级及以下)情况下对海流(包括洋流和潮流)边界层问题作一个简单的理解。

4.4.1　非层结流体边界层内的受力平衡

下面我们为边界层理论的简单推导设定几个基本假设。首先，我们假定流体是非层结的(unstratified)，也就是说流体的密度是均一的(垂向梯度为零)，没有分层。如果是层结流体，由于存在自下而上的负密度梯度，湍流引起的动量、能量输运将被抑制，这个问题在海洋环境中会经常遇到，我们在后文也会提到。

接着，考虑水流切应力的垂向分布。如图 4-12 所示，在水面坡度为 J(一般很小)、水深为 h 的单宽水体中，由于底床阻力的存在，流速在垂向上自上而下应该是减小的。以水流运动方向为 x 轴正向，以竖直向上的方向为 z 轴正向，建立直角坐标系，并取一个截面积为 $\Delta x\Delta z$ 的单位宽度长方体为流体微元，设流体的水平流速为 u，考虑其水平方向的受力情况。

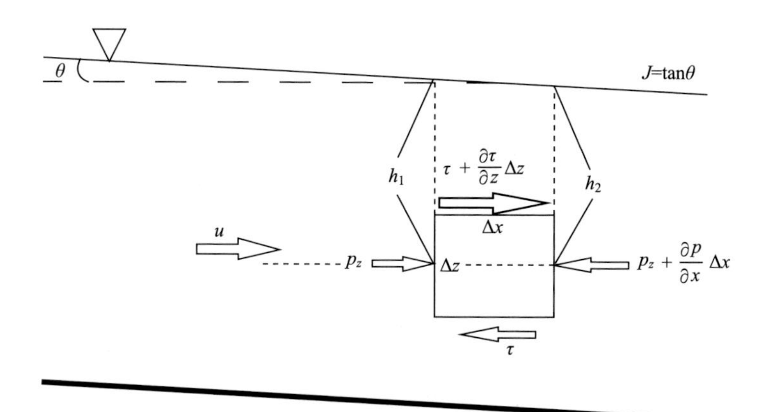

图 4-12　边界层受力分析图

该流体微元在水平方向上受到两对力：一对压力和一对剪切力。在任意水平面处，流体微元左侧面受到的压强大小为 p_z，方向水平向右。由于水面为一均匀斜面，故在同一水平面上，流体压强具有一恒定的水平梯度，其大小记为 $\dfrac{\partial p}{\partial x}$。因此，流体微元右侧面在同一水平面上受到的压强大小为 $\left(p_z+\dfrac{\partial p}{\partial x}\Delta x\right)$，方向水平向左。所以在任意水平面上，流体微元在水平方向上受到的合压强为 $\dfrac{\partial p}{\partial x}\Delta x$，方向水平向左。于是，取水面高度降低的方向(右侧)为正向，流体微元受到的压力的合力，即水平压强梯度力，为 $-\dfrac{\partial p}{\partial x}\Delta x\Delta z$。

前面在定义雷诺应力方向的时候，提到过流体力学将作用面的外法向定为正应力的正向。在这里指定的流体微元中，上表面处的水流切应力沿 x 轴正向，而下表面处的水流切应力沿 x 轴负向。我们设下表面处的水流切应力大小为 τ，水流切应力的垂向梯度为 $\dfrac{\partial \tau}{\partial z}$，则上表面处的水流切应力大小为 $\left(\tau+\dfrac{\partial \tau}{\partial z}\Delta z\right)$，因此，这对剪切力在这宽度为单位长度的流体微元上的合力为 $\dfrac{\partial \tau}{\partial z}\Delta x\Delta z$。

因此，由牛顿第二定律(动量方程)，有

$$\frac{\partial \tau}{\partial z}\Delta x\Delta z-\frac{\partial p}{\partial x}\Delta x\Delta z=\rho\Delta x\Delta z\frac{\mathrm{d}u}{\mathrm{d}t} \tag{4.12}$$

注意这里的 u 实际上是式(4.5)和式(4.10)中的 $\overline{u}$，是一段时间内(如几分钟)的平均流速，此后提到的流速如不特别说明，都是指平均流速。

化简式(4.12)得

$$\frac{\mathrm{d}u}{\mathrm{d}t}=\frac{1}{\rho}\left(\frac{\partial\tau}{\partial z}-\frac{\partial p}{\partial x}\right) \tag{4.13}$$

在此只考虑水平流动，因此水平流速 u 只是水平位置 x 和运动时间 t 的函数。将全微分项 $\frac{\mathrm{d}u}{\mathrm{d}t}$ 展开得

$$\frac{\mathrm{d}u}{\mathrm{d}t}=\frac{\partial u}{\partial t}+\frac{\partial u}{\partial x}\frac{\partial x}{\partial t}=\frac{\partial u}{\partial t}+u\frac{\partial u}{\partial x} \tag{4.14}$$

将式(4.14)代入式(4.13)，有

$$\frac{1}{\rho}\left(\frac{\partial\tau}{\partial z}-\frac{\partial p}{\partial x}\right)=\frac{\partial u}{\partial t}+u\frac{\partial u}{\partial x} \tag{4.15}$$

再将情况作进一步简化，假设流体运动为恒定流，并且在水平方向上是均匀的。均匀流的流速沿程不发生改变，即 $\frac{\partial u}{\partial x}=0$；恒定流的流速不随时间改变，即 $\frac{\partial u}{\partial t}=0$。这样，流体微元就是受力平衡的。于是式(4.15)就可以改写为

$$\frac{\partial\tau}{\partial z}=\frac{\partial p}{\partial x} \tag{4.16}$$

式(4.16)中的压强梯度是容易计算出来的。我们仍考虑任意一处水平面，设流体微元左侧面与该水平面的交线到水面的距离为 h_1，右侧面与该水平面的交线到水面的距离为 h_2，则有

$$h_1-h_2=J\Delta x \tag{4.17}$$

$$\rho g h_2-\rho g h_1=\frac{\partial p}{\partial x}\Delta x \tag{4.18}$$

于是解出压强梯度 $\frac{\partial p}{\partial x}$ 为

$$\frac{\partial p}{\partial x}=-\rho g J \tag{4.19}$$

式中负号表示同一水平面上压强自左向右减小。

将式(4.19)代入式(4.16)，积分得距底高度为 z 处的水流切应力为

$$\tau(z)=-\rho g z J+C \tag{4.20}$$

其中，积分常数 C 需要由一定的边界条件确定，在这里，我们需要考虑海底为边界条件。在海底(z=0 处)，水流切应力为 C，它应与水流底床切应力(τ_{C})相平衡，以维持平衡状态，即

$$C = \tau_C \tag{4.21}$$

于是有

$$\tau(z) = -\rho gzJ + \tau_C \tag{4.22}$$

考虑此流体微元位置单位面积水柱(从底至顶)受到的左右两侧压力之差是被底床表面切应力平衡的。将式(4.19)在区间[0, h]上对 z 积分就可以算出压力差，它的负数即等于底床切应力

$$\tau_C = -\int_0^h \frac{\partial p}{\partial x}\mathrm{d}z = \rho ghJ \tag{4.23}$$

因此有

$$\tau(z) = \rho gJ(h-z) \tag{4.24}$$

式(4.24)也可以表示为

$$\tau(z) = \rho ghJ\left(1-\frac{z}{h}\right) = \tau_C\left(1-\frac{z}{h}\right) \tag{4.25}$$

式(4.25)表明，在我们给定的简化条件下，水流切应力随着距离底床高度 z 的增加而线性减小，至水面处为 0。在后面的讨论中，会用到水流切应力在垂向上线性变化这一条件。

4.4.2　近底床区域的等切应力和直线型涡黏系数假设

在假设流体是非层结的均匀恒定流，以及水流切应力在垂向上线性变化之后，我们还考虑在十分接近底床(通常为边界层厚度的 1/5 以内，称为内区，内区之上为外区)的水层内，水流切应力 τ 的变化很小，可认为它的大小就等于底床切应力 τ_b。

在以上假设的基础上，我们接着讨论流速的垂向分布。依据边界层理论，海水从底床处往上依次分为黏性底层(viscous sublayer)、过渡层(transition layer)和湍流边界层(turbulent boundary layer)，流速自下而上逐渐增加。黏性底层和过渡层厚度很小，大约是毫米量级(Bowden, 1978)，很难观测到，最重要的还是湍流边界层中的流速分布。

湍流引起的涡旋尺度，或者说是引起混合的强度，会随着其距底高度的增加或是流速的增加而增大，就像之前看到的烟雾的变化。冯・卡门由实验得出近底处涡黏系数的分布满足

$$K_z = ku_{*C}z \tag{4.26}$$

式中，u_{*C} 为摩阻流速，如前一节所述，它不是真实的流速，而只是用来代表底床切应力的大小；z 为距底高度；比例系数 k 称为冯・卡门常数(von Kármán constant)，实际计算时常取 0.4。

在计算湍流边界层中的流速分布时，常将极薄的过渡层也纳入计算。在湍流边界层中，流体黏性引起的黏性切应力[式(4.8)]相比湍流引起的雷诺切应力[式(4.9)]要小得多，可以忽略不计。因此，在这个近底的内区中可以认为切应力是一个定值τ_C，即

$$\tau = \tau_{R,xz} = \tau_C \tag{4.27}$$

于是我们代入式(4.10)、式(4.11)和式(4.26)，化简得

$$\frac{\partial u}{u_{*C}} = \frac{\partial z}{kz} \tag{4.28}$$

为了解出流速分布，对式(4.28)进行积分。注意到z不能从0开始积，设定过渡层与黏性底层的界面高度为$z = z_0$，并认为此处水平流速为0，就得到

$$u = \frac{u_{*C}}{k}\ln\left(\frac{z}{z_0}\right) \tag{4.29}$$

高度z_0称为摩阻长度(roughness length)，在第5章中还会提到，是度量底床对于水流阻力大小的一个重要参数，它的取值为10^{-1}～10^1 mm，典型值是在10^0 mm量级。

在海洋沉积动力学中，一般用式(4.29)作为边界层的垂向流速分布，它也称为壁面法则(law of the wall)，其中的“壁面”正是指过渡层与黏性底层的界面。它说明，在水体不发生层结、水平流动为均匀恒定流的情况下，近底至上层的(平均)水平流速大小在垂向上呈对数分布。这一简单的理论较好地说明了动量平衡与垂向流速分布的关系，并与实测值对应较好。这就是冯·卡门-普朗特模型。

4.4.3　垂向线性减小的切应力和抛物线型涡黏系数假设

上文仅讨论了内区中的垂向流速分布。事实上，内区仅占总水深的20%左右，对于更一般的外区，也就是上层水流情形，应当如何处理？在明渠流动(open channel flow)中，任意水深都可视作在湍流边界层范围内，但底床切应力τ_b不再取定值，而是满足式(4.25)中自底至顶线性减小的假设。因此，我们常使用抛物线型涡黏系数分布来刻画明渠流动，即

$$K_z = ku_{*C}z\left(1 - \frac{z}{h}\right) \tag{4.30}$$

之前在边界层厚度的定义部分说过，潮流边界层的厚度是10^2 m量级，因此在水深为10^1 m量级的浅海情况下，整个水深都属于湍流边界层，因此明渠流动的情形应也适用于浅海海水运动。如图4-13所示，式(4.30)所示的抛物线型分布代表了海气界面(水面)和底床对湍流涡旋的发生尺度具有“同等”的限制效应，并且呈现垂向上的对称分布——在水面与海底的中位面上，湍流涡旋达到的尺度

最大。另外，在水深 z 很小时，式(4.26)即是式(4.30)的近似版本。而导出式(4.26)的混合长度理论仅适用于近底的那一段，在使用时须注意。

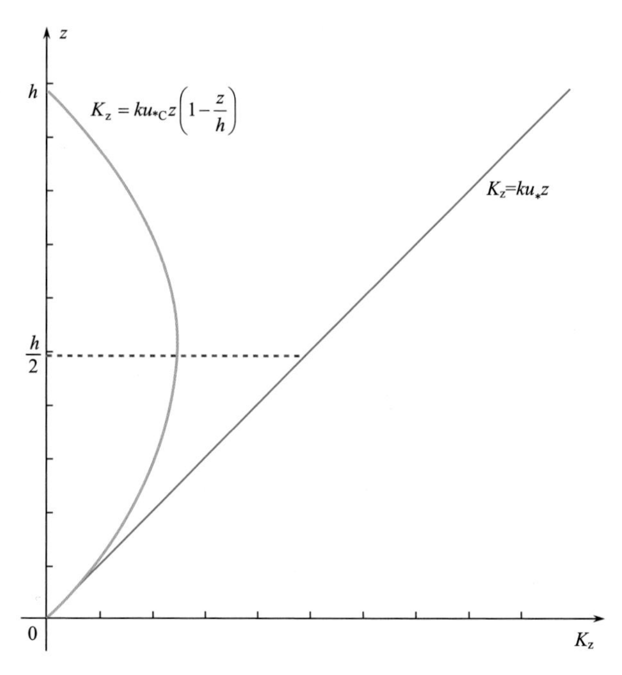

图 4-13　直线型和抛物线型垂向涡黏系数分布

在整个湍流边界层中，切应力都是垂向动量输送的结果(即切应力只有雷诺切应力)。依据式(4.25)和式(4.10)，有

$$\tau_{R,xz} = \tau = \tau_b\left(1-\frac{z}{h}\right) = \rho K_z \frac{\partial u}{\partial z} \tag{4.31}$$

将式(4.11)和式(4.30)代入式(4.31)，可以得到

$$\frac{\partial u}{u_{*C}} = \frac{\partial z}{kz} \tag{4.32}$$

式(4.32)和式(4.28)完全相同，这样殊途同归，也能导出式(4.29)的对数流速分布。

4.4.4　用对数流速分布反推底床切应力和摩阻高度

依据式(4.23)，观测到水面坡降 J，就可以计算出底床切应力。在河流环境下，通过精确测量河道上下游的水位来计算坡降是很容易的事情，但在海洋中，这是几乎不可能完成的任务。而不管对于水动力还是沉积物输运的计算，底床切应力都极其重要。因此，我们要想办法通过能够观测得到的数据去反推底床切应力。

上面的推导使用底床切应力作为边界条件，得出了边界层的垂向流速分布[式(4.29)]，式中包含了摩阻流速 u_{*C} 和摩阻长度 z_0，剩下来的就是冯 • 卡门常数和水平流速。不同层位的水平流速在野外容易测量，那么根据此公式，对不同层位距底高度 z 的对数 $\ln z$ 和此层位的水平流速 u 作散点图(图 4-14)，求解出的回归直线就是式(4.29)，这样，此直线的斜率就是 u_{*C}/k，横截距就是 $\ln z_0$，就能算出摩阻流速 u_{*C} 和摩阻长度 z_0。值得一提的是，在此推荐以 $\ln z$ 为自变量、u 为因变量的回归分析求解 u_{*C} 和 z_0(图 4-14)，这是因为在测量中，某一层位距底高度 z 的测量精度一般明显大于水平流速 u 的测量精度，因此将测量误差较大的 u 作为因变量置于纵轴是更合适的做法。

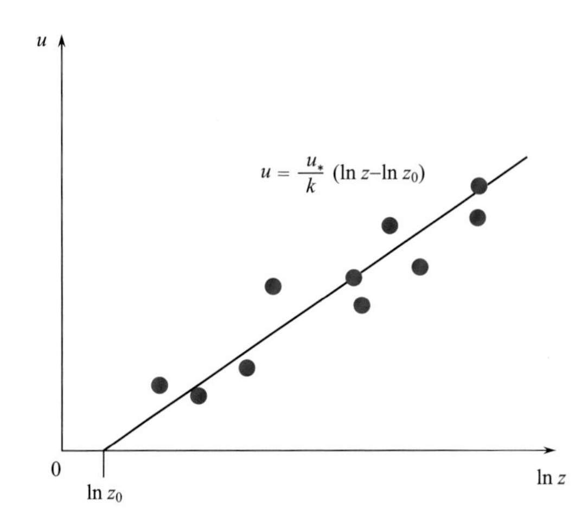

图 4-14　不同层位距底高度 z 的对数 $\ln z$ 和此层位的水平流速 u 的关系
图中的 u_* 即为 u_{*C}

另外，还需注意，式(4.29)正确的前提是在水体不发生层结、水平流动为均匀恒定流的情况。后一个限制条件是较容易满足的，因为潮汐的变化周期较长，流速变化并不太明显，在短时间内水体的水平运动是可以看作均匀恒定流的。但是在处理前一个限制条件时就要十分小心，因为在野外，由于垂向上的盐度和悬沙浓度分布常具有较为显著的变化，水体分层现象很容易发生，于是垂向的密度分布也会产生显著差异，式(4.29)往往会和实际情况有很大的偏差，通过作散点图再求回归直线的方法来得到 u_{*C} 和 z_0，结果很可能是不可信的。

4.4.5　适用于一般情况的二阶 k-ε 模型

前面所有在边界层理论基础上推导得出的结论，成立的前提是水体在垂向上不分层(非层结)，在层结的情况下，涡黏系数和流速的垂向分布就不是那么简单了。为了处理现实中遇到的这些复杂情况，在计算湍流涡黏系数时，我们可以采

用二阶 k-ε 模型。它考虑了垂向上由于盐度和悬沙浓度分布不均而可能引起的分层现象，因此是一种更为准确的算法。Maa 等(2016)利用经 Rodi 和 Mansour(1993)改进的垂向一维(1DV) k-ε 模型计算了 xOz 平面上涡黏系数和流速的垂向分布。其核心思想是，用一组方程来描述湍流的动能分布及其耗散行为，从而得到湍流涡黏系数垂向分布的数值解，并替代式(4.26)和式(4.30)的简单假设，再推出垂向的流速分布。式(4.33)是其计算中所用到的控制方程组

动量方程为

$$\frac{\partial u(z,t)}{\partial t}=\frac{1}{\rho(z)}\left\{-\rho_{\mathrm{f}}g\frac{\partial\eta(t)}{\partial x}+\frac{\partial}{\partial z}\left[\rho(z)K_{\mathrm{z}}\frac{\partial u}{\partial z}\right]\right\} \tag{4.33a}$$

式中，ρ_{f} 为海气界面处的水体密度；$\rho(z)$ 为距底 z 处的水体密度；$\eta(t)$ 为 t 时刻的水面高程。

连续方程为

$$\frac{\partial u}{\partial x}+\frac{\partial w}{\partial z}=0 \tag{4.33b}$$

湍流总动能 $k=\dfrac{(u')^2+(w')^2}{2}$ 满足

$$\frac{\partial\rho k}{\partial t}+\frac{\partial\rho wk}{\partial z}=\frac{\partial}{\partial z}\left(\frac{\rho K_{\mathrm{z}}}{\sigma_k}\frac{\partial k}{\partial z}\right)+P+G-\rho\varepsilon,\quad \sigma_k=1 \tag{4.33c}$$

湍流能量耗散系数 ε 满足

$$\frac{\partial\rho\varepsilon}{\partial t}+\frac{\partial\rho w\varepsilon}{\partial z}=\frac{\partial}{\partial z}\left(\frac{\rho K_{\mathrm{z}}}{\sigma_\varepsilon}\frac{\partial\varepsilon}{\partial z}\right)+C_{1\varepsilon}\frac{\varepsilon}{k}\left(P+C_{3\varepsilon}G\right)-C_{2\varepsilon}\rho\frac{\varepsilon^2}{k} \tag{4.33d}$$

式(4.33d)中，各项参数取值为 $\sigma_\varepsilon=1.3, C_{1\varepsilon}=1.44, C_{2\varepsilon}=1.92, C_{3\varepsilon}=0$ 。

控制方程中的各项参数如式(4.34)所示。

涡黏系数 K_{z} 为

$$K_{\mathrm{z}}=C_{\mu}\frac{k^2}{\varepsilon}\ (C_{\mu}=0.09) \tag{4.34a}$$

涡生动能 P 为

$$P=\rho K_{\mathrm{z}}\left(\frac{\partial u}{\partial z}\right)^2 \tag{4.34b}$$

浮力效应 G 为

$$G=\frac{gK_{\mathrm{z}}}{P_{\mathrm{r}}}\frac{1}{\rho}\frac{\partial\rho}{\partial z}\ (P_{\mathrm{r}}=0.89) \tag{4.34c}$$

这样，根据封闭的方程组式(4.33)和式(4.34)，虽然无法求出涡黏系数 K_{z} 和

水平流速 u 的垂向分布函数(解析解)，但是可以通过计算得到数值解。

这是二维 xOz 平面上的情况，如果扩展到三维，情况就会更复杂，但是核心的方程形式是相同的。常用的商用软件(如 Delft3D)在计算中也采用类似形式的模型，它们相比抛物线型涡黏系数分布，都能够考虑体系密度变化引起的分层效应，从而能更好地估计涡黏系数的分布，最终计算出近于实际的垂向流速剖面。

Maa 等(2016)通过使用二阶 k-ε 模型和抛物线型涡黏系数分布，分别计算出非层结均匀恒定流下涡黏系数和流速的垂向分布，发现两种方法下得出的结果差别不大(图 4-15)。因此，在水体非层结的情况下，抛物线型分布仍是一种可以接受的涡黏系数计算方法。但在水体分层时，两种方法的计算偏差会变得很大。

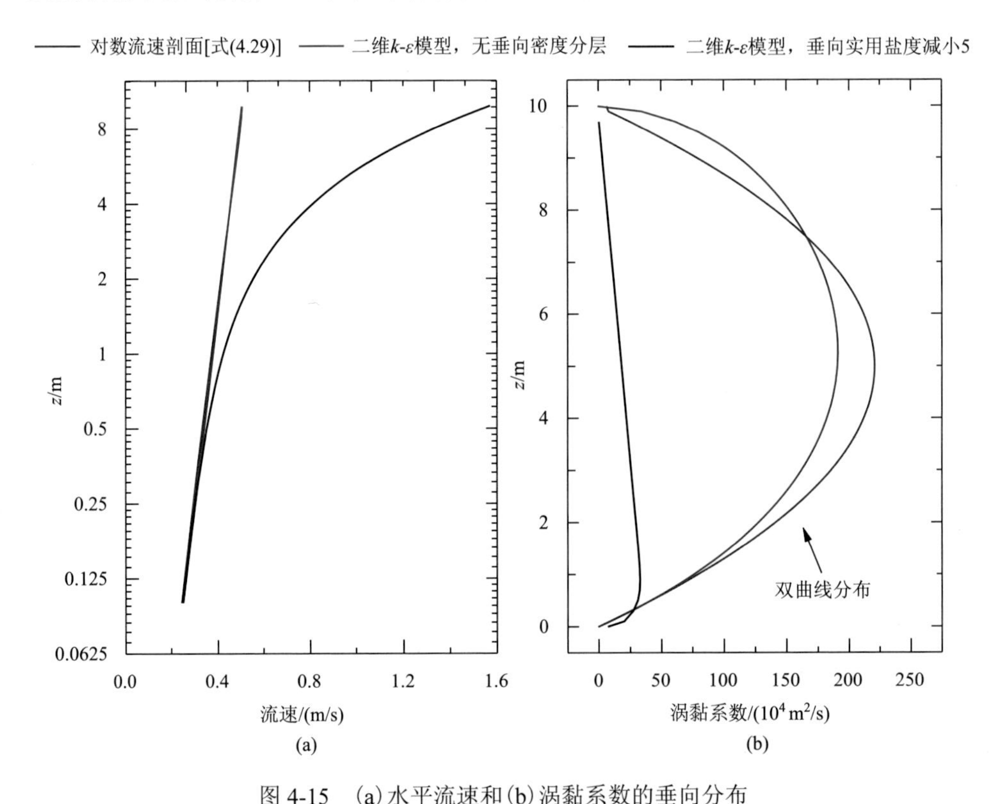

图 4-15 (a)水平流速和(b)涡黏系数的垂向分布

由均匀恒定流下由二阶 k-ε 模型[无垂向密度分层和实用盐度(S_p)从底到顶由 25 减小到 20，两种情况]和抛物线型涡黏系数分布计算得到，其中，水深 10 m，水面坡降 5×10^{-6}，z 为距底床高程

我们先只考虑盐度变化的效应。图 4-15 说明水体中存在一个较小的、向上为负值的盐度梯度，因此，水体密度在垂向上也会向上减小。在应用二阶 k-ε 模型计算涡黏系数时，由于分层效应，涡黏系数先是在近底处迅速增大到一峰值，然后又迅速减小，在上层超过 90%的深度内再缓慢减小至零，并且，涡黏系数的峰

值也不如抛物线型分布的极大值大(图 4-15)。总的来说，垂向上的流体密度分层(向上减小)会导致涡黏系数的减小，即流体垂向混合能力的减弱，也就是湍流抑制(turbulence damping)效应。

产生湍流抑制的原因也是容易理解的。简单说来，湍流的强度就代表了水体垂向混合的能力。在密度向上减小的分层水体中，使底层密度较大的水体与上层密度较小的水体进行混合，好比把重的东西举上去、把轻的东西拉下来，相比在密度均一的非层结水体中，在单位面积上所需的能量更多，这样当然不利于水体的垂向混合，这就导致了涡黏系数的显著减小。再回到边界层受力分析部分(图 4-12)，虽然在计算水柱压力的时候由于水体密度不是恒定值，会造成一些影响，但是如果像图 4-15 那样，垂向的密度差异很小($\Delta S_{\rm p}$=5，大约会引起 3.9 kg/m^3 的密度变化，也就是海水密度改变了 4‰)，最后得出的水平压强梯度和式(4.19)相比差别很小，因此，在最终得出的平衡状态下，水流切应力的垂向分布和式(4.25)比起来差别也很小。也就是说，水体层结和非层结相比，同一层位的切应力变化很小，流体密度变化也很小。但是，随着涡黏系数的显著减小(如减到原先的一半)，依据式(4.10)，在雷诺应力不变时，水平流速的垂向梯度应显著增大(对应到原先的两倍)。水平流速从底床的 0 值向上增加，垂向梯度越大，上层水平流速的值也越大。因此，在这样的层结水体中，水平流速在垂向上最终呈现为图 4-15 那样的迅速增大状态，而非对数分布。

为了更加深入理解影响海水密度的因素，我们考虑这样一个问题：将同样体积的一罐普通可乐和无糖可乐放入水中，它们是否都会沉没？实验证明，普通可乐会沉入水底，但无糖可乐会浮在水面上。影响它们沉浮状态的最重要因素，就是含糖量。虽然无糖可乐为了保证与普通可乐甜度相近，添加了少量甜味剂，但比起普通可乐而言，无糖可乐的密度还是小一些。我们可以类比得到，盐度会是影响海水密度的重要因素。另外，悬沙浓度也会引起海水密度(容重)的变化。在此提出一个问题请各位思考：在水体中加入少量盐或糖，体系的总体积近乎不变，因此密度会有一定的增大；但如果加入少量不溶于水的沉积物颗粒，体系的容重会如何变化？例如，向 1 L 水中加入 10 g 泥，并使体系充分混合，请问它的容重(含沙水体的密度)如何变化？

想得出正确的结果并不困难。取泥的密度为 2650 kg/m^3，取纯水的密度为 1000 kg/m^3。那么，体系的容重就变化为

$$\rho_{\rm b}=\frac{m_{\rm mud}+m_{\rm water}}{\dfrac{m_{\rm mud}}{\rho_{\rm mud}}+\dfrac{m_{\rm water}}{\rho_{\rm water}}}=1006\ {\rm kg/m^3} \tag{4.35}$$

这个公式看起来简单，但在研究实践中，有研究者忽略了沉积物(无论是泥还是砂)不溶于水、体积不可忽略这一事实，因而漏算沉积物体积，得出含沙水体的

密度是 1010 kg/m³，这可能会造成最终结果的显著误差，但这是可以避免的。

更进一步，考虑到盐度和悬沙浓度对体系密度（容重）影响的简单近似公式，即

$$\rho_b \approx 1000 + 0.78S_p + 0.62C \tag{4.36}$$

式中，S_p 为实用盐度；C 为悬沙浓度（kg/m^3）。

我们曾在 2013 年和 2015 年赴江苏中部的盐城新洋港岸外约 10km 的测站进行冬季流速和悬沙浓度剖面观测。依照混合长度理论，在图 4-14 的对数坐标系中，我们应该看到流速数据点分布在一条直线上。但是实测结果表明，在上层的 80%深度中，数据点都明显偏离预想的直线[图 4-16(a)]。我们给出的解释是，由于当地悬沙浓度在垂向上的线性减小[图 4-16(b)]，引起了垂向水体密度的减小，造成了垂向流速分布相对于对数剖面的偏差。2013 年测得的垂向悬沙浓度梯度比 2015 年实测要大一些，因此 2013 年的流速分布曲线曲率也比 2015 年更大，水平流速向上增加得也更快。

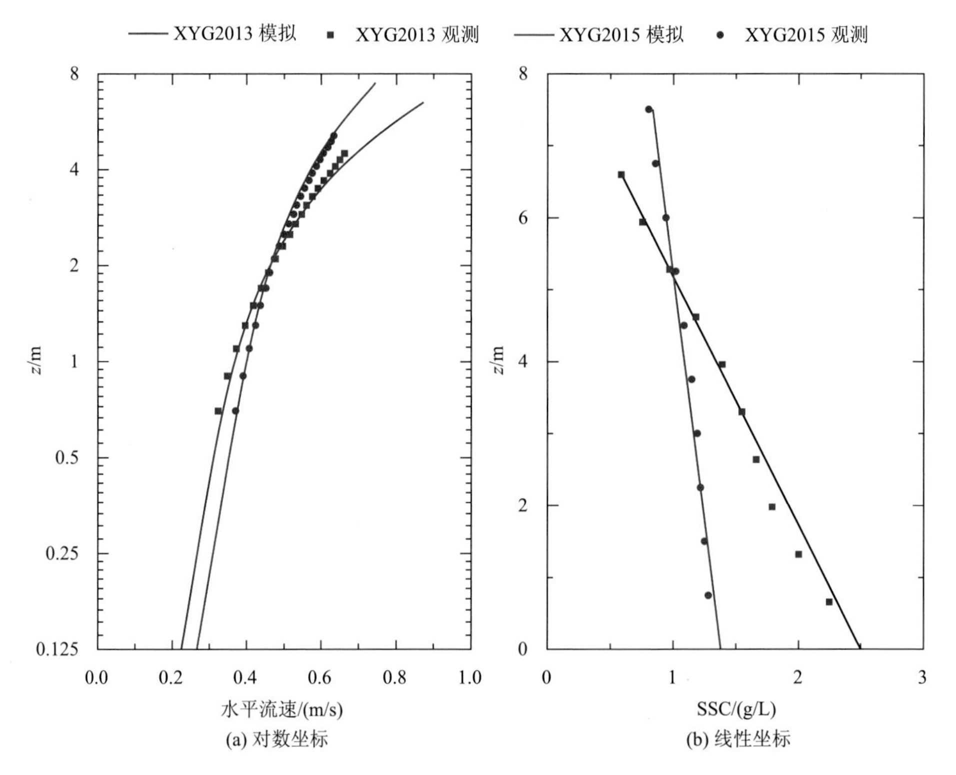

图 4-16　2013 年和 2015 年江苏中部的盐城新洋港岸外约 10 km 的测站观测的潮周期平均的水平流速和悬沙浓度（SSC）的垂向分布

z 为距底高度

之后，基于这两次观测的结果，使用上述 Maa 等(2016)的模型对垂向流速剖面和涡黏系数变化进行了数值模拟，在考虑了悬沙浓度对水体密度影响之后，模拟的水平流速垂向剖面和观测值吻合很好[图 4-16(a)]。接下来，利用数值模拟工具，可以开展数值实验，研究悬沙浓度分层对流速和涡黏系数的影响(图 4-17)。如果完全剔除盐度和悬沙浓度的影响(黑色线条)，对数流速剖面呈现为一条完美的直线，涡黏系数也近似于经典的抛物线型分布；随着垂向悬沙浓度梯度的增加，水体的层化效应越来越强，涡黏系数的垂向变化越来越受到抑制[图 4-17(b)]，相应的垂向流速分布也越来越偏离直线，向垂向增大更快的方向偏离[图 4-17(a)]。因此，如果水体受到较大的悬沙浓度梯度影响，可以显著地阻滞湍流的发生与垂向扩散，从而使水平流速在垂向上增加得更快，并且越靠近水面，增幅越大。

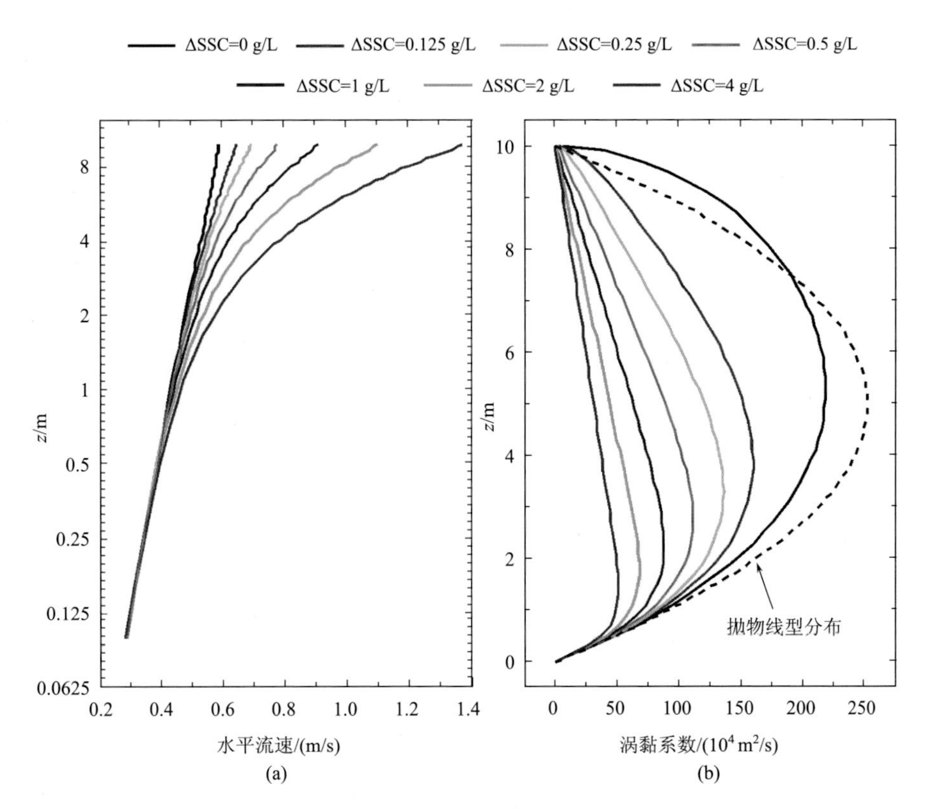

图 4-17　悬沙浓度分层对(a)水平流速和(b)涡黏系数影响的数值实验结果

不同颜色线条指示不同的悬沙浓度梯度，并且假设悬沙浓度从底至顶是线性减小的

以上的讨论提醒我们，在进行关于湍流的计算时，要充分考虑影响水体密度变化的因素。混合长度理论中的壁面法则，只适用于非层结的密度均匀水体。但

在河口区域，咸淡水混合达到平衡后，会呈现出不同于均质水体的盐度、密度分布。在黄河口、密西西比河口这样的弱混合河口(也称盐水楔河口，salt wedge estuary)以及长江口这样的部分混合河口(partially mixed estuary)，在垂向上形成了明显的盐度梯度，水体的层结非常显著。而在上文所讨论的江苏中部海岸，当地的悬沙浓度较大(可达到 1 g/L 甚至更大)，并且在垂向上也形成了较大的悬沙浓度梯度。以上两种情况都会引起垂向上不可忽略的密度梯度，并阻滞湍流涡旋的形成与扩散，是湍流计算中不可忽视的重要因素。此时如果再运用壁面法则下的对数流速剖面进行计算，结果与实际相比往往会谬以千里。

如果想知道水流中湍流的更多奥秘，改进二阶 k-ε 模型，Rodi(2017)对此有一篇重要的综述可资深入阅读。

参 考 文 献

余志豪, 苗曼倩, 蒋全荣, 等. 2004. 流体力学. 3 版. 北京: 气象出版社.

赵松年, 于允贤. 2016. 湍流问题十讲：理解和研究湍流的基础. 北京: 科学出版社.

Bosboom J, Stive M J F. 2021. Coastal Dynamics. Delft: Delft University of Technology.

Boudreau B P, Jorgensen B B. 2007. The Benthic Boundary Layer: Transport Processes and Biogeochemistry. New York: Oxford Univ Press.

Bowden K F. 1978. Physical problems of the benthic boundary layer. Geophysical Surveys, 3: 255-296.

Bowden K F. 1983. Physical Oceanography of Coastal Waters. Hoboken: John Wiley & Sons.

Bowden K F, Fairbairn L A. 1956. Measurements of turbulent fluctuations and Reynolds stresses in a tidal current. Proceedings of the Royal Society of London Series A: Mathematical and Physical Sciences, 237(1210): 422-438.

Davidson P A. 2004. Turbulence: An Introduction For Scientists and Engineers. New York: Cambridge University Press.

Gerkenma T. 2019. An Introduction to Tides. Cambridge: Cambridge University Press.

Heisenberg W. 1924. Über stabilität und turbulenz von Flüssigkeitsströmen. Annalen Der Physik, (15): 577-627.

Holthuijsen L H. 2007. Waves in Oceanic and Coastal Waters. Cambridge: Cambridge University Press.

Lin C C. 1955. The Theory of Hydrodynamic Stability. New York: Cambridge University Press.

Maa J P, Shen J, Shen X, et al. 2016. Vertical one-dimensional (1-D) simulations of horizontal velocity profiles. Virginia Institute of Marine Science, College of William and Mary: special scientific report, no. 156.

Mathieu J, Scott J. 2000. An Introduction to Turbulent Flow. New York: Cambridge University Press.

Reynolds O. 1883. An experimental investigation of the circumstances which determine whether the motion of water shall be direct or sinuous, and of the law of resistance in parallel channels.

Philosophical Transactions of the Royal Society of London, 174: 935-982.

Richardson L F. 1922. Weather Prediction by Numerical Process. Cambridge: Cambridge University Press.

Rodi W. 2017. Turbulence modeling and simulation in hydraulics: A historical review. Journal of Hydraulic Engineering, 143: 03117001.

Rodi W, Mansour N N. 1993. Low Reynolds number k-ε modelling with the aid of direct simulation data. Journal of Fluid Mechanics, 250: 509-529.

Sommerfeld A. 1908. Ein Beitrag zur hydrodynamischen Erkläerung der turbulenten Flüssigkeitsbewegüngen. International Congress of Mathematicians, 3: 116-124.

Soulsby R L. 1983. The bottom boundary layer of shelf seas//Johns B. Physical Oceanography of Coastal and Shelf Seas. Amsterdam: Elsevier, 35: 189-266.

Soulsby R L. 1997. Dynamics of Marine Sands: A manual for Practical Applications. Oxford: Thomas Telford, 249.

Stewart R H. 2008. Introduction to Physical Oceanography. Texas: Texas A&M University.

The Open University. 1989. Waves, Tides and Shallow-Water Processes. Oxford: Pergamon Press.

Thorpe S A. 2007. An Introduction to Ocean Turbulence. Cambridge: Cambridge University Press.

Trowbridge J H, Lentz S J. 2018. The bottom boundary layer. Annual Review Marine Science, 10: 397-420.

第 5 章　底床形态与底部摩擦阻力

本章是对底床形态和底部摩擦阻力的介绍。在上一章中，我们讨论了水流边界层的一些特征。在水体密度分布均匀、不发生分层的情况下，水平流速自底床附近向上符合对数分布，即著名的冯·卡门-普朗特模型[式(4.29)]，即

$$u = \frac{u_{*C}}{k} \ln\left(\frac{z}{z_0}\right)$$

式中，摩阻流速 u_{*C} 为底床对流体施加阻力的强度，和水平流速 u 成正比。比例系数（$\sqrt{C_D}$）受摩阻长度 z_0 控制。z_0 体现了底床的动力特性，代表底床与水体之间摩擦阻力。z_0 越大，在相同流速条件下，水体与底床之间的摩擦阻力也越大。在水动力计算和沉积物输运计算中，海水与底床之间的底床切应力 τ_b，也就是底床对海水施加的阻力强度，其大小是计算中的一个关键参数。也就是说，在某时某地，给定一个水平流速 u(可以是距底某高度 z 的流速 u_z，或是从水底到水面整个水柱的垂向平均水平流速 U)之后，求解底床摩擦阻力的大小是进一步计算水动力环境和沉积物输运的基础。那么，水平流速和底床摩擦阻力之间的关系(系数)应该如何确定，它又和哪些因素有关？这是本章将要回答的问题。

已有的研究表明，当海底呈现出波状起伏的地貌时，这种起伏表面造成的阻力占据了总底床摩擦阻力的主要部分(Soulsby, 1997)。这也很好理解。设想，如果在坑坑洼洼的地上拖一袋面粉，用的力气一定会比在平地上要大一些。在海底，如果底床沉积物总体呈现非黏性的动力特性，床面上往往就会发育这种波状起伏的韵律状地形，我们将它称为底形。本章会从底形说起，在 5.5 节再回到底部摩擦阻力。潮流沙脊是一种重要的底形，因为它和第五章前 5 节的底形完全不同，也不影响底床摩擦阻力，所以作为附录放在本章最后。

5.1　底床形态及其测量方法

底床形态(bedform)，简称底形，也称为床面形态，是底床上的沉积物经流体作用后形成的峰谷相间的韵律状地貌形态。简单说来，沉积物和流体的界面形成的像波浪一样起起伏伏的地貌形态，就是底形。在地球上，形成底形的流体一般是水或空气；而在外太空的火星和土卫六上，当地的沉积物在流体作用下也会形成底形(Ewing et al., 2015; Lapotre et al., 2016)。底形的连续两个谷底(或峰顶)之

间的距离称为波长，相邻的峰顶和谷底之间的高差称为波高。

在沙漠中，经常会看到有规律的地形起伏变化，如图 5-1 中在陆地上形成的沙丘(dune)，这也是我们要讨论的底形中的一种。这样的巨型沙丘可能有一百多米高，想要爬上去可不容易。

图 5-1　沙漠中的大小底形复合体

资料来源：李亚南供图，拍摄于塔克拉玛干沙漠 580 国道旁

底形通常是具有韵律的，也就是峰谷相间分布。在沙漠地区这种地貌就显得十分壮观。底形是底床物质经流体作用后形成的产物，不同的沉积物类型与动力条件会造就尺度不一的底形，像图 5-1 所展示的那样，巨大的底形上又发育了较小的次级底形，它们的排列方向与原有的底形错开了一定的角度。

沙漠中的底形可以一眼望穿，但是在海洋环境中，底形通常是难以直接观察到的，那么该如何了解它们的形态特征呢？在过去，人们用绑在线绳上的重锤进行测深，绘制海图，但得到的成果空间分辨率欠佳。现在，可以使用多波束测深探测仪(multibeam echosounder)获取底床形态(图 5-2)。船载的多波束测深探测仪上布设有一排声源，另有一列信号接收装置。这排声源同时向海底发射多束(如 128 束)声波，再由接收装置记录发出去的声波什么时候被海底反射回来，这样就可以获得某条测线(图 5-2 上的条带宽度)上的地形数据。随着船的移动进行走航测量，测线就扫过了一个面，于是这个面上各个点的水深就可以测得。多波束测深探测仪的水平空间分辨率取决于水深和波束的角度和数量，为 10^{-1}～10^{0} m；测量水深的水平空间分辨率大约是 10^{-2} m。

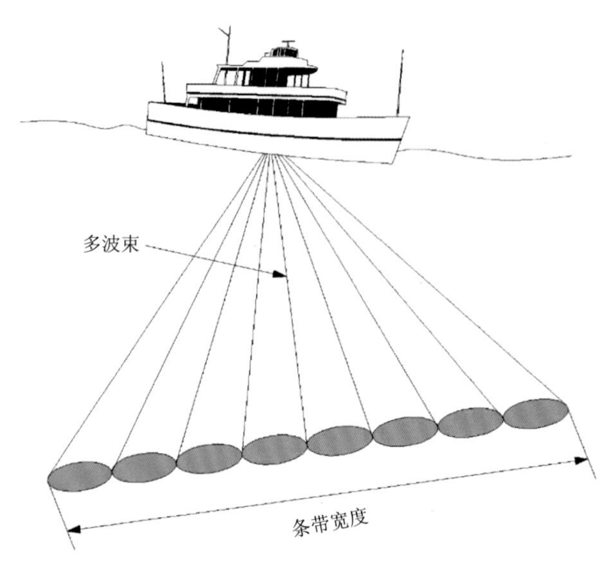

图 5-2　多波束测深探测仪工作原理图

各种底形的形态往往十分相似，如果没有比例尺，经常很难分辨出它们是大还是小。图 5-3 就是一个有趣的例子：两张图片上如果没有比例尺，形态相近的底形就会被误认为是差不多大的，通过硬币和图示的 100 m 比例尺才能将它们区

(a)　(b)

图 5-3　(a)江苏中部海岸落潮时裸露的潮滩；(b)德国 Jade 湾潮汐汉道口门水道(水深约 20 m)的多波束海底地形图

(a)比例尺为 1 元硬币；(b)比例尺为黑色线段

资料来源：Kubicki 等(2017)

分开——在江苏潮滩上发育的小尺度底形，称为小波痕(ripple)，其波长小于 10 cm、高度不到 2 cm；而在德国 Jade 湾潮汐汊道口门水道底部发育的大尺度底形，称为海底沙丘(dune)，其波长 200～300 m、高度 3～5 m。同样是水下底形，它们的空间尺度却相差了 2 个数量级。

类似于空间重复的晶体结构和平面重复的六边形密集排列的蜂巢，底形展现了自然的秩序，是自然界中一种美丽的自组织(self-organization)形态。沉积动力学的奠基人之一巴格诺尔德(Ralph Alger Bagnold, 1896～1990 年)这么形容底形："The observer never fails to be amazed at a simplicity of form, an exactitude of repetition and a geometric order unknown in nature on a scale larger than that of crystalline structure."(相比晶体结构，那些自然界中更大尺度的形式简单、精确重复的未知几何秩序(底形)总能让观察者们感到惊奇)(Ball, 2009)。这种对宏观自然秩序的研究，一直以来都能引起学术界的兴趣。

而在实践层面上，底形研究也是非常重要的。水流流过海底，会受到底床施加的阻力，当底床上发育有底形的时候(在现实中，大部分非黏性底床都是如此)，底形所导致的阻力占据了总底部摩擦阻力的主要部分。另外，底形还会在地层中得到保存，形成具有不同特征的层理。底形反映了它形成时的沉积环境特征(流速、水深等)，而分析沉积地层或岩芯中的层理是反演沉积环境的重要手段，因此底形研究在石油勘探中也非常重要。所以，我们必须对底形有深刻的认识——Reineck 和 Singh(1980)在名著《陆源碎屑沉积环境》(此书 1973 年第一版有中译版)中，开篇就讲了底形的问题。

对于底形的形态特征，确定峰顶和谷底位置后可以用坡向、波长、波高、对称性(陡坡和缓坡长度比)、两坡坡度等参数来刻画，这些也是进一步形成机制研究的基础。然而，根据高精度地形测量数据，如何准确、快速地自动化提取这些参数的难题一直以来并没有完美解决，尤其是几种不同尺度的底形叠加后的情形。利用二维傅里叶变换和小波分析方法，Wang 等(2020a)提供了一种分析二维线性底形的公开程序，可以自动化地提取不同尺度的底床形态信息。

5.2　底床形态的生成与分类

5.2.1　底床沉积物黏性对底形的影响

通过上文的讨论，我们对底形的定义和基本性质有了一些初步认识。那么，什么类型的沉积物才能形成一定的底形呢？在第 2 章中，讨论了几种重要的沉积物分类方法，其中又以将沉积物按照其动力特性分为黏性沉积物和非黏性沉积物的方法最为典型。黏性沉积物颗粒很细，颗粒之间的作用力很强，以至于影响到整体的运动特性；非黏性沉积物颗粒较粗，颗粒运动相对独立。黏性沉积物通常不能作为推移质在底床上运动，而是起动后即作为悬移质在水中悬浮运动。而在河流与海洋环境中，底形一般是和推移质沉积物输运相对应的，推移质输运才会产生底形。因此，通常只有非黏性沉积物能够形成底形。

最新的研究更为深入地研究了沉积物的动力特性对底形形成的影响。Parsons 等(2016)通过水槽实验定量探讨了沉积物和生物黏性对水下底形发育的影响。他们在水槽中控制水深 h、垂向平均水平流速 U 和实用盐度 S_{P}(对应水体密度 ρ)，改变底床物质组成，进行同样时间长度的实验，得到底床的形态变化如图 5-4 所示。在此研究中，底床是一个简单的泥砂二元混合体系：砂质组分是中值粒径为 239 μm 的细砂，泥质组分则是中值粒径为 3.4 μm 的高岭土(黏土矿物)。图中 m 代表初始底床的泥质组分(高岭土)含量；e 代表初始底床的胞外聚合物(extracellular polymeric substance, EPS)含量。

在第 2 章中，提到细颗粒组分(如黏土)具有很强的黏性，这里另外添加的 EPS 也有类似的功效，只不过它是由生物活动形成的。EPS 是在一定条件下，由微生物产生并向其体外分泌的高聚物，其主要成分与微生物细胞内的成分相似，为多糖、蛋白质等较复杂的高分子，其含量多少就代表了底床上生物黏结作用的强弱。

在 A 组实验中，没有添加 EPS，因此只需考虑沉积物之间的物理黏结作用。在底床沉积物中泥质组分很少(A2, $m = 4.7\%$)的时候，经过 10.5 h 的水槽实验后，底床上形成了明显的峰谷相间底形；随着底床中泥质组分含量的增加，底形的特征变得越来越不明显，在 m 接近 15%时，就难以观察到底形了。在 B 组实验中，添加的微量 EPS($e \approx 0.03\%$)，起到了一定的生物黏结作用。在底床泥质组分含量与 A 组差不多的时候，在加入 EPS 的 B 组样本形成的底形中，高程变化变弱。而在 C 组实验中，增加 EPS 的剂量至约 0.08%，同等条件下形成的底形高程变化显著减弱。

通过学习以上内容我们只是从直观上了解了黏性对于底形的影响，发现随着黏性沉积物和 EPS 含量的增多，底形的高度会显著减小。更进一步的定量研究，通过对底形波高(H)和泥质组分(3.4 μm 粒径的高岭土)含量之间的变化关系作图(图 5-5)，可以发现，在 EPS 含量一定时，随着底床中细颗粒组分含量的增加，底形的高度呈现出线性减小的趋势。对于没有 EPS 的 A 组实验，在细颗粒组分含量大于 7.5%和小于 7.5%的不同情况下，底形波高分别为 0～30 mm 和 60～90 mm，差异显著，这种变化可以称为系统的稳态转换(regime shift)。我们曾在上文讨论过，如果细于 4 μm 或 8 μm 的黏性组分在沉积物总体中占比超过 5%～10%，沉积物总体就将呈现出黏性的动力特性。因此，在底床泥质组分含量小于 7.5%时，沉积物总体是呈非黏性或弱黏性的，这时能够形成较高的底形；而当沉积物总体为黏性时，清晰可辨的底形就难以形成。生物黏性也能起到类似的作用。

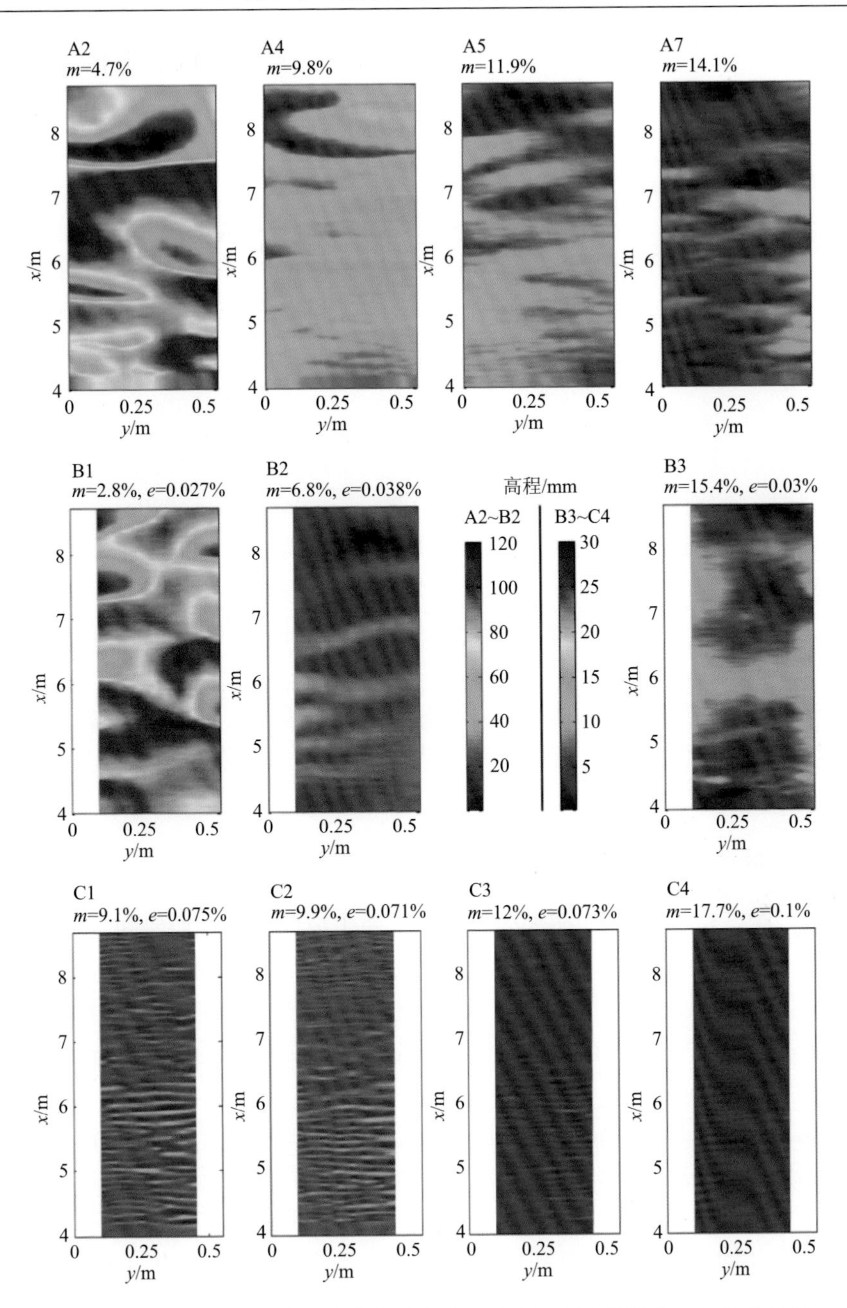

图 5-4　Parsons 等（2016）水槽实验得到的底形和沉积物黏性物质含量的关系

各子图为模拟区域的高程图，色带显示高程，*m* 代表初始底床的泥质组分（即 3.4 μm 粒径的高岭土，可以归为黏土）含量，*e* 代表初始底床的 EPS 含量。A、B、C 三组实验分别对应不含 EPS、低浓度 EPS（约 0.03%）和高浓度 EPS（约 0.08%）的情形

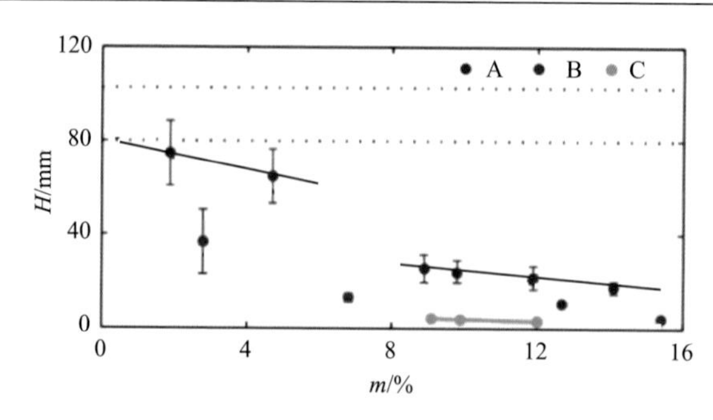

图 5-5　Parsons 等(2016)水槽实验得到的底形波高(H)和泥质组分(3.4 μm 粒径的高岭土)含量(m)的关系

A、B、C 三组数据对应图中的三组实验

江苏海岸的现场观测结果也支持了上述论断。Wang 等(2020b)在江苏如东近海的辐射沙洲区域发现，当底床的沉积物总体为非黏性时，底床上发育有典型波长约 25 m、典型高度约 0.5 m 的底形；如果底床沉积物中细于 8 μm 的黏性组分超过了总体的 5%～10%，海底高程起伏变化就显著减弱，底形会变得很不明显，其高度降到了 0.1 m 以下。

所以，只有当沉积物总体为非黏性时，才有可能发育显著的底形。而当沉积物总体显现出黏性特征时，在绝大部分情况下，沉积物难以沿底床作为推移质运动，进而难以形成底形。

5.2.2　底形的成因

为什么在一定的沉积物和水动力条件下能生成底形？我们要回到自然环境下系统的不稳定性进行讨论。大家还记得“野渡无人舟自横”的故事吗？在第 3 章中讨论过不同的系统平衡状态。处于不稳定平衡的物体，在受到外力的微小扰动而偏离平衡位置时，不能恢复到原先的状态，而是朝着势能减小的方向试图取得一个新的稳定平衡。

初始形态为平床(plane bed)的底床也是不稳定的。对于平床而言，实际情况下其表面的水流不会总是均匀恒定流，因此底床不同部位受到侵蚀的强度是随机的；在底床上作为推移质运动的沉积物颗粒，其运动取向也是随机的；运动的沉积物最终堆积的地点，也是随机的。这样，底床的形态也就产生了随机性的微小改变。平床整体处于不稳定平衡之中，上述的微小改变会由于正反馈效应得到放大，因而最终在整个底床上形成了适应当地水动力(宏观)条件的底形，达到了均衡态，形成了稳定平衡。在此之后，底形还有可能沿盛行水流的方向运移，但底床的形态就基本不会发生改变了，因为任何改变稳定平衡的微小外力都会在负反馈循环中衰减，最终系统仍趋于达到稳定平衡的状态。这一思想早在 1941 年就被巴格诺尔德在他的名著《风沙和荒漠沙丘物理学》(*The Physics of Blown Sand and Desert Dunes*, 1941 年，此书在 1959 年由钱宁翻译，科学出版社出版)中提出，但是如何预测底形的产生直至达到均衡的这一系列变化过程，仍然是海洋沉积动力学中的一个难题。Dronkers(2016)对此问题有详细论述，最新进展还可以参见 Charru 等(2013)。

5.2.3　底形的分类：低流态底形与高流态底形

前面说过底形有大有小，那么它们是如何分类的呢？图 5-6 中的横坐标是沉积物中值粒径，纵坐标是底床切应力和(垂向平均)流速的乘积，代表了水流功率(能量强度)。在水流功率较小时，可以形成尺度较小的底形，称为小波痕(ripple)，其典型波长在 10^1 cm 量级，而高度在 10^0 cm 量级；如果加大水流功率，底形的尺度会变大，形成海底沙丘(dune)，其典型波长在 10^0～10^2 m 量级，高度则在 10^{-1}～10^0 m 量级。从小波痕到沙丘的一系列底形，其迎水面坡度较缓，背水面坡度较陡，都可以沿水流方向在底床上迁移。这些情况下的流体流态，称为低流态(也称缓流，lower regime)，对应的底形是小波痕和沙丘。但是，当水流功率增大到超过一临界值后，原先的底形反而会被破坏，再度形成平床；在此基础上，如果水流功率继续增大，就会形成反丘(antidune)这种特殊的底形：它的迎水面为陡坡，背水面反而较平缓，逆着水流方向在底床上迁移。反丘对应的流体流态称为高流态(也称急流，upper regime)。

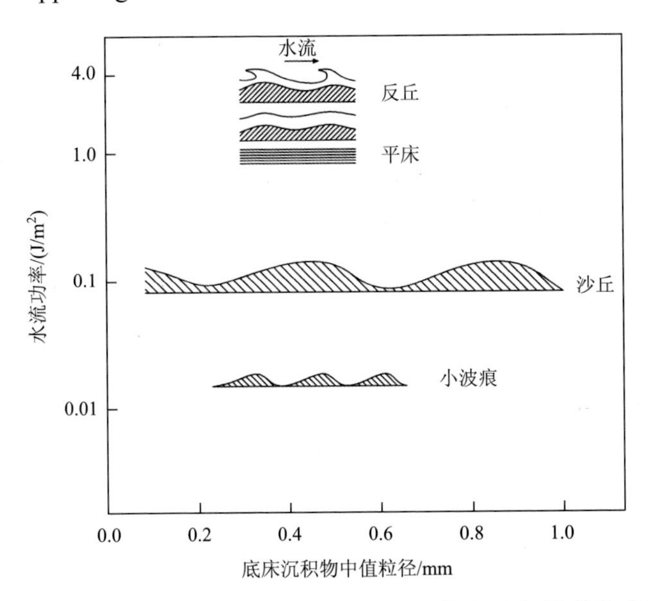

图 5-6　底形特征与水流功率(底床切应力乘以垂向平均水平流速)的关系(流向向右)

资料来源：修改自 Allen(1970)和 Hsü(2004)

我们常用弗劳德数(Froude number)作为判别高、低流态的判据。弗劳德数源于 19 世纪英国的造船工业：在建造大型船舰之前，人们总需要制作按比例缩小的模型船进行水槽实验，以预估大型船舰的各方面性能。那么，应当缩小至怎样的比例，才能使得大小两艘船具有类似的水力学特性呢？英国工程师弗劳德(Froude, 1810～1879 年)通过比较一系列不同尺寸的相似模型船舰在不同流速下的水槽实验结果，发现当流速与船体吃水线周长的平方根的比值一定时，不同尺寸的船体在水中运动所得的拖曳系数就是相同的。后人为了纪念他，将流体力学中表征惯性效应与重力效应比值的无量纲数命名为弗劳德数 Fr，即

$$Fr = \frac{u}{\sqrt{gl}} \tag{5.1}$$

式中，u 为流速；g 为重力加速度；l 为特征长度。在河流和海洋环境中，取水深 h 为特征长度。

图 5-7 的横坐标是水道水力半径 R_h 与沉积物中值粒径 d_{50} 之比，纵坐标为弗劳德数 Fr。水力半径(hydraulic radius)是水流断面面积 A 与湿周 χ(水体接触的水道周长)之比，在海洋环境中，水力半径 R_h 即为水深 h。图中划分了高流态、过渡流态和低流态三个分区：高能水流造就的反丘出现在高流态区域，而通常情况下可见的小波痕与沙丘则都落在低流态区域。高流态与低流态之间的界限大约是在弗劳德数 Fr 为 1 的地方。

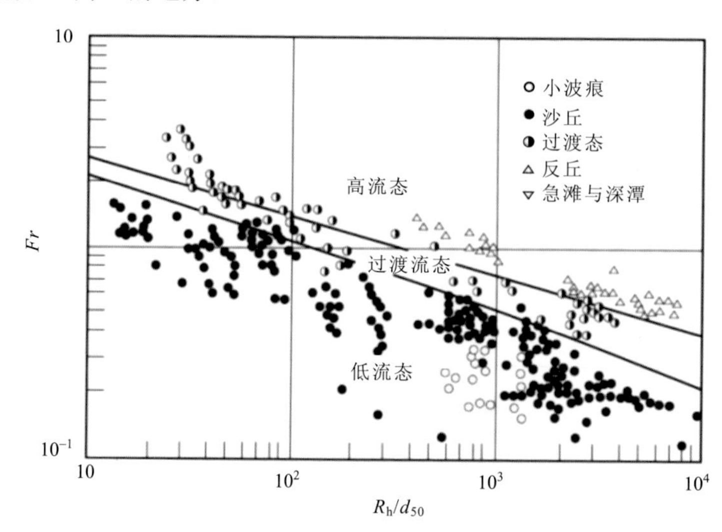

图 5-7　弗劳德数和不同的底形

资料来源：Julien(2010)

对底形随流态变化的变化再做个归纳(图 5-8)：假设初始状态下，海底为平床。在低流态，即流速很小时，水流的弗劳德数小于 1，底床保持为平床，不发

育底形；随着流速增大，会渐次形成小波痕、沙丘；在超过临界值后，水流流态进入过渡流态区，水流的弗劳德数约为 1，原先的底形又会被破坏而转向平床。在水流的弗劳德数跃升超过 1 后，水流流态即转换为高流态。此时在初始状态下，底床虽然是平床，但床面上已有显著的沉积物输运了，在流速进一步增大后，就形成反丘，当弗劳德数很高(超过 1.77)时，反丘变化到急滩(torrent rapids)与深潭(pool)。图 5-8(a)～图 5-8(h)形象地展示了这一变化序列。高流态底形，尤其是反丘、急滩和深潭底形还被称为循环台阶(cyclic steps)(Slootman and Cartigny, 2020)。

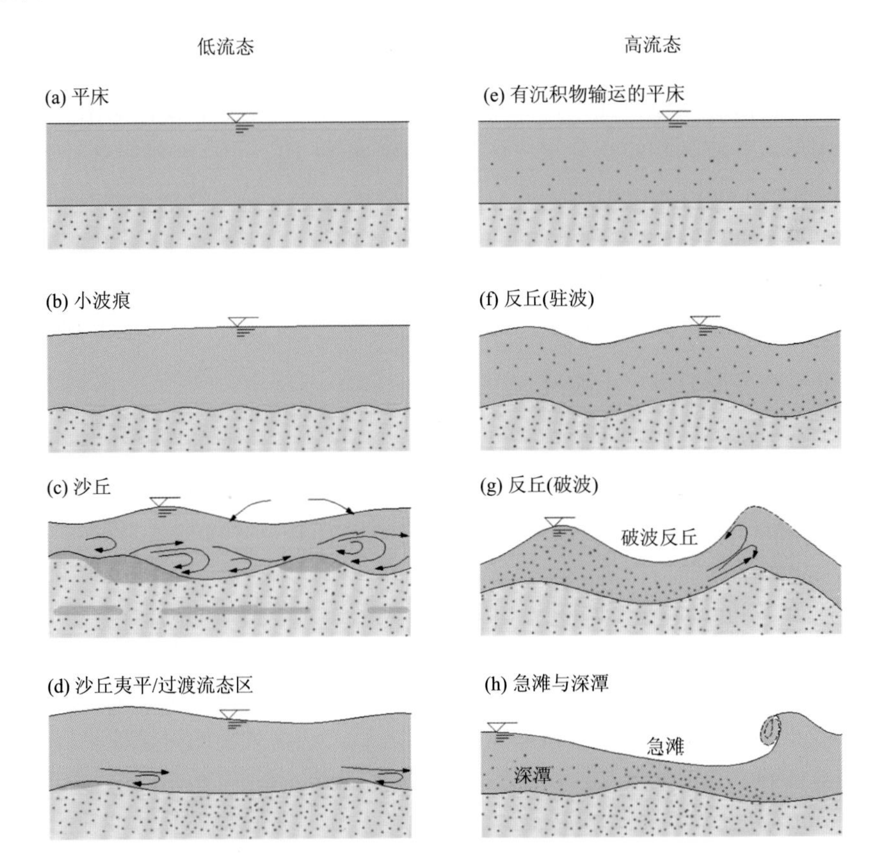

图 5-8　底形随流态变化的变化序列

随着流速增加，水流从低流态(左)到高流态(右)，底形也从平床依次变化为小波痕、沙丘、平床、反丘、急滩与深潭

资料来源：改绘自 Julien(2010)

那么，过渡流态区对应的流速又大概是多少呢？对于浅海环境，我们取典型的水深 $h = 10$ m，又取重力加速度 $g = 10\ \text{m/s}^2$，根据弗劳德数的定义式[式(5.1)]，

流速要达到 $u = 10$ m/s，才能使弗劳德数 $Fr = 1$。而在海洋环境中，10 m/s 的流速是相当罕见的——到目前为止笔者所见的最大海水流速为 4 m/s，那是 2005 年在杭州湾地区测量得到的结果。

另外，在 1 m 量级或更大水深的区域，弗劳德数是很难达到 1 的，也就是说，水流一般都处于低流态。在我们的研究之中，无论是海岸带、河口、浅海还是大陆架、深海，水深一般都是大于 1 m 的，通常也都不会遇见高流态水流底形。

不过在极浅水区域(如水深只有 0.1 m 的地方)，流速只需达到 1 m/s 左右，弗劳德数就会超过 1，这样水流状态就落在了高流态区域。潮滩通常是宽广而平缓的，其坡度只有 1/1000 甚至 1/2000，在涨潮水体的前锋处，水层厚度只有 10^0～10^1 cm 量级，水流是比较容易达到高流态的。

此外，在海底浊流情况下，高流态的条件往往也能达到，从而形成巨大的循环台阶底形，其波高和波长分别可达 10^1～10^2 m 和 10^3～10^4 m 量级(Lamb et al., 2008; Slootman and Cartigny, 2020)。这些底形在一些文献中被称为深海沉积物波(deep-water sediment waves)(Wynn and Stow, 2002)。由于缺乏直接的沉积动力学观测证据，虽然浊流被认为是一种很可能的高流态成因，但它的形成机制仍不能完全确定。这些混乱的地方恰是未来研究的进步方向。

5.2.4　低流态底形分类：小波痕、沙丘

至于野外最常见的小波痕和沙丘，又应如何区分？下面的图 5-9 或许能给我们一些启示。这幅双对数坐标图的横坐标是底形的空间尺度(波长)，纵坐标为底形波高。这幅图是笔者的博士导师 Flemming 教授所作(Flemming, 1988)，以德文发表于一个名不见经传的杂志。他曾向我提到，在 1987 年，国际沉积地质学会(Society for Sedimentary Geology, SEPM)在美国得克萨斯州的奥斯汀召开专题会议，当时世界各地的著名沉积地质学家在那里讨论底形的定义与分类，努力增进对这一地质现象的认识。他参加了这次重要的会议，并因为展示了大量的野外数据而引起了与会科学家的兴趣和重视。三年之后，这次大会的讨论成果以会议主席 Ashley(1990)领衔的名义，在期刊 *Journal of Sedimentary Petrology*(于 1994 年更名为 *Journal of Sedimentary Research*)上刊出，统一了底形尤其是沙丘的定义，成为关于底形研究的里程碑。图 5-9 也在这篇论文中得到引用，因而具有广泛影响。

Flemming 教授收集了他当时所能获取的涉及水成底形的一切公开数据，并结合自己的研究数据做出了图 5-9。其中有两处有趣的地方：一是，小波痕、沙丘的波长与底形波高之间存在良好的对应关系。越长的波长就对应着越高的底形波高，并且底形波高与波长之间近似存在幂函数关系(图 5-9 中的回归方程)；二是，小波痕与沙丘的数据点在图上显示为相互分离、各自聚集的态势——在野外很难找到对应图中数据缺失处的底形(图 5-9 中的灰色区域只有非常少的点，该处波长

为0.5～1.0 m)。因此就可以把在低流态下形成的底形按波长大小分为两类：波长小于0.6 m的归为小波痕，大于0.6 m的则归为沙丘。

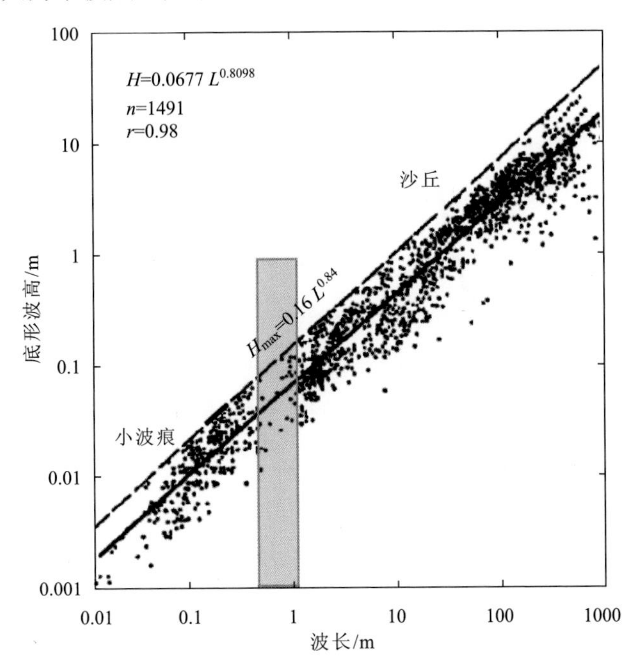

图5-9　底形波高和波长的关系

横纵坐标都是对数间隔，灰色区域显示了自然界中底形很少出现的尺度，即小波痕和沙丘的分界

两个回归方程分别指示底形波高(H)和最大可能底形波高(H_{max})与波长(L)的关系

资料来源：Flemming(1988)

许多历史文献将底形分为三类(如Reineck and Singh, 1980)：波长小于0.6 m的称为小波痕(ripple)，波长0.6～30 m、底形波高0.1～1 m的底形称为大波痕(megaripple)，波长30 m以上、底形波高1 m以上的称为沙丘(dune)。这个分类体系下的小波痕和上面提到过的两种分类体系下的小波痕，含义完全相同，但沙丘的含义就不同了。不过，学术界逐渐认识到大波痕和沙丘的沉积动力学本质并无不同，1987年的SEPM会议就建议将历史上划分的大波痕和沙丘合并为沙丘，形成了Ashley(1990)的小波痕-沙丘二分体系。

那么，小波痕与沙丘在沉积动力学上有什么区别呢？总结以前的知识，我们仅对它们有一些描述性的定性认识：

(1)波长。小波痕的波长较小，一般小于0.6 m，而沙丘的波长较大(Ashley, 1990)。

(2)对砂质底床受到单向水流形成的不同波长的底形的出现概率进行统计分析，可得两个峰(图5-10)，说明底形波长要么明显大于0.6 m，要么明显小于0.6 m

(Middleton and Southard, 1984)，这和图 5-9 展现的特征是一致的。

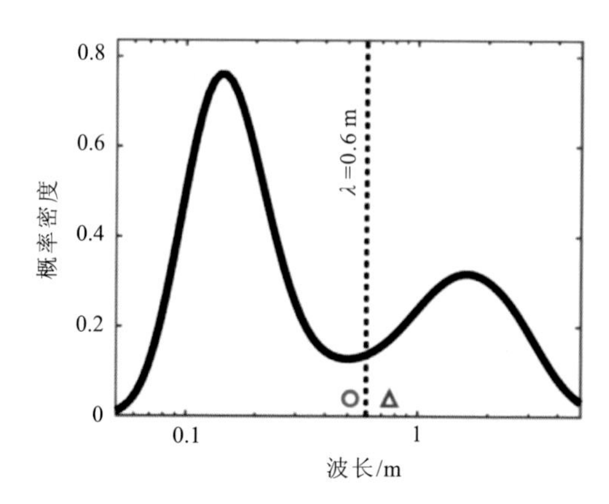

图 5-10　野外和水槽中不同波长底形的概率密度分布

资料来源：Lapotre 等(2017)

(3)影响底形形成与尺度大小的因素：一般随着底床沉积物颗粒粒径增大，小波痕的空间尺度也增大(Allen, 1982; Raudkivi, 1997)，并且，水深通常难以影响小波痕的空间尺度(Baas, 1994)；而沙丘空间尺度的增大，通常对应着沉积物粒径的减小，以及水深、流速的增加(Southard and Boguchwal, 1990)。

但是，定量区分小波痕和沙丘的问题一直没有取得进展，直到加州理工学院的 Lapotre 等(2017)在 *Geology* 上刊出论文(可能会是近十年来底形研究最为重要的文章之一)，才算有了一些明确的解答。其成果最为突出的一点在于明确了波痕的动力特性(即后面会提到的幂函数关系)。他们将影响底形稳定性的因素归结为：流体运动黏度 ν、底床总摩阻流速 u_*、沉积物粒径 D 以及沉积物比重 $s=\rho_s/\rho$ (即其密度与水体密度之比)。在此基础上，引入几个无量纲数以便分析：

(1)颗粒雷诺数(particle Reynolds number) Re_D[和式(3.21)类似，但是流速项变为 u_*]，代表沉积物颗粒表面流态特性(层流或湍流)，即

$$Re_D=\frac{u_*D}{\nu} \tag{5.2}$$

(2)谢尔兹数(Shields number) θ，代表沉积物颗粒受的切应力和其自身重力的比值(Shields, 1936)，即

$$\theta=\frac{\tau}{g(\rho_s-\rho)D}=\frac{\rho u_*^2}{g(\rho_s-\rho)D}=\frac{u_*^2}{g(s-1)D} \tag{5.3}$$

式中，g 为重力加速度。

将式(5.2)中的粒径替换为底形波长 L，即得到无量纲波长(dimensionless wavelength) λ^*，即

$$\lambda^* = \frac{Lu_*}{\nu} \tag{5.4}$$

另外，Lapotre 等(2017)创立了一个新的无量纲数χ，用以度量沉积物在水流中悬浮的能力，并用最早提出这种思想的著名沉积动力学家雅林[①](Mehmet Selim Yalin, 1925～2007 年)的名字命名，称为雅林数(Yalin number)，即

$$\chi = Re_{\mathrm{D}}\sqrt{\theta} \tag{5.5}$$

之后，将所有水槽实验和野外实测所得的数据(其中充分考虑了沉积物颗粒和流体性质的变化)进行统计分析并作图，见图 5-11。这是一幅双对数坐标图，横坐标为雅林数χ，反映了沉积物颗粒和流体的动力特性；纵坐标为无量纲波长λ^*，用以表征底形的空间尺度。在图 5-11 中，小雅林数(χ< 4)的沉积物与流体组合，

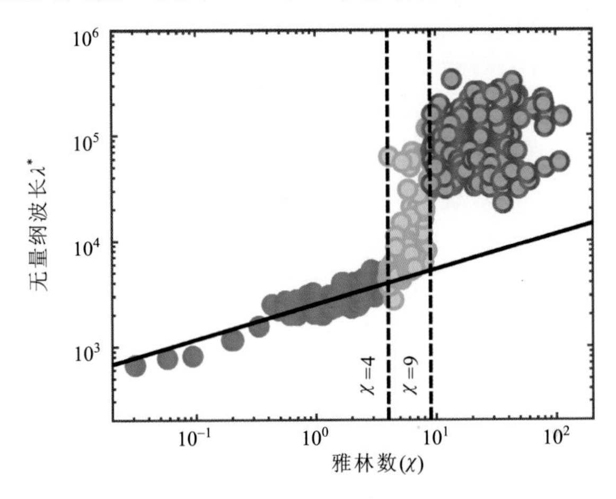

图 5-11　底形的无量纲波长λ^*与雅林数χ的关系

深绿色代表小波痕；紫色代表沙丘；蓝色为过渡状

资料来源：Lapotre 等(2017)

① 穆罕默德·塞利姆·雅林(Mehmet Selim Yalin, 1925～2007 年)是出生于阿塞拜疆共和国首都巴库的土耳其水利工程师和沉积动力学家。雅林于 1953 年在土耳其伊斯坦布尔科技大学(İstanbul Teknik Üniversitesi)取得土木工程博士学位后，在土耳其军队中服役一年，后赴德国继续水利工程研究，先后任卡尔斯鲁厄理工学院(Karlsruher Institut für Technologie)水利工程研究所合作研究员(1955～1956 年)和德国联邦水道工程研究所(Bundesanstalt für Wasserbau)研究员(1956～1960 年)。其后再赴英国华霖富水利研究公司(HR Wallingford)任资深科学家、首席科学家。在 1966 年，受到 Blench 教授邀请，雅林赴加拿大阿尔伯塔大学(University of Alberta)任访问教授一年，之后任卡尔加里大学(University of Calgary)副教授，并在 1969 年转投皇后大学(Queen's University)任职教授，直至 1990 年退休。

雅林的学术成就涉及了水力学物理模型、沉积物输运以及河流动力学等研究领域。其著作《水力模型理论》(*Theory of Hydraulic Models*, Macmillan, 1971 年)、《输沙力学》(*Mechanics of Sediment Transport*, Pergamon Press, 1972 年; 1977 年)、《河流动力学》(*River Mechanics*, Pergamon Press, 1992 年)以及《河流演变学》(*Fluvial Processes*, IAHR Monograph, 2001 年)都可称经典。

对应的都是小波痕，它们的 λ^*与 χ 具有较好的幂函数对应关系(即图中的黑色直线，$\lambda^* = 2504\chi^{1/3}$，$R^2 = 0.79$)，也就是说，它们都具有相似的动力特性；中等雅林数($4 \leqslant \chi \leqslant 9$)的沉积物与流体组合没有承续先前的幂函数关系，而是对应着无量纲波长 λ^*的急速上升；大雅林数($\chi > 9$)的沉积物与流体组合没有 λ^*与 χ 的单值对应关系，但都呈现为比小雅林数情况下大 1～2 个数量级的无量纲波长 λ^*，可将它们定为沙丘。

中等雅林数($4 \leqslant \chi \leqslant 9$)对应的突变，可以称为稳态转换：随着雅林数的增加，原先造就小波痕的单一稳定状态被破坏——在这个很窄的区间，虽然底形的波长仍然小于 0.6 m，按照以往的定义也可以归为小波痕，但形成小波痕和沙丘的物理过程对于塑造这样的底形都具有一定的贡献，而不像小雅林数的小波痕只对应着单一的物理过程(幂函数对应关系)。稳态转换前后对应的不同系统稳态，也就是小波痕和沙丘，具有不同的动力特性。另外，这一状态转变的区间是十分狭窄的，就像我们之前讨论过的层流—紊流过渡区对应的雷诺数区间($2000 \leqslant Re \leqslant 4000$)也是有限的。也就是说，在现实中，底形要么是小波痕，要么是沙丘；流体流态要么是层流，要么是紊流；两种稳态中间的过渡态很少见。

发生稳态转换的原因尚不明确。Bennett 和 Best (1996) 将小波痕—沙丘的过渡归于湍流尾流(turbulent wake)的不稳定性，它会促进异常大尺寸的波痕形成(Leeder, 1983)，或使原先的小波痕合并称为沙丘(Fernandez et al., 2006)。尾流是边界层分离造成的，而边界层分离的临界处应该对应着一个临界雷诺数——如果它与小波痕尺度相关，那就是式(5.4)中的无量纲波长了，如将 $\lambda^* \approx 4000$ 作为临界值，与 Armaly 等(1983)的水槽实验结果就对应得很好。

自然界中为什么会出现不同的稳态，稳态之间又为什么存在着突变的状态转换——这样的问题是十分迷人的，也许需要我们穷尽一生才能得到一些解释。

5.2.5　波浪底形

上文所提及的底形，仅仅考虑了单向水流(如河流水流；潮流因为变化周期较长，在短时间内也可近似为单向流动)的作用。而波浪产生的快速变化(周期大约几秒)的双向水流，同样也能造就一定的底形。单向水流形成的小波痕与沙丘，只具有空间分布的周期性，而不具备轴对称性：它们的迎水面平缓，背水面陡峭，利用这一性质可以判断水流方向，如图 5-6 中的小波痕和沙丘的形态和流向之间就具有明显的对应关系。而波浪作用下形成的波浪波痕(wave ripple)，顶部尖锐、底部平缓，并且不仅具有空间分布的周期性，还具有轴对称性(如图 5-12 右上角的示意图)。

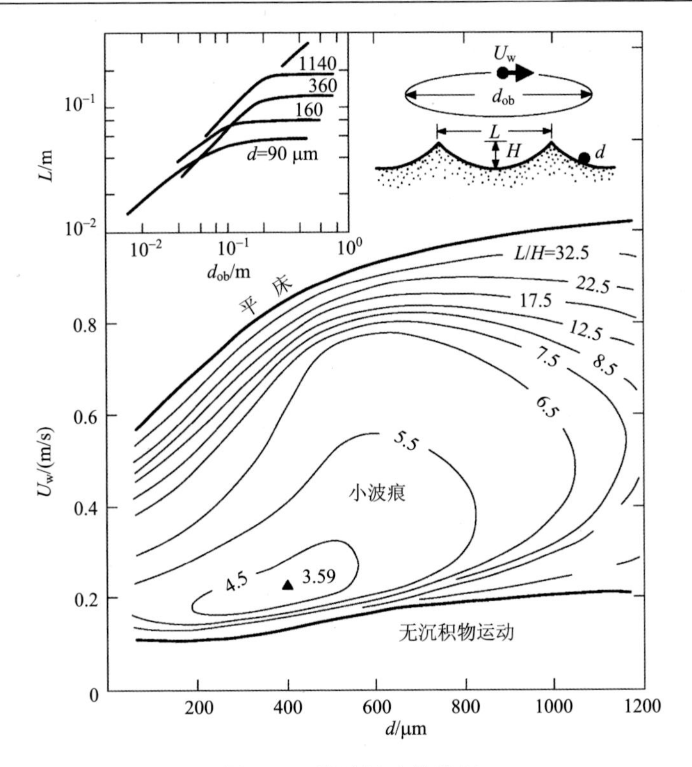

图 5-12　波浪波痕的特征

资料来源：改绘自 Allen(1985)

右上角是波浪波痕的示意图，定义了它的波长 L 和波高 H，水质点在椭圆轨道上水平速度振幅为 U_w，水平运动轨道直径为 d_{ob}，d 是底床沉积物粒径。左上角是 L 和 d_{ob} 在不同沉积物粒径 d 下的变化关系。图下部的主体部分是一幅等值线图，每条细黑线对应一个波长和波高比(L/H)，这个比值与 U_w、d 有关，上下两条粗黑线代表形成波浪波痕的临界值。在上边界以上，底床变成平床，在下边界以下则代表没有沉积物运动

根据线性波理论，在海底之上很薄的波浪边界层的顶部，波浪导致水质点往复振荡，其水平运动轨道直径 d_{ob} 和水平速度振幅(也称最大轨道速度，或轨道速度振幅) U_w，有

$$d_{ob} = \frac{H}{\sinh kh} \tag{5.6}$$

$$U_w = \frac{\pi H}{T\sinh kh} \tag{5.7}$$

式中，$k = 2\pi / \lambda$ 为波数；T 为波浪周期；H 为波高；h 为水深。关于波浪问题 5.5 节将进一步仔细描述。

沉积物颗粒会被波浪引起的水流搬运，先是在底床附近作涡旋运动，而后会被逐渐带起悬浮，底床上仍然保留下来的沉积物就构成了新的底形。与单向水流形成的底形不同，波浪作用通常只能形成小波痕，并且由于波浪会引起往复流动，

底形一般也是轴对称的。图 5-12 总结了波生底形的几何形态。

记底床沉积物粒径为 d、波痕高度为 H、波长为 L，就得到一些有趣的结果。图 5-12 左上角的子图显示，波浪波痕的波长 L 和水平运动轨道直径 d_{ob} 大小相近。对于某一沉积物粒径 d，底形在随着波浪效应增强（d_{ob} 增大）时，刚开始时其波长 L 近于随轨道直径 d_{ob} 呈幂函数增大，但在 d_{ob} 达到一定临界值后，底形的波长 L 就不再增大；而底床沉积物越粗，相同 d_{ob} 对应的 L 也越大，并且 d_{ob} 临界值也越大。

图 5-12 下部主体的等值线图显示了波长和波高比值（L/H）与 U_w、d 的变化关系。对于一定粒径 d 的沉积物构成的底床，随着波浪效应增强（U_w 增大），刚开始时底床上无沉积物运动，不形成底形；而后形成小波痕，其波陡（wave steepness, H/L）呈现随最大轨道速度 U_w 先增大后减小的变化趋势，而在最大轨道速度 U_w 增大到一定临界值后，波陡变为零——底床再度变为平床。随着沉积物颗粒变粗，不同粒径的沉积物所能形成的底形的最大波陡也呈先增大后减小的变化趋势，在沉积物粒径为 400 μm 时取得极大值。

5.2.6 潮流底形

底形从某个初始状态演化到适应当地动力环境的平衡态仍然是需要一定时间的。前面所说的单向水流形成的底形特征，对应了一定流速、水深和沉积物的组合，并且陡坡面向水流（沉积物输运方向）下游，缓坡面向水流（沉积物输运方向）上游。在潮流为主要动力的海洋和河口区域（即潮控环境，tidedominated environment），潮流是由潮汐作用引起的，其大小与方向变化速度近似于正弦函数，每进行一次周期性变化，在半日潮地区需要大约 12.4 h。这样就产生了两个问题：①潮流底形是否会随着流速的变化（主要是方向的变化）而变化，即潮流底形的潮稳定性问题；②潮流环境下和单向水流环境下底形发育的异同。

当底形的体积远大于短时间（如一个潮周期内的涨潮时段或落潮时段）内的沉积物输运量时，底形波高在潮周期内就会呈现出明显滞后于流速变化的响应，但由于底形体积巨大，其总体的几何特征变化并不明显（Allen, 1968）。反之，当底形的体积和短时间内的沉积物输运量可比时，底形就会随涨落潮流而体现出显著的往复变化。

丹麦西部海岸的 Grådyb 潮汐汊道沿水道方向的底床高程剖面如图 5-13 所示（Ernstsen et al., 2006）。黑色线条是落潮流速最大时（落急）前约 1h 的高程，红色线条是水位最低、流速为 0 时（落憩）的高程，蓝色线条是涨潮流速最大时（涨急）后约 1.5 h 的高程。我们发现，这一大尺度的底形（波长约 60 m、波高约 2.5 m）经历了先向岸移动再向海推进的往复变化，不过终末状态（蓝线）与初始状态（黑线）相比变化并不明显。这说明大尺度底形在潮周期内是相对稳定的，它的基本形态要素包括波高、波长、陡坡与缓坡的朝向等，变化都十分有限。这种大型底形，反映了长期(若干个潮周期)综合的流速特征(即盛行流向)，它的陡坡朝向优势的推移质沉积物输运方向，这就是辨别沉积物输运方向的地貌学方法。另外，整个底形的运动速度也可以用来计算推移质输运率，这在第 7 章中还会提到。

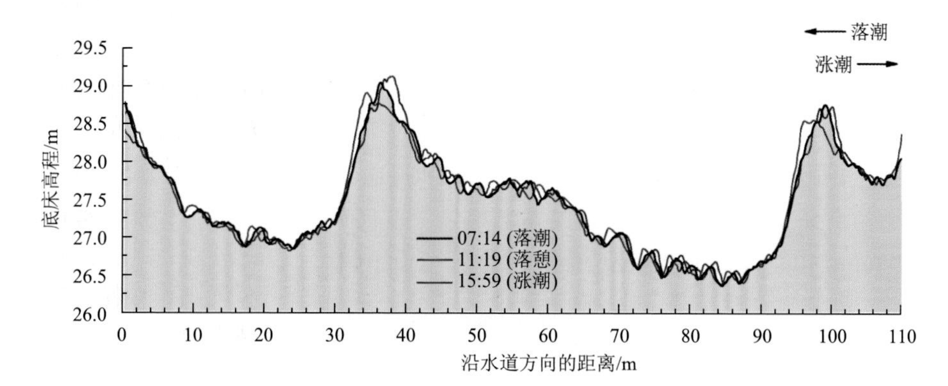

图 5-13　丹麦西部海岸的 Grådyb 潮汐汊道沿水道方向的底床高程剖面图

黑色线条是落潮流速最大时(落急)前约 1 h 的高程，红色线条是水位最低时(流速为 0)的高程，蓝色线条是涨潮流速最大时(涨急)后约 1.5 h 的高程

资料来源：改绘自 Ernstsen 等(2006)

在海洋环境中，由于往复潮流的控制，涨潮和落潮的推移质输运率差别往往在它们本身的 10%以下，因而很有可能在观测的误差范围内无法分辨，所以我们不仅难以得到潮周期平均的推移质沉积物的(净)输运率大小，就连潮周期内推移质沉积物(净)输运方向是涨潮方向还是落潮方向，经常都很难确定。而利用大型底形的潮周期稳定性特征，就可以判别推移质沉积物净输运的方向，这是个十分常用且可信的方法。

在图 5-13 中还可以看出，那些波长较小的次级底形，在潮周期内不同时刻的变化还是非常明显的。例如在 x 轴上区间[68, 72]和[72, 76]内的两个沙丘，波长大约是 4 m，波高大约为 0.3 m，它们的陡坡与缓坡的朝向在潮周期内发生了显著的改变。可以想象，对于更小的沙丘和小波痕，在潮周期内它们的变化是十分显著的，也就是说这些小尺度底形在潮周期内是不稳定的。

其次，潮流环境下，底形也会随之发育，包括小波痕和沙丘。如上文所述，小波痕会快速地响应水流，那么它的发育特征和在一般的单向水流情况下就没多大区别。但是对于大型的沙丘，情况就不同了。荷兰特文特大学(Universiteit Twente)的 Hulscher 教授是研究海洋底形的著名女科学家，她在 1996 年发表的关于潮流底形的论文是潮流底形研究的奠基性成果(Hulscher, 1996)。这篇论文指出，和单向水流类似，潮流环境下底床高程和推移质输沙的正反馈效应导致了潮流底形的发育，但是往复的潮流更利于潮流沙丘的长大，而叠加在往复潮流之上的平均流速（余流，可以理解为单向的平均流速的存在）会抑制沙丘的长大。近年来，她所领导的工作组又进一步拓展了这一研究。Damen 等（2018）通过对欧洲北海的大量实测数据分析，发现沙丘波高和余流的大小存在负相关关系。Van Gerwen 等（2018）的数值模拟研究发现，随着余流的增加，沙丘的波高会逐渐减小，直到余流大于约 0.15 m/s 之后，波高稳定在余流为 0 时的一半左右，不再变化。我们可以据此推测，单向水流（往复流为 0）的沙丘波高可能是标准往复流（单向水流为 0）下波高的一半。

通过以上的讨论，读者应该已经对底形的形成、动力特性以及其空间尺度的预估方法有所了解了。读者还可以参考相关文献（如 Allen, 1982, 1985; Nielsen, 1992; Yalin, 1992; Li and Amos, 1998），作进一步了解。

5.3　水流的底部摩擦

在第 4 章中讨论过底床切应力 τ_b，它是定量刻画底部摩擦的一个重要参数。在水流（洋流、潮流）条件下，在某时某地，当给定了水平水流流速后，底床摩擦阻力的大小就成为下一步计算的基础。

5.3.1　底床切应力的计算公式

在浅水情况下（水深在 10 m 及更小），记垂向平均水平流速为 $\overline{u}$ 或 U。于是，水流底床切应力 τ_C 可以表示为垂向平均水平流速 U 的函数，即

$$\tau_C = \rho C_D U^2 \tag{5.8}$$

这样，度量底部摩擦的问题就转移到了拖曳系数 C_D 的求解上。下面先讨论对应式（5.8）的拖曳系数 C_D 的导出方法，即把水体在垂向上看作一个整体，研究各物理量的垂向平均值在平面二维空间上的变化（2DH 模型，H 即意为垂向平均），这在浅水环境下是常用的。

18 世纪的法国工程师谢才（Chézy, 1718～1798 年）总结出了断面平均流速与水力坡度的经验公式，将谢才公式变形可得到

$$C_D = \frac{g}{C^2} \tag{5.9}$$

式中，C 为谢才系数。在实际使用中常常给定一个固定的 C，如砂质底床常取 58 上下，泥质底床常取 75 上下。上面谢才系数的取值只是一个大概的数值，具体情况还要考虑其他因素，可能会有较大变化。

而爱尔兰工程师曼宁（Manning, 1816～1897 年）提出

$$C_D = \frac{gn^2}{h^{\frac{1}{3}}} \tag{5.10}$$

式中，h 为水深；n 为曼宁系数。实际使用中常常给定一个固定的 n，砂质底床常取 0.026 上下，泥质底床常取 0.02 上下。和谢才系数类似，曼宁系数的取值也要考虑其他因素。

对比上面两个公式可以发现，谢才公式认为拖曳系数不随水深改变，而曼宁公式认为拖曳系数和水深的 1/3 次方成反比，也就是说水深越大、阻力越小。当然这些结论都建立在固定 C 和 n 的前提之上。在实际应用中也有一些考虑到其他因素的处理办法，如设定 C 和 n 是某些变量(包括水深、底床沉积物粒度、底床植被特征等)的函数。

还有一种方法是经简化的 Colebrook-White 公式，即

$$C_D = \frac{g}{\left[18\lg\left(\frac{12h}{k_s}\right)\right]^2} \tag{5.11}$$

式中，参数 k_s 为摩阻高度(roughness height)，也称物理糙率(physical roughness)。需要注意的是，不同于谢才公式和曼宁公式，Colebrook-White 公式并不是一个经验公式。读者如果将式(5.8)、式(4.11)与式(4.29)刻画的对数流速剖面进行比较，就会发现，式(5.11)是基于上述三个公式的推导结果。

另外，还有两点需要注意：一是在对数流速剖面中，距底高度为 0.4 倍水深处的水平流速 $u_{0.4h}$，就等于这一水柱的垂向平均水平流速 U(适用前提是整个水柱都属于边界层范围，所以要求水深较浅)；二是式(4.29)里的参数摩阻长度(roughness length) z_0 与式(5.11)中的摩阻长度 k_s 具有转换关系，即

$$z_0 = \frac{k_s}{30} \tag{5.12}$$

也就是说，Colebrook-White 公式实际上体现了对数流速剖面的结果。在第 4 章中指出，对数流速剖面成立的前提是水体非层结，因此在水体分层时，就不能采用式(5.11)了。

取某处(如距底 10 cm 或 1 m 高度处)的水平流速，在式(5.8)中代替整个水柱的垂向平均水平流速进行计算。这种方法不仅适合上述的浅水情况，在深海中也一样可以使用。则相应地，C_D 的表达方法也会发生改变。

$$\tau_C = \rho C_{Dz} u_z^2 \tag{5.13}$$

式中，下标 z 指距底的高度，如我们常选用距底 1 m(即 100 cm)处的数据进行计算，当地的水平流速和拖曳系数就分别表示为 u_{100} 和 C_{D100}。根据式(4.29)可得

$$C_{Dz} = \left[\frac{k}{\ln\left(\frac{z}{z_0}\right)} \right]^2 \tag{5.14}$$

不管是对应垂向平均水平流速的式(5.11)，还是对应某固定距底高度流速的式(5.13)，确定拖曳系数其实就是在确定摩阻高度 k_s 或摩阻长度 z_0，二者可以通过式(5.12)转换。对于泥质底床，常用的 z_0 取值大约是 0.2 mm；砂质底床在没有形成底形的情况下 z_0 取值大约是 0.4 mm(Soulsby, 1983)，在形成底形的情况(这是大部分情况)下 z_0 的取值会大得多，下面会详细讲解。

这里还必须提醒，式(5.11)和式(5.13)都是基于对数流速剖面，第 4 章中已经强调了，它们只在非层结的情况下成立。在水体分层的情况下，这些公式得出的结果与实际相比就可能有非常大的偏差。

5.3.2　产生底床阻力的因素

导致底床粗糙、引起底床对水流产生摩擦阻力的因素，通常有颗粒糙率(grain roughness)、沉积物跃移糙率(sediment saltation roughness)和底形糙率(bedform roughness)(Xu and Wright, 1995)。在底床上的生物因素无法忽略时(如床面有植被覆盖，以及因大型底栖生物产生的海堤起伏，如小土丘)，生源糙率(biogenic roughness)也会对底床与水流间的摩擦阻力产生显著影响(Nepf, 2012; Shields Jr. et al., 2017; DuVal et al., 2021)。

先考虑最简单的一种情况。如果将一层单一粒径的非黏性沉积物颗粒逐粒排列并固定在平床上，水流在流过底床时，会受到颗粒导致的阻力，它可以用颗粒糙率来度量。为了纪念首先对此问题做出卓越贡献的德国科学家尼古拉兹(Nikuradse, 1894～1979 年)，颗粒糙率也被称为 Nikuradse 糙率(Nikuradse roughness)。Nikuradse(1933)曾进行过一个有趣的实验：他在圆管的内壁上粘上了一层同样大小的沉积物颗粒，测量水流在管中的流速和沿程的水头损失(能量损耗)；再换用不同粒径的沉积物颗粒进行实验后，就得到了这些颗粒引起阻力的各项参数。研究发现，颗粒糙率与沉积物粒度相关，颗粒糙率对应的摩阻高度 k_s 与中值粒径 d_{50} 的关系为

$$k_s = 2.5 d_{50} \tag{5.15}$$

这样，将式(5.15)所得结果代入式(5.11)就可以导出沉积物颗粒阻力所致的拖曳系数 C_D 与粒度的关系。

当沉积物在底床上作为推移质运动时，常能间歇地离开底床，以跳跃方式随水流运动，因此对水流产生的阻力可以用跃移糙率来度量。跃移糙率通常难以估计，但它对底部摩擦的贡献一般很小。相关研究可以参见 Wiberg 和 Rubin(1989)的论文。

生源糙率，顾名思义就是用来度量底床上生物因素对水流产生的阻力大小的物理量。譬如说海底长了海草、潮滩上长了互花米草等植物，或是螃蟹等动物在底床表面掘穴，这些生物活动会改变底床形态，从而阻滞水流的运动。在生物活动剧烈的底床上，生源糙率会对底部摩擦产生较大的贡献。在未来的研究中，我们需要对它做出更为精确的定量估计。Nepf(2012)和 Shields Jr 等(2017)对此有重要的综述。

不过，更为重要的还是底形糙率。在之前，我们提到底形是底床上作为推移质的沉积物经流体作用后形成的峰谷相间的、空间尺度从 10^{-2} m 到 10^{2} m 不等的韵律状地貌形态。如果底床上形成了底形，底形就能够对水流施加显著的阻力，在底部摩擦中占据重要的地位。先前提到的颗粒糙率与底形糙率具有一定的相似之处：将沉积物颗粒表面的起伏之处看作底形，颗粒糙率的本质就近于底形糙率了。底形糙率对应的摩阻高度 k_s 和底形的尺度有关(Soulsby, 1997)，可以认为和底形的波高在数值上可比，对于小波痕而言 k_s 就等于波高，沙丘的 k_s 则是波高的一半(Van Rijn, 2007)。

5.3.3 底形糙率

底形是由水流塑造的，反过来它也会影响水体的流动。如图 5-14 所示，水流沿水平向右的方向流动，在越过底形(图中的小波痕或沙丘)顶端后，即遇到一个较陡的下坡，在底形的峰谷之间形成了一定的压力梯度，在水平压强梯度力的作用下，底形峰顶处就会发生一定的回流，原先的水流能量就耗散了一部分。换作颗粒，也是类似的道理，只是底形的空间尺度比单个沉积物颗粒要大得多，因此在床面生成底形后，底形糙率对应的摩阻高度 k_s 一般也比颗粒糙率对应的摩阻高

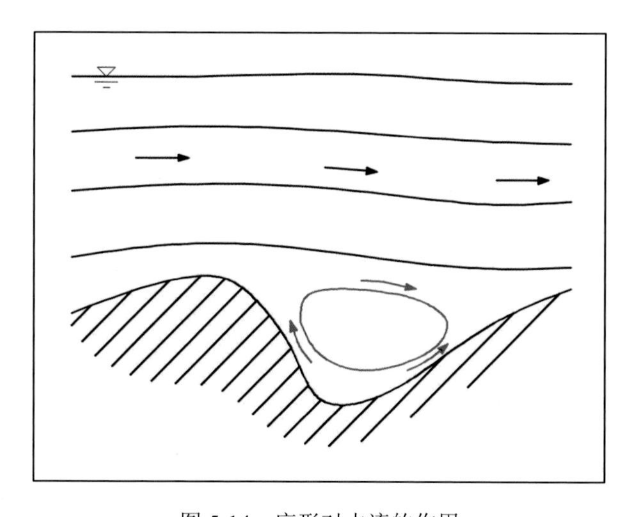

图 5-14 底形对水流的作用

度 k_s 大几个数量级：如果取沉积物粒径为 1 mm，根据式(5.12)，它们对应的颗粒糙率是 2.5 mm；而底形的高度则从数厘米到数米不等，对应地，底形糙率的量级也应该是 10^{-2}～10^{0} m 级的。因此，底形糙率比颗粒糙率大得多——这就是在本章探讨底形性质的意义之一。在形成底形的底床上，底形对水流起到了显著的阻滞作用，它们控制着底部摩擦，如果没有植物等其他影响，一般情况下底形导致的阻力就约等于总的底床摩擦阻力。

既然底床摩擦阻力在形成底形的底床上是最主要的阻力来源，并且其对应的摩阻高度 k_s 是与底形的尺度有关的，那么预测这种情况下底床的总摩阻高度 k_s 就转化为两个问题：一是如何预测底形的尺度；二是如何建立底形尺度和 k_s 之间的关系。

下面来介绍本研究中所应用的一种转换方法。这种方法由 Van Rijn(2007)提出，完全是经验性的，其中设定的若干个参数需要依靠实测数据进行率定。虽然这样做可以提高估计的准确性，但我们仍应谨记在心：不可完全相信模型计算得到的结果。

首先，仿照谢尔兹数，将其中的摩阻流速替换为浪流联合作用的合速度，他采用了浪流动态参数(current-wave mobility parameter) Ψ，即

$$\Psi = \frac{U_{\mathrm{w,c}}^2}{(s-1)gD_{50}} \tag{5.16}$$

式中，D_{50} 为底床沉积物(底质)中值粒径；s 为沉积物和水的密度比；而浪流联合作用的合速度 $U_{\mathrm{w,c}}$ 为

$$U_{\mathrm{w,c}} = \sqrt{U_{\mathrm{w}}^2 + U_{\mathrm{c}}^2} \tag{5.17}$$

其中，U_{w} 为式(5.7)中所定义的最大轨道速度；U_{c} 为之前常用的垂向平均水平流速 U。

下面对底形分类，分别进行底形糙率的估算。值得注意的是，Van Rijn(2007)只根据底形尺度与水深的相对大小进行分类，所有底形分为小波痕(波长远小于水深)、大波痕(波长与水深处于同一量级)和沙丘(波长超过水深的量级)三种。这种分类不同于之前 Ashley(1990)和 Lapotre 等(2017)的分类，他们根据底形的形成机制把大波痕和沙丘统称为沙丘。但是在野外中，往往存在着波长与水深处于同一量级和波长超过水深量级的两种底形叠加存在的情况，如图 5-13 就有同时存在波长大约几米和近 100 米的两种底形。所以 Van Rijn(2007)的办法是在一定的水流和底质粒度的条件下，估计小波痕、大波痕和沙丘的波高，并将其转化为摩阻高度 $k_{\mathrm{s,r}}$。得到的这些经验公式虽然形式比较复杂，但可以从中得到一些特征信息。这些预测都是对于非黏性底质，一般用于底床是砂的情况，也就是中值粒径 D_{50} ≥62.5 μm 的情形。以下公式中的各变量、参数的取值都采用国际单位制(SI)。

对于尺度较小、可以随水流移动的小波痕而言，其摩阻高度 $k_{\mathrm{s,r}}$(下标 r 指代

ripple）和小波痕的波高相同，与底质中值粒径 D_{50} 的关系为

$$k_{s,r}=\begin{cases}150f_{cs}D_{50}, & \Psi\in[0,50]\\(182.5-0.65\Psi)f_{cs}D_{50}, & \Psi\in(50,250]\\20f_{cs}D_{50}, & \Psi\in(250,+\infty)\end{cases}\tag{5.18a}$$

粗砂系数 f_{cs} 满足

$$f_{cs}=\begin{cases}1, & D_{50}\leqslant 0.25D_{gravel}\\\left(\dfrac{0.25D_{gravel}}{D_{50}}\right)^{\frac{3}{2}}, & D_{50}>0.25D_{gravel}\end{cases}\tag{5.18b}$$

参数 $D_{gravel}=0.002$ m（砂粒径的上界）。图 5-15（a）展示了小波痕摩阻高度 $k_{s,r}$ 和底质粒径以及流速的关系。从中可以看出，在浪流动态参数 Ψ 一定时，当底质粒径小于 0.5 mm 时，小波痕的波高，也就是 $k_{s,r}$ 是正比于底床沉积物中值粒径 D_{50} 的。当粒径超过了 0.5 mm，小波痕的发育就会受到限制，其波高随粒径增大反而会减小。随着浪流联合作用的合速度 $U_{w,c}$ 增大，浪流动态参数 Ψ 也增大，引起 $k_{s,r}$ 总体呈减小的趋势。在这里，水深 h 没有影响小波痕的波高及其摩阻高度。

对于尺度与水深接近的大波痕而言，摩阻高度 $k_{s,mr}$（下标 mr 指代 mega-ripple）为大波痕波高的一半，同时有

$$k_{s,mr}=\begin{cases}0.0002f_{fs}\Psi h, & \Psi\in[0,50]\\(0.011-0.00002\Psi)f_{fs}h, & \Psi\in(50,550]\\0.02f_{fs}, & \Psi\in(550,+\infty)\end{cases}\tag{5.19a}$$

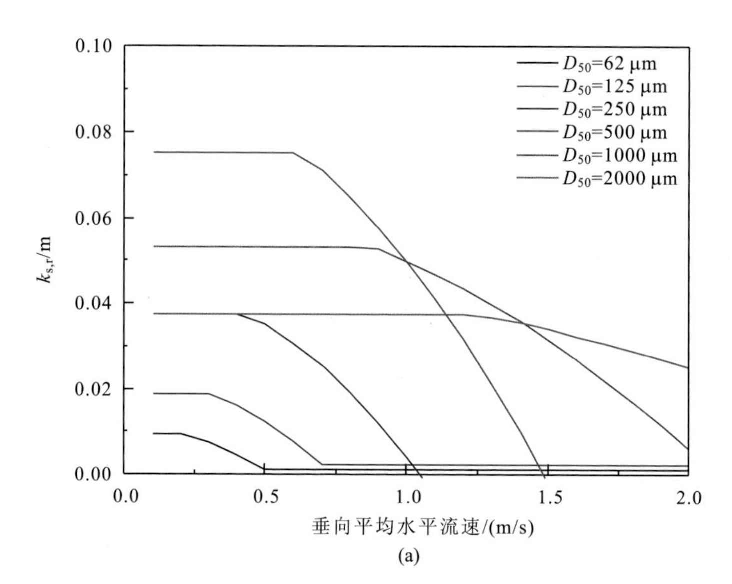

(a)

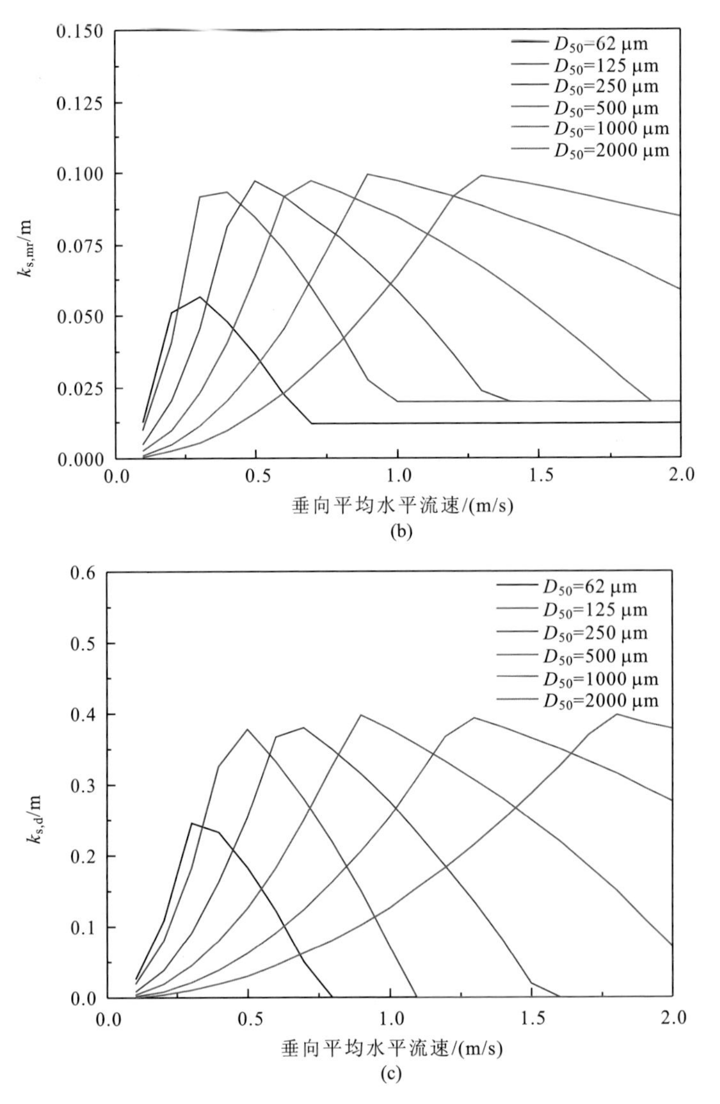

图 5-15　均匀恒定流作用下 Van Rijn(2007)方法对于(a)小波痕摩阻高度($k_{s,r}$)、(b)大波痕摩阻高度($k_{s,mr}$)以及(c)沙丘摩阻高度($k_{s,d}$)随底床沉积物中值粒径(D_{50})和垂向平均水平流速(U_c)的变化关系图

$k_{s,r}$与水深 h 无关，$k_{s,mr}$和 $k_{s,d}$是在水深 10 m 的情况下计算的；假定没有波浪作用，即 $U_w=0$

并且，$k_{s,mr}$不能小于 $0.02f_{fs}$，也不可超过 0.2 m。另外，细砂系数 f_{fs} 满足

$$f_{fs}=\begin{cases}1, & D_{50}\geqslant 1.6D_{sand}\\ \dfrac{D_{50}}{1.6D_{sand}}, & D_{50}<1.6D_{sand}\end{cases} \tag{5.19b}$$

参数 $D_{sand}=0.0000625$ m(砂粒径的下界)。图 5-15(b)展示了 $k_{s,mr}$和底质粒径以及

流速的关系。对于大波痕而言，随着浪流联合作用的合速度 $U_{w,c}$ 增大，浪流动态参数 Ψ 也增大，引起摩阻高度 $k_{s,mr}$ 总体呈先增大后减小再不变的趋势。在 $\Psi = 50$ 时，摩阻高度 $k_{s,mr}$ 取得最大值为 $0.01h$，即 $k_{s,mr}$ 的最大值与水深 h 成正比，与底质粒径无关。

对于尺度更大的沙丘，其摩阻高度 $k_{s,d}$ 也约为沙丘摩阻高度的一半，并且有

$$k_{s,d} = \begin{cases} 0.0004 f_{fs} \Psi h, & \Psi \in [0,100] \\ (0.048 - 0.00008\Psi) f_{fs} h, & \Psi \in (100,600] \\ 0, & \Psi \in (600,+\infty) \end{cases} \tag{5.20}$$

其最大值不能超过 1 m。另外，系数 f_{fs} 仍满足式(5.19b)。

图 5-15(c)显示，沙丘摩阻高度 $k_{s,d}$ 的变化趋势与大波痕摩阻高度 $k_{s,mr}$ 的变化趋势十分类似，只是其表达式中的系数有所不同。对于 $k_{s,d}$ 而言，它在 $\Psi = 100$ 时取得最大值为 $0.04h$，仍然与水深 h 成正比。只不过，在水流很强($\Psi > 600$)时，原先形成的沙丘会被破坏殆尽，床面重新形成平床。这里也显示了大波痕和沙丘的本质是相同的，所以 Ashley(1990)和 Lapotre 等(2017)将二者统归为沙丘，但是在实际中二者往往同时出现，所以要分开计算。

底床对水流的总阻力是不同尺度底形的总和效果。底形总摩阻高度 k_s 是 $k_{s,r}$、$k_{s,mr}$ 和 $k_{s,d}$ 的函数，并且其最大值不能超过水深的一半，即

$$k_s = \min\left\{\sqrt{k_{s,r}^2 + k_{s,mr}^2 + k_{s,d}^2}, \frac{h}{2}\right\} \tag{5.21}$$

在估算摩阻高度时，还可以在 k_s 的表达式中乘以一个校正因子 α，以使公式计算更贴合实测结果。尽管这个校正因子 α 需要依靠现场观测资料来率定，但这样的做法也许是目前我们在缺乏对影响底床摩擦的动力过程了解的情况下，所能取得的最佳经验结果。

需要注意的是，以上所述的 Van Rijn(2007)经验公式是基于单向水流情况的。上文潮流底形部分中提到，潮流环境下的往复流会使沙丘的波高增加，完全的往复流的波高可能是单向水流的 2 倍，这种情况下沙丘摩阻高度 $k_{s,d}$ 也要翻倍。此外，潮流环境下流速一直变化，若按照式(5.20)计算，沙丘摩阻高度也一直变化，这和观测结果是相矛盾的(图 5-13)。Wang 等(2016)通过设定一个弛豫时间 1490 min(2 个 M_2 潮周期)、设置 $k_{s,d}$ 校正因子 $\alpha = 2$，来使这套经验公式符合潮流环境下的实际情况。

5.3.4　水流底床切应力与水流底床表面切应力

在有底形发育的情况下(野外遇到的大部分砂质底床都会发育底形)，底部总摩阻高度可以近似为底床的总摩阻高度，将式(5.21)的 k_s 通过式(5.11)转换为 C_D，

再通过式(5.8)就可以估计出水流底床切应力了，它反映的是底床整体对水流的阻滞效应，也就是水体湍流的能量来源，在边界层理论中涉及水体混合的相关公式中用到的摩阻流速也应用了这种转换关系。Wang 等(2016)利用这一方法成功研究了潮汐汊道的底部阻力及其地貌效应。

但是在有底形的情况下，总底床切应力中只有一小部分是由颗粒糙率引起的，将这部分切应力称为水流底床表面切应力(current skin bed shear stress)。在第 2 章最后区分沉积物悬移质和推移质输运的时候曾提到过，水流底床表面切应力是作用于颗粒本身的，因而在后面的推移质输运和悬移质输运的理论中必须用到。计算底床表面切应力也很容易，直接用颗粒摩阻高度[式(5.15)]代入式(5.11)，再用式(5.8)就可以计算得到底床表面切应力。

5.4 波浪的底部摩擦

4.4 节开始提及过，波浪在海底的边界层厚度只有厘米级，但是在边界层内波浪导致的水质点周期性运动(即波浪导致的流速振荡，如图 4-7 中的观测结果中周期是几秒的流速)在边界层内受到海底的强烈作用，流速快速湮灭，同时也给底床施加周期性振荡的波浪底床切应力。在波浪大而水浅的情况下，波浪底床切应力往往会很大，是影响底床冲淤的重要因素。

5.4.1 波浪边界层顶部的流速振幅：波浪轨道速度

根据线性波理论，即假设在波高相对于水深和波长都是小量的情况下，设雷诺应力(湍流切应力)和科氏力为 0，可以解出水层中各位置的水质点流速。当水深大于波长的一半时(即深水情况)，在不同深度，波浪导致的水质点以相同的周期和相位做上下左右维度的圆周运动，圆周的半径自水面向下衰减，到 1/2 波长水深处只剩下 4%，几乎没有多少动量和能量了，此时波浪和海底相互作用较弱，波浪底床切应力可以忽略。当水深相比 1/2 波长变得越来越浅时，水质点的运动轨迹将在垂向不断压扁，并且越靠近底床压得越扁，在很靠近底床的地方最终就变成了平行于海底的线状往复运动，这个往复运动的速度振幅被称为波浪轨道速度(wave orbital velocity)，常用 U_W 来表示(图 5-16)。在这个位置以上的水质点运动都与底床无关，而在以下的很薄的区域内，波浪流速与底床发生强烈的相互作用，这就是波浪边界层。

根据线性波理论，可以导出波浪导致的自水面向下各深度的水平流速振幅($\hat{u}$)，即

$$\hat{u}(z) = \frac{\pi H \cosh k(h+z)}{T \sinh kh} \tag{5.22}$$

式中，H 为波高；T 为周期；k 为波数（$k=2\pi/L$，L 为波长）；h 为水深；z 为垂向坐标，海面为 0，正方向向上。

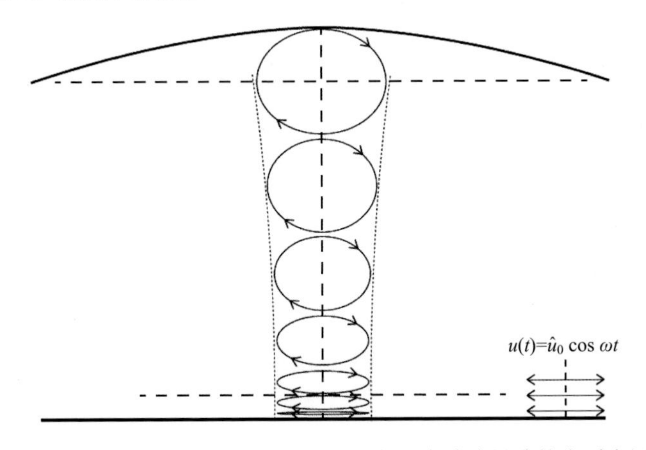

图 5-16　较浅水情况下（水深小于 1/2 波长）各深度波浪导致的水质点运动轨迹

$\hat{u}_0$ 即为波浪轨道速度 U_W

资料来源：Bosboom 和 Stive（2021）

这个解在 $kh\gg 1$（水深相较波长较大，典型取值为 $h>L/2$，深水波）时，$\cosh X$ 和 $\sinh X$ 都可以近似等于 $e^x/2$，这样式（5.22）就可以近似写成

$$\hat{u}(z)=\frac{\pi H}{T}e^{kz} \tag{5.23}$$

即水平流速振幅自海面向下指数衰减[图 5-17（c）]，当 $z=-L/2$ 时，$e^{kz}=0.04$，即水平流速振幅衰减到海面值的 4%，这就是上文所说的深水区没有波浪边界层和波浪底床切应力的原因。

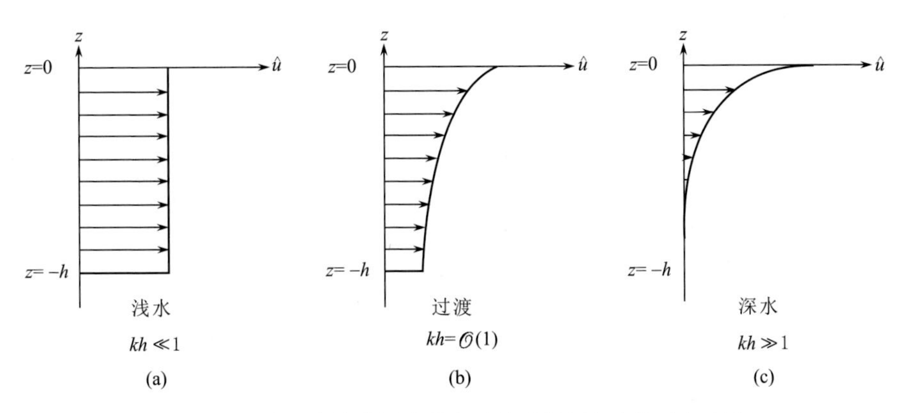

图 5-17　水层中波浪导致的水平流速振幅（$\hat{u}$）的垂向变化

（a）、（b）、（c）分别代表浅水、过渡、深水情况

资料来源：Bosboom 和 Stive（2021）

当水深很浅，即 $kh \ll 1$，具体而言当 $h < L/20$ 时，$\cosh X$ 和 $\sinh X$ 分别近似等于 1 和 X，这样式(5.22)可以近似写成

$$\hat{u}(z) = \frac{\pi H}{Tkh} \tag{5.24}$$

即水平流速振幅是一个定值，不随水深变化[图 5-17(a)]，波浪轨道速度也是这个值。中间的过渡状态见图 5-17(b)。

根据上文的结果，我们可以知道波浪导致的水平流速振幅在底床波浪边界层外较近范围内(如 0.5 m 内)变化很小，非常接近于波浪轨道速度，所以在实践中可以使用 4.2 节中的仪器观测到这个值，当然，采样的间隔时间必须远小于波浪周期(Yu et al., 2017)。

按照定义，$z = -h$ 处(即水底)的水平流速振幅就是波浪轨道速度，即

$$U_{\mathrm{W}} = \frac{\pi H}{T \sinh kh} \tag{5.25}$$

式(5.25)适用于从浅水到深水所有情况的，不用担心是要用深水近似还是浅水近似的问题。从观测和计算中，我们可以直接得到周期 T、波高 H，以及水深 h，但是波长 L 需要计算才能得到。线性波理论给出了角频率 ω ($\omega=2\pi/T$) 和波长、水深的关系，即

$$\omega^2 = gk \tanh kh \tag{5.26}$$

也称频散关系。但是，要用此公式计算出 k 只能通过迭代，很不方便。Soulsby (1997)给出了近似计算 k 的直接方法，即

$$k = \frac{\omega}{\sqrt{gh}}\left(1 + 0.2\frac{\omega^2 h}{g}\right), \quad \frac{\omega^2 h}{g} \leqslant 1 \tag{5.27a}$$

$$k = \frac{\omega^2}{g}\left[1 + 0.2\exp\left(2 - 2\frac{\omega^2 h}{g}\right)\right], \quad \frac{\omega^2 h}{g} > 1 \tag{5.27b}$$

这样就能够很容易地用 T 和 h 算出来 L，再代入 H，用式(5.25)就能算出来 U_{W}。

在浅水情况下，$U_{\mathrm{W}} = \dfrac{\pi H}{Tkh}$，即如式(5.24)所示，频散关系式(5.26)中，$kh \ll 1$，$\tanh kh = kh$，则 $\omega^2 = k^2 gh$，代入 U_{W} 的计算公式，即可得到浅水情况下的波浪轨道速度为

$$U_{\mathrm{W}} = \frac{1}{2} H \sqrt{\frac{g}{h}} \tag{5.28}$$

5.4.2　波浪底床切应力

在近海底的几厘米内，波浪导致的水平流速振幅快速从顶部的 U_W 减小到 0。流速是水平周期性振荡的，那么波浪底床切应力和流速实时响应也是呈周期性振荡，振幅为 τ_W。仿照流体阻力的一般写法[如第 3 章的式(3.11)]，波浪对底床切应力振幅的大小可以写成和边界层顶部 U_W 的平方成正比，再加上一个阻力系数 f_W，即

$$\tau_W = \frac{1}{2}\rho f_W U_W^2 \tag{5.29}$$

有好几个经验公式可用于 f_W 的估计，这里只举 2 个例子。在通常出现的湍流情况下，Nielsen(1992)给出

$$f_W = \exp(5.5r^{-0.2} - 6.3) \tag{5.30a}$$

Soulsby(1997)则建议

$$f_W = 0.237r^{-0.52} \tag{5.30b}$$

其中，$r = A / k_s$，$A = U_W T / 2\pi$，A 称为波浪边界层顶部水质点水平运动振幅，为式(5.6)中水平运动轨道直径 d_{ob} 的一半，k_s 为式(5.11)中的摩阻高度(roughness height)。

和 5.3 节中水流情况下的计算一样，波浪底床切应力也需要区分总波浪底床切应力与波浪底床表面切应力。当底床发育有底形时，总底床切应力主要是底形引起的切应力，将底形 k_s 代入式(5.29)和式(5.30)即可(Li and Amos, 2001)。波浪的尺度较小，对应的底形为波浪波痕(wave ripple)，其摩阻高度 $k_{s,W}$ 可以用 Grant 和 Madsen(1982)给出的公式计算，即

$$k_{s,W} = 27.7\eta^2 / \lambda \tag{5.31}$$

式中，η 和 λ 分别为波浪波痕的波高和波长。Grant 和 Madsen(1982)、Soulsby(1997)中有这两个参数的经验公式，可供查阅。

同样的，总波浪底床切应力中只有一小部分是颗粒糙率引起的，即波浪底床表面切应力(wave skin bed shear stress)，它作用于颗粒本身。和水流的情况一样，直接将式(5.15)得到的颗粒糙率对应的摩阻高度代入式(5.29)和式(5.30)即可。

在实践中还有一个重要的问题就是波浪是大小长短混杂的，不是上面理想情况下只有一个周期和波高。那么用大小长短混杂的波浪中的哪个波高(平均波高、显著波高、1/10 波高等)和长短混杂的波浪中的哪个周期(平均周期、峰值周期)来计算波浪底床切应力呢？Soulsby(1997)指出，从波浪能量角度考虑，一个最简单的办法就是用均方根波高(H_{rms})和谱峰周期(T_P，peak period)，其中均方根波高是常用的有效波高 H_s 的 $2^{-0.5}$ 倍($H_{rms} = H_s / \sqrt{2}$)。

并且还要非常注意，本节的理论是建立在线性波理论的框架下的，当线性波理论的假设明显地偏离实际时，它们会或多或少地失效。尤其是当波高小于水深的 0.78 倍时，波浪就会发生破碎，情况就完全不同了(Soulsby, 1997)。

5.5　浪流联合作用下的底部摩擦

5.3 节和 5.4 节分别讨论了水流(洋流和潮流)和波浪情况下的底床切应力的计算，但是在实际情况下，往往水流和波浪都同时存在，并且二者会发生非线性相互作用，产生复杂的效应。浪流联合作用下底部边界层问题，美国伍兹霍尔海洋研究所(WHOI)的 Grant 和麻省理工学院(MIT)的 Madsen 于 1986 年在 *Annual Review of Fluid Mechanics* 上发表了著名的论文，他们提出的模型被大家称为 GM86 模型，成为一代经典。这里不打算详细讨论浪流联合作用的边界层问题，仅按照 Soulsby(1997)的办法给出在浪流联合作用下计算底床切应力的简便办法。

水流底床切应力 τ_C 和周期性振荡的波浪底床切应力相互作用，二者的夹角为 Φ，τ_W 是波浪底床切应力的振幅，Soulsby(1997)给出了平均底床切应力 τ_m 和最大底床切应力 τ_{max} 的近似公式(图 5-18)，即

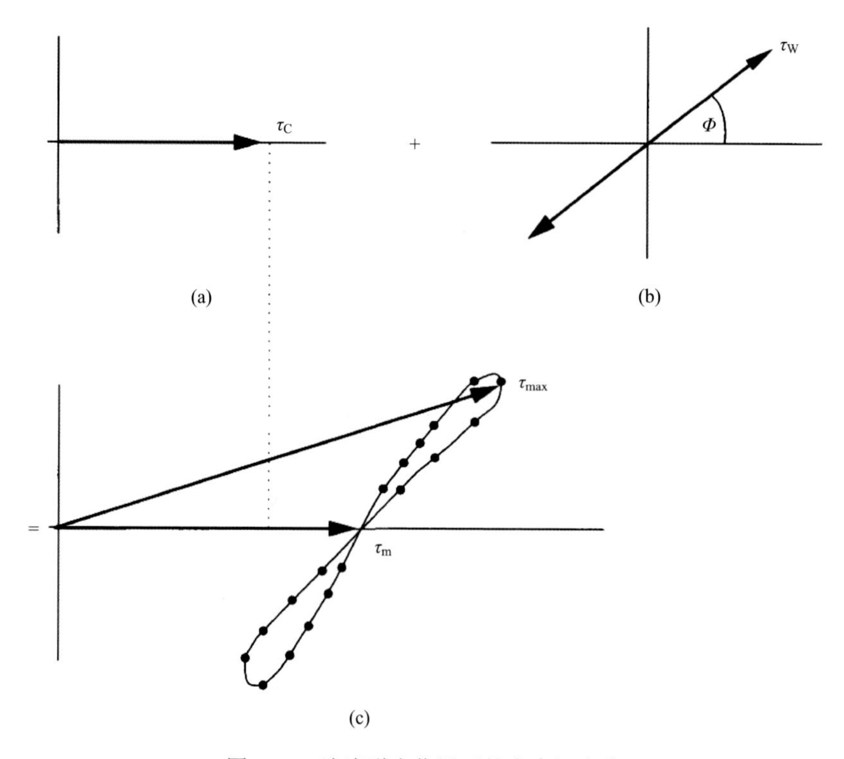

图 5-18　浪流联合作用下的底床切应力

(a) τ_C 为水流底床切应力；(b) τ_W 为波浪底床切应力的振幅(注意波浪底床切应力是周期性振荡的，Φ 为水流和波浪方向的夹角；(c) τ_m 和 τ_{max} 分别为浪流联合作用下的平均和最大底床切应力，即(a)和(b)联合作用的结果；(a)～(c)的虚线显示了水流底床切应力在平均底床切应力中的份额；横竖平面为水平面

$$\tau_m = \tau_C \left[1 + 1.2 \left(\frac{\tau_W}{\tau_C + \tau_W} \right)^{3.2} \right] \tag{5.32}$$

$$\tau_{max} = [(\tau_m + \tau_W \cos\Phi)^2 + (\tau_W \sin\Phi)^2]^{\frac{1}{2}} \tag{5.33}$$

上文提到了(总)水流底床切应力、水流底床表面切应力与(总)波浪底床切应力、波浪底床表面切应力的概念。将(总)水流底床切应力和(总)波浪底床切应力代入式(5.32)和式(5.33)计算出平均(总)底床切应力，它是对水流的(总)阻力；而将水流底床表面切应力和波浪底床表面切应力代入式(5.32)和式(5.33)计算出最大底床表面切应力，再用来计算沉积物的起动和再悬浮等运动情况。

附录：潮流沙脊(潮流脊)

从广义上说，海底(或水底)波状起伏的韵律状底形都可以称为底床形态，上文所说的小波痕、沙丘、反丘之类都是脊线和水流垂直的底形，称之为横向底床形态，对水流有直接的阻碍作用，因此也和底部摩擦直接关联。同时也存在有脊线走向与水流方向近于平行的韵律状海底地形，这被称为纵向底床形态，以潮流沙脊(tidal ridge)为代表(Stride, 1982)。在中文中也被称为潮流沙脊(这里又涉及沙和砂的区别，详见第 2 章的开始部分)，简称为潮流脊，但是潮流沙脊更为准确并贴合英文的原意。

潮流沙脊其脊线走向与水流方向近于平行，两者之间有一个较小角度的偏离，北半球脊线走向左偏于流向，而在南半球脊线走向右偏于流向，潮流脊的长度为 10^1～10^2 km 量级，脊间距离为 1～10 km，脊间深槽底部与脊顶之间的高差大都在 5～30 m(Huthnance, 1982a, 1982b; Pattiaratchi and Collins, 1987; Collins et al., 1995; Dyer and Huntley, 1999)(图 5-19)。

潮流脊的形成有两个基本条件(Stride, 1982)：一是丰富的粗颗粒沉积物(砂、砾)供给，潮流脊必须由这些非黏性沉积物建造；二是以往复流作用为主的水动力环境，潮流椭圆率(长短轴之比)小于 0.4，并且潮流流速振幅较大，最大流速一般达到或者超过 1 m/s。

潮流沙脊通常形成于近岸水域，包括坡度平缓的内陆架水域和强潮河口。典型的现代潮流沙脊发育区域包括欧洲的北海(Houbilt, 1968，图 5-19)、北黄海东部的朝鲜湾(Off, 1963; Park et al., 2006)，以及我国的渤海海峡和渤海东部、南黄

海江苏沿岸、台湾海峡、琼州海峡等地(Liu et al., 1998; 刘振夏和夏东兴, 2004; Wang et al., 2012)。在水深相对较大的外陆架也有大片的潮流沙脊地形存在，但根据水动力条件可以知道，这类潮流脊是在历史上海平面位置较低时形成的，现在已不再运动，属于残留沉积，是失去活动性的潮流沙脊(moribund tidal ridge)，典型的例子是凯尔特海(Celtic Sea)陆架外缘(Stride, 1982)和我国东海外陆架(Yang, 1989; Wu et al., 2005)，是过去潮流作用的证据。

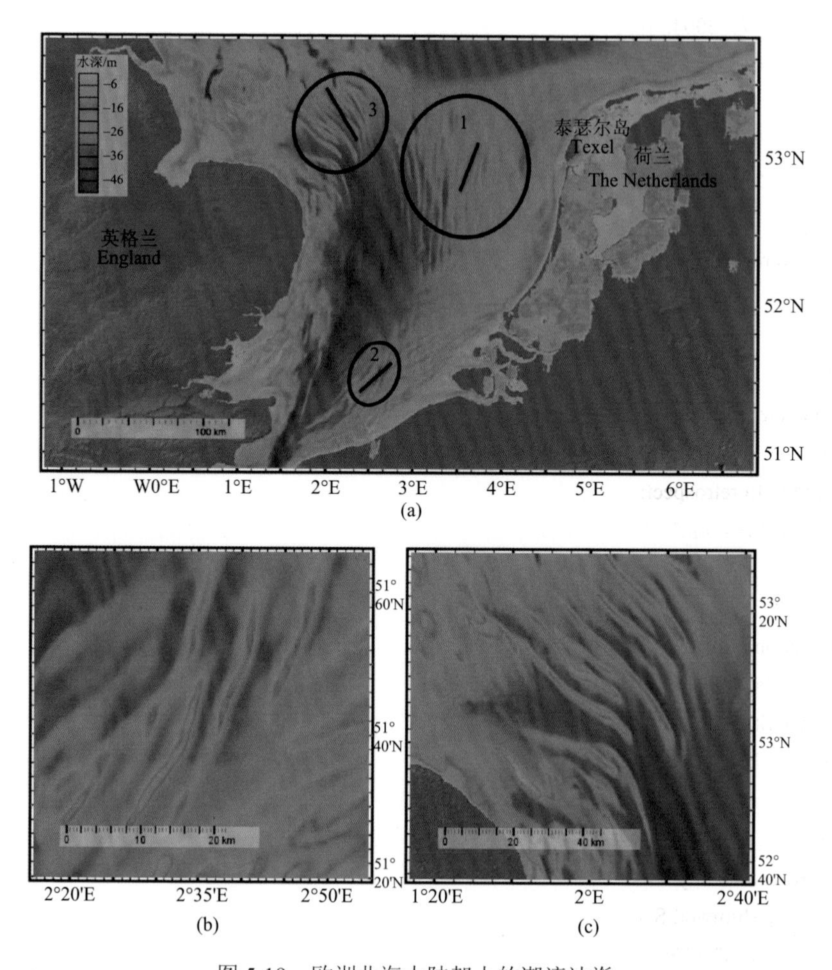

图 5-19　欧洲北海大陆架上的潮流沙脊

(a)黑色圈 1 为荷兰沙脊(Dutch banks)，2 为佛兰芒沙脊(Flemish banks)，3 为诺福克沙脊(Norfolk banks)，黑色直线指示潮流椭圆的长轴方向，色带表示水深，可以看出沙脊脊线走向左偏于流向；(b)和(c)分别为佛兰芒沙脊和诺福克沙脊的放大图

资料来源：de Swart 和 Yuan(2019)

关于潮流沙脊的形成和维持机制，Huthnance(1982a; 1982b)做出了奠基性的

工作。简而言之，就是由于流体穿过潮流沙脊的连续性、底床摩擦、地球自转、涡度守恒，而形成顺时针方向(北半球)环绕潮流沙脊的平面余环流。这一环流将产生沉积物向脊线方向的净输运，从而形成和维持了潮流沙脊的形态。相关细节还可以参阅 Dronkers(2016)的解释。

参 考 文 献

刘振夏, 夏东兴. 2004. 中国近海潮流沉积沙体. 北京: 海洋出版社.

Allen J R L. 1968. The nature and origin of bed-form hierarchies. Sedimentology, 10(3): 161-182.

Allen J R L. 1970. Physical Processes of Sedimentation. London: Allen and Unwin.

Allen J R L. 1982. Sedimentary Structures, Their Character and Physical Basis. New York: Elsevier.

Allen J R L. 1985. Principles of Physical Sedimentology. London: George Allen & Unwin.

Armaly B F, Durst F, Pereira J C F, et al. 1983. Experimental and theoretical investigation of backward-facing step flow. Journal of Fluid Mechanics, 127: 473-496.

Ashley G M. 1990. Classification of large-scale subaqueous bedforms: A new look at an old problem. Journal of Sedimentary Petrology, 60(1): 160-172.

Baas J H. 1994. A flume study on the development and equilibrium morphology of current ripples in very fine sand. Sedimentology, 41: 185-209.

Bagnold R A. 1941. The Physics of Blown Sand and Desert Dunes. London: Methuen.

Ball P. 2009. In retrospect: The physics of sand dunes. Nature, 457: 1084-1085.

Bartholdy J, Ernstsen V B, Flemming B W, et al. 2010. A simple model of bedform migration. Earth Surface Processes and Landforms, 35: 1211-1220.

Bennett S, Best J. 1996. Mean flow and turbulence structure over fixed ripples and the ripple-dune transition//Ashworth P J, Bennett S J, Best J L, et al. Coherent Flow Structures in Open Channels. Hoboken: John Wiley: 67-125.

Bosboom J, Stive M J F. 2021. Coastal Dynamics. Delft: Delft University of Technology.

Charru F, Andreotti B, Claudin P. 2013. Sand ripples and dunes. Annual Review of Fluid Mechanics, 45: 469-493.

Colebrook C F, White C M. 1937. Experiments with fluid friction in roughened pipes. Proceedings of the Royal Society A: Mathematical, Physical and Engineering Sciences, 161: 367-381.

Collins M B, Shimwell S J, Gao S, et al. 1995. Water and sediment movement in the vicinity of linear sandbanks: The Norfolk Banks, southern North Sea. Marine Geology, 123: 125-142.

Damen J M, Van Dijk T A G P, Hulscher S J M H. 2018. Spatially varying environmental properties controlling observed sand wave morphology. Journal of Geophysical Research: Earth Surface, 123: 262-280.

de Swart H E, Yuan B. 2019. Dynamics of offshore tidal sand ridges, a review. Environmental Fluid Mechanics, 19: 1047-1071.

Dronkers J. 2016. Dynamics of Coastal Systems. 2nd ed. Singapore: World Scientific.

DuVal C B, Trembanis A C, Miller D C. 2021. A regime-state framework for morphodynamic modeling of seabed roughness. Journal of Geophysical Research: Oceans, 126(5): e2020JC016769.

Dyer K R, Huntley D A. 1999. The origin, classification and modelling of sand banks and ridges. Continental Shelf Research, 19: 1285-1330.

Ernstsen V B, Noormets R, Winter C, et al. 2006. Quantification of dune dynamics during a tidal cycle in an inlet channel of the Danish Wadden Sea. Geo-Marine Letters, 26: 151-163.

Ewing R C, Hayes A G, Lucas A. 2015. Sand dune patterns on Titan controlled by long-term climate cycles. Nature Geoscience, 8: 15-19.

Fernandez R, Best J, López F. 2006. Mean flow, turbulence structure, and bed form superimposition across the ripple-dune transition. Water Resources Research, 42: W05406.

Flemming B W. 1988. Zur Klassifikation subaquatischer, strömungstransversaler Transportkörper. Bochumer Geologische und Geotechische Arbeiten, 29: 44-47.

Grant W D, Madsen O S. 1982. Movable bed roughness in unsteady oscillatory flow. Journal of Geophysical Research: Oceans, 87: 469-481.

Grant W D, Madsen O S. 1986. The continental-shelf bottom boundary layer. Annual Review of Fluid Mechanics, 18: 265-305.

Houbilt J J H C. 1968. Recent sediments in the southern bight of the North Sea. Geologie en Mijnbouw, 47: 245-273.

Hsü K J. 2004. Physics of Sedimentology: Textbook and Reference. Berlin: Springer-Verlag.

Hulscher S J M H. 1996. Tidal-induced large-scale regular bed form patterns in a three-dimensional shallow water model. Journal of Geophysical Research, 101(C9): 20727-20744.

Huthnance J M. 1982a. On one mechanism forming linear sand banks. Estuarine, Coastal and Shelf Science, 14: 77-99.

Huthnance J M. 1982b. On the formation of sand banks of finite extent. Estuarine, Coastal and Shelf Science, 15: 277-299.

Julien P Y. 2010. Erosion and Sedimentation. 2nd ed. Cambridge: Cambridge University Press.

Kubicki A, Kösters F, Bartholomä A. 2017. Dune convergence/divergence controlled by residual current vortices in the Jade tidal channel, south-eastern North Sea. Geo-Marine Letters, 37: 47-58.

Lamb M P, Parsons J D, Mullenbach B L, et al. 2008. Evidence for superelevation, channel incision, and formation of cyclic steps by turbidity currents in Eel Canyon, California. Geological Society of America Bulletin, 120: 463-475.

Lapotre M G A, Ewing R C, Lamb M P, et al. 2016. Large wind ripples on Mars: A record of atmospheric evolution. Science, 353: 55-58.

Lapotre M G A, Lamb M P, McElroy B. 2017. What sets the size of current ripples? Geology, 45: 243-246.

Leeder M R. 1983. On the interactions between turbulent flow, sediment transport and bedform mechanics in channelized flows//Collinson J D, Lewin J. Modern and Ancient Fluvial Systems. International Association of Sedimentologists Special Publication, 6: 5-18.

Li M Z, Amos C L. 1998. Predicting ripple geometry and bed roughness under combined waves and currents in a continental shelf environment. Continental Shelf Research, 18: 941-970.

Li M Z, Amos C L. 2001. SEDTRANS96: The upgraded and better calibrated sediment-transport model for continental shelves. Computers & Geosciences, 27: 619-645.

Liu Z X, Xia D X, Berne S, et al. 1998. Tidal deposition systems of China's continental shelf, with special reference to the eastern Bohai Sea. Marine Geology, 145: 225-253.

Middleton G V, Southard J B. 1984. Mechanics of Sediment Movement. 2nd ed. Denver: Society of Economic Paleontologists and Mineralogists Short Course.

Nepf H M. 2012. Flow and transport in regions with aquatic vegetation. Annual Review of Fluid Mechanics, 44: 123-142.

Nielsen P. 1992. Coastal Bottom Boundary Layers and Sediment Transport. Singapore: World Scientific.

Nikuradse J. 1933. Strömungsgesetze in rauhen Rohren. Vorträge der Hauptversammlung in Bad Elster, 11(6): 409-411.

Off T. 1963. Rhythmic linear sand bodies caused by tidal currents. Bulletin of the American Association of Petroleum Geologists, 47: 324-341.

Park S C, Lee B H, Han H S, et al. 2006. Late quaternary stratigraphy and development of tidal sand ridges in the eastern Yellow Sea. Journal of Sedimentary Research, 76: 1093-1105.

Parsons D R, Schindler R J, Hope J A, et al. 2016. The role of biophysical cohesion on subaqueous bed form size. Geophysical Research Letters, 43: 1566-1573.

Pattiaratchi C, Collins M. 1987. Mechanisms for linear sandbank formation and maintenance in relation to dynamical oceanographic observations. Progress in Oceanography, 19: 117-176.

Raudkivi A J. 1997. Ripples on stream bed. Journal of Hydraulic Engineering, 123: 58-64.

Reineck H E, Singh I B. 1980. Depositional Sedimentary Environments. 2nd ed. Berlin: Springer-Verlag.

Shields A. 1936. Anwendung der Aehnlichkeitsmechanik und der Turbulenzforschung auf die Geschiebebewegung. Berlin: Preussische Versuchsanstalt für Wasserbau und Schiffbau.

Shields F D Jr, Coulton K G, Nepf H. 2017. Representation of vegetation in two-dimensional hydrodynamic models. Journal of Hydraulic Engineering, 143(8): 02517002.

Slootman A, Cartigny M J B. 2020. Cyclic steps: Review and aggradation-based classification. Earth-Science Reviews, 201: 102949.

Soulsby R L. 1983. The Bottom Boundary Layer of Shelf Seas//Johns B. Physical Oceanography of Coastal and Shelf Seas. Amsterdam: Elsevier, 35: 189-266.

Soulsby R L. 1997. Dynamics of Marine Sands: A Manual for Practical Applications. London: Thomas Telford Publications.

Southard J B, Boguchwal L A. 1990. Bed configuration in steady unidirectional water flows: Part 2,

Synthesis of flume data. Journal of Sedimentary Research, 60: 658-679.

Stride A H. 1982. Offshore Tidal Sands. London: Chapman and Hall.

Van Gerwen W, Borsje B W, Damveld J H, et al. 2018. Modelling the effect of suspended load transport and tidal asymmetry on the equilibrium tidal sand wave height. Coastal Engineering, 136: 56-64.

Van Rijn L C. 2007. Unified view of sediment transport by currents and waves. I: Initiation of motion, bed roughness, and bed-load transport. Journal of Hydraulic Engineering, 133: 649-667.

Wang L, Yu Q, Zhang Y Z, et al. 2020a. An automated procedure to calculate the morphological parameters of superimposed rhythmic bedforms. Earth Surface Processes and Landforms, 45: 3496-3509.

Wang L, Yu Q, Zhang Y Z, et al. 2020b. Morphological characteristics of low-angle dunes on a tidal ridge, the Jiangsu macrotidal coast, China. Journal of Coastal Research, 95 (sp1): 717-721.

Wang Y, Zhang Y Z, Zou X Q, et al. 2012. The sand ridge field of the South Yellow Sea: Origin by river-sea interaction. Marine Geology, 291-294: 132-146.

Wang Y W, Yu Q, Jiao J, et al. 2016. Coupling bedform roughness and sediment grain-size sorting in modelling of tidal inlet incision. Marine Geology, 381: 128-141.

Wiberg P L, Rubin D M. 1989. Bed roughness produced by saltating sediment. Journal of Geophysical Research: Oceans, 94: 5011-5016.

Wu Z Y, Jin X L, Li J B, et al. 2005. Linear sand ridges on the outer shelf of the East China Sea. Chinese Science Bulletin, 50: 2517-2528.

Wynn R B, Stow D. 2002. Recognition and interpretation of deep-water sediment waves: Implications for palaeoceanography, hydrocarbon exploration and flow process interpretation. Marine Geology, 192: 1-3.

Xu J P, Wright L D. 1995. Tests of bed roughness models using field data from the Middle Atlantic Bight. Continental Shelf Research, 15: 1409-1434.

Yalin M S. 1992. River Mechanics. Oxford: Pergamon.

Yang C S. 1989. Active, moribund and buried tidal sand ridges in the East China Sea and the Southern Yellow Sea. Marine Geology, 88: 97-116.

Yu Q, Wang YW, Shi B W, et al. 2017. Physical and sedimentary processes on the tidal flat of central Jiangsu Coast, China: Headland induced tidal eddies and benthic fluid mud layers. Continental Shelf Research, 133: 26-36.

第 6 章　沉积物的输运与起动

在前面几章分别讨论了沉积物与水动力的相关内容。第 1 章提到，海洋沉积动力学研究的是从过程到产物的一系列问题，沉积物输运（sediment transport）是这些问题中的核心。将不同时空尺度下的沉积动力过程组合起来，在一定的时空范围内就形成了产物——各种沉积地貌与沉积体系。从本章开始，将在先前讨论的基础上，从综合沉积物与水动力特性的角度，探讨海洋沉积动力学的核心问题：海洋环境中的沉积物输运。

6.1　沉积物输运的定义与概念

《道德经》第七十八章中说道，“天下莫柔弱于水，而攻坚强者莫之能胜，以其无以易之。”在海洋环境中，我们所说的沉积物输运，就是由以柔克刚的水作为输运的动力和载体，使粗细不一的沉积物颗粒被搬运到最终归宿的过程。

沉积物输运过程是沉积动力学研究中的一个核心问题。从山川、河口、陆架浅海直到深海，我们试图通过对沉积物输运过程进行现场观测和模型估计，了解沉积物的来源、运动过程和最终归宿，掌握这一过程所引起的包括地貌演化和沉积环境变化在内的环境效应。

先让我们对不同沉积物的动力特性做个简单的回顾。在第 2 章中讨论过，根据沉积物颗粒间是否存在强烈的相互作用，可将全部沉积物划分为黏性沉积物和非黏性沉积物；依照运动形式的不同，沉积物又被分为沿底床运动的推移质（又称底移质）（bedload）和在流体中悬浮运动的悬移质（suspended load）。

为了判断沉积物颗粒在水中的运动形式，还需要知道底床表面切应力（skin bed shear stress，与流速相关）τ_{bs}、起动临界切应力（critical shear stress）τ_{cr} 和沉积物颗粒的沉降速度 w_s（settling velocity）之间的关系。沉积物颗粒要想被水流带起运动，必须满足 $\tau_{bs} > \tau_{cr}$，或用摩阻流速［式(2.10)］表示为 $u_{*s} > u_{*cr}$。在颗粒起动后，才能讨论它是作为推移质还是悬移质运动。

对于黏性沉积物，当 $\tau_{bs} < \tau_{cr}$ 时，它不会被水流带起运动；而当 $\tau_{bs} > \tau_{cr}$ 时，它将直接被水流带起并作悬浮运动——由沉降速度导出的临界悬浮切应力 τ_{crs}［式(2.12)］总是小于起动临界切应力 τ_{cr}，因此，黏性沉积物一般在起动的时候就满足了悬浮的条件。对于非黏性沉积物而言，一般有 $\tau_{crs} > \tau_{cr}$，在这一前提下，当 $\tau_{bs} < \tau_{cr}$ 时，它们不会被水流带起运动；在 $\tau_{cr} < \tau_{bs} < \tau_{crs}$ 时，它们会起动，但沿底

床作为推移质运动；直到 $\tau_{bs} > \tau_{crs}$ 后，它们才能在水中作悬浮运动（图 2-15）。

沉积物输运率［sediment transport rate，又称沉积物单宽通量（unit suspended sediment discharge）］可以用符号 q_s 表示，单位为 kg/(s·m)，是单位时间内垂直穿过单位宽度水体的沉积物净质量。有时也把质量换做体积或重量来定义沉积物输运率，读者在使用时需注意单位统一。水深对沉积物输运率的定义并无影响——在计算沉积物输运率时，一般都是考虑从海底到水面的整个垂向剖面的。在只考虑推移质或悬移质输运时，也可以分别定义推移质输运率和悬移质输运率。

沉积物输运率是一个矢量，方向是垂直通过这个单位宽度的方向。在海洋中，常把这个矢量分解为平面直角坐标系下的东分量和北分量，也就是向东通过一个南北方向单位宽度的沉积物量和向北通过一个东西方向单位宽度的沉积物量。在近岸区域，另一种常用的方法是把沉积物输运率矢量分解为沿着海岸（longshore）方向和垂直海岸（cross-shore）方向的两个分量。

图 6-1 的双对数坐标图可以给读者一个沉积物输运率在数量上的直观印象。这是按照 Van Rijn（2007）方法计算出来的在一定水深（5 m）下沉积物输运率与底床沉积物粒度的关系。图 6-1 中的横轴为颗粒粒径，纵轴为推移质和悬移质的输运率。在只考虑单向水流，不考虑波浪作用的情况下，设定水流的垂向平均水平流速为 1 m/s，可以发现：当底床沉积物的粒径小于 0.1 mm 的时候，悬移质输运率达到 3～7 kg/(s·m)，但是推移质输运率只有不到 0.03 kg/(s·m)；即使当底质粒径增大到 0.2 mm，悬移质输运率仍比推移质输运率大一个数量级。但是，随着粒

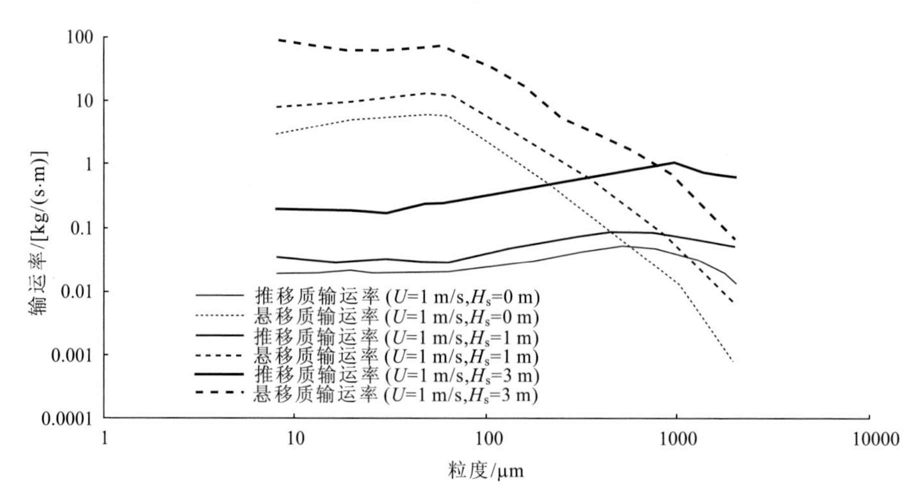

图 6-1　使用 Van Rijn（2007）方法计算得出的推移质输运率、悬移质输运率与底床沉积物粒度（中值粒径）的关系

水深为 5 m，U 为垂向平均水平流速，H_s 为有效波高

资料来源：Van Rijn（2007）

径的进一步增大，悬移质输运率快速衰减，推移质输运率显著增大，到粒径为 0.6 mm 时，悬移质和推移质输运率数值相等；而后，当粒径增大到 1.1 mm 时，悬移质输运率比推移质输运率小一个数量级，这时，推移质就变成了沉积物输运的主要形式。

因此，结合在第 2 章中的讨论结果，可以粗略认为，在沉积物粒径小于 0.2 mm 时，就可以忽略推移质输运，而只有粒径大于此分界点的沉积物，其推移质输运才是不可忽视的，直到粒径大于 1 mm 的时候，才可以忽略悬移质输运。当然这些分界点是和水深、流速等条件相关的，但是变化不大。历史上有些概念认为砂（粒径 62.5～2000 μm）是以推移质输运为主，泥（粒径小于 62.5 μm）是以悬移质输运为主的说法是不正确的。

6.2　沉积物的起动

读者都有这样的经验：用手推地上的一把椅子，如果力气小的话，椅子是不会动的，直到推力增加至某一个大小，椅子才会被推动。这个力的大小就是椅子在地面运动的临界点，我们称为阈值（threshold）。沉积物的起动也类似于推动椅子，作用于沉积物表面的水流切应力必须超过某一阈值，沉积物才能运动（可能是推移质形式，也可能是悬移质形式），这一阈值就是沉积物的起动临界切应力（critical shear stress）τ_{cr}。力可以转化为速度量纲[式(2.10)]，这样就对应有起动临界摩阻流速（critical friction velocity）u_{*cr}，它和 τ_{cr} 的内涵是完全相同的，都可以作为判断沉积物输运状态的阈值。必须注意的是，这里的切应力是作用于沉积物颗粒表面的切应力，在受力平衡时又等于沉积物颗粒导致的水流阻力，即第 5 章提到的底床表面切应力 τ_{bs}，而不是水流对底床施加的总切应力 τ_b。

天然环境下的底床沉积物，其粒度总是有大小之分的，因此，每个颗粒对应的起动临界切应力 τ_{cr} 也当然不同。对每个颗粒进行 τ_{cr} 测量，既无必要，也不现实。在实际研究中，我们考虑的都是床沙总体体现出的 τ_{cr}，但这一数值也很难通过直接测量得出，而是要先通过测量沉积物输运率与底床表面切应力变化的关系，再进行外推，取沉积物输运率为 0 时的底床切应力作为临界值。

此外，Paphitis（2001）总结前人研究（Kramer, 1935; Chepil, 1959; Yalin, 1972; Graf and Pazis, 1977; Collins and Rigler, 1982），认为除沉积物输运率为 0 时的底床切应力之外，床沙总体的起动、沉积物颗粒出现沿床的间歇运动等指标都可作为沉积物起动的阈值。在不同的研究中，采用这些不同的起动阈值是产生系统差异的一个重要原因。

在第 5 章中曾引入谢尔兹数（Shields number, Shields, 1936）θ[式(5.3)]，即

$$\theta = \frac{\tau}{g(\rho_s - \rho)D} = \frac{u_*^2}{g(s-1)D}$$

在研究沉积物起动时，式中的切应力项 τ 应是底床表面切应力 τ_{bs}。在此对它的导出做个简要的介绍。

对于某一密度为 ρ_s，粒度为 D 的沉积物颗粒，它在密度为 ρ 的海水中受到的等效重力 F_G 与其粒度的三次方成正比(图 6-2)，即

$$F_G = k_1(\rho_s - \rho)gD^3 \tag{6.1}$$

式中，k_1 为比例系数。

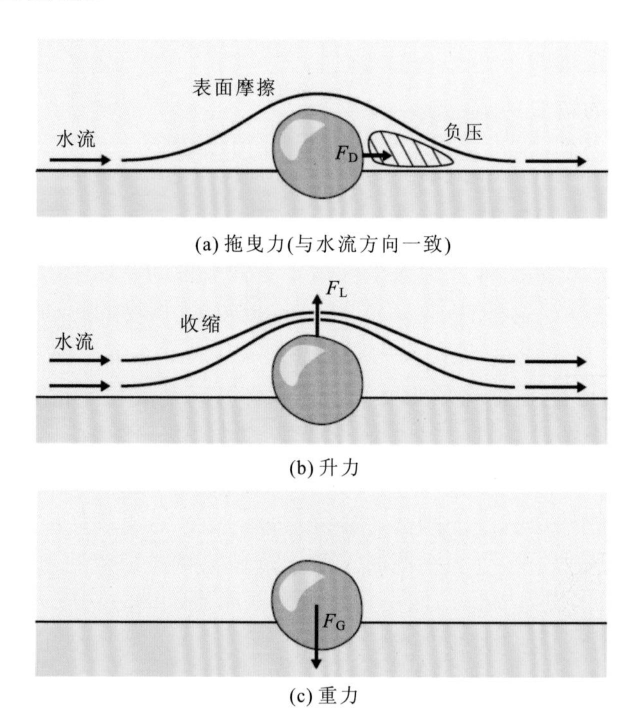

图 6-2　底床上单个沉积物颗粒在水流作用下的受力分析

资料来源：Bosboom 和 Stive(2021)

当它受到流速为 U 的水平流动作用时，水流对它施加的作用力不仅包含了水平方向的压力 F_D，还有由于垂向压力梯度造成的竖直向上的升力 F_L。它们的合力 $F_{D,L}$ 与底床表面切应力 τ_{bs} 以及沉积物沿受力方向的投影面积成正比，而沉积物沿受力方向的投影面积又与其粒度的平方成正比，因此有

$$F_{D,L} = k_2\tau_{bs}D^2 \tag{6.2}$$

式中，k_2 为比例系数。

这个合力 $F_{D,L}$ 与等效重力 F_G 的比值，是判断颗粒动态的重要指标，即

$$\frac{F_{D,L}}{F_G}=\frac{k_2}{k_1}\frac{\tau_{bs}}{g(\rho_s-\rho)D} \tag{6.3}$$

式(6.3)的右边在去掉比例系数 k_1 和 k_2 后的余项就是谢尔兹数。在沉积物刚好能起动时，它处于受力平衡状态，此时 $\tau_{bs}=\tau_{cr}$，相应地，需要把 τ_{cr} 对应的谢尔兹数记为 θ_{cr}，即起动临界谢尔兹数(critical Shields number)。

6.2.1　非黏性沉积物的起动

谢尔兹在其博士论文中绘制的谢尔兹曲线图(Shields curve)在确定非黏性沉积物的起动问题上得到了广泛的应用(Shields, 1936)。如图 6-3 所示，这幅双对数坐标图的横坐标为颗粒雷诺数 Re_D，纵坐标为谢尔兹数 θ。横贯全图的灰色粗曲线是由实验结果得到的，表示了在不同颗粒雷诺数下，沉积物颗粒刚好起动时的临界谢尔兹数 θ_{cr}。在此曲线以下的区域，沉积物颗粒不能被带起，处于静止状态；而在曲线以上的区域，沉积物颗粒则能被水流带起运动。当颗粒雷诺数较大(通常是代表颗粒较大的情况，如粒径大于 2 mm 的沉积物，即砾石或更粗的物质)时，θ_{cr} 趋于定值 0.05。

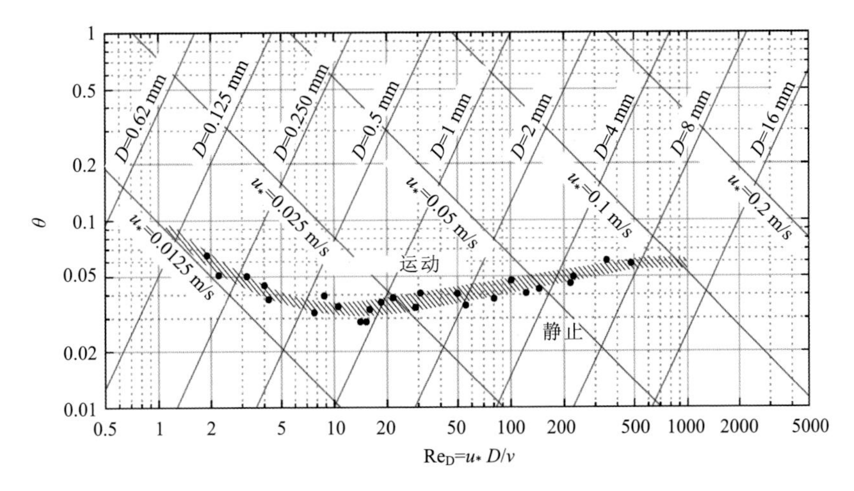

图 6-3　非黏性沉积物起动的临界谢尔兹曲线图

u_*是摩阻流速，v 是水的运动黏度

资料来源：Bosboom 和 Stive(2021)

对于某些粒径的沉积物或某些确定的底床表面切应力(摩阻流速)，可以绘制图 6-3 中的平行线，判定不同底床沉积物粒径与动力条件组合对应的沉积物运动状态，或给定底床组成与动力条件二者之一，求算沉积物在起动临界状态时的另

一个参数。这些平行线的方程也是可以确定的。

在图 6-3 中，有

$$\begin{cases} y = \ln\theta = \ln\dfrac{\rho u_*^2}{(\rho_s - \rho)gD} \\ x = \ln\dfrac{u_* D}{\nu} \end{cases} \tag{6.4a}$$

化简得

$$\begin{cases} y = 2\ln u_* - \ln D + \ln\dfrac{\rho}{(\rho_s - \rho)g} \\ x = \ln u_* + \ln D - \ln\nu \end{cases} \tag{6.4b}$$

因此，在固定沉积物粒度 D 时，式(6.4b)变为

$$y = 2x + \ln\frac{\rho\nu^2}{(\rho_s - \rho)gD^3} \tag{6.5a}$$

由式(6.5a)可知，在沉积物粒度确定时，得到的直线斜率为 2。随着沉积物粒度增大，直线将向右平移，即在图 6-3 中向右倾斜并标出 $D = 0.062$ mm、D =0.125 mm 等的线。从图中读出这些直线和粗阴影曲线(临界谢尔兹数线)的交点就是这个粒径颗粒的起动临界谢尔兹数，再由谢尔兹数的定义式[式(5.3)]，就可以算出该种颗粒的起动临界切应力。读者须注意的是，图 6-3 中的最小粒径 0.062 mm 是砂和泥的界限，这就是说，谢尔兹曲线只适用于砂及更粗的沉积物——这些都是非黏性沉积物。

类似地，在底床表面切应力(摩阻流速)一定时，式(6.4b)变为

$$y = -x + \ln\frac{\rho u_*^3}{(\rho_s - \rho)g\nu} \tag{6.5b}$$

也就是说，在底床摩阻流速确定时，得到的直线斜率为–1。随着底床摩阻流速增大，直线也同样向右平移，即在图 6-3 中向左倾斜并标出 $u_* = 0.05$ m/s、u_* =0.1 m/s 等的线。

由于图 6-3 中的 θ 与 Re_D 都是无量纲数，因此式(6.5a)中的常数项 $\ln\dfrac{\rho\nu^2}{(\rho_s - \rho)gD^3}$ 也是无量纲的。令 $D_*^3 = \dfrac{(\rho_s - \rho)gD^3}{\rho\nu^2}$，就得到了第 3 章中讨论过的无量纲粒度[式(3.24)]，即

$$D_* = \sqrt[3]{\frac{g(\rho_s - \rho)}{\rho\nu^2}} \cdot D$$

Soulsby 和 Whitehouse(1997)综合了不同来源的数据，改进了谢尔兹曲线。他

们将 θ_{cr} 表示为 D_* 的函数，即

$$\theta_{cr} = \frac{0.30}{1+1.2D_*} + 0.055(1-e^{-0.020D_*}) \tag{6.6}$$

这样，在给定沉积物颗粒粒度 D、沉积物密度 ρ_s、重力加速度 g、温度 t、海水实用盐度 S_p 的情况下，可以计算出海水密度 ρ，从而得到无量纲粒度 D_*，最终得到沉积物起动时的临界谢尔兹数 θ_{cr} 和起动临界切应力 τ_{cr}。在默认条件下，即当 $\rho_s = 2650\ kg/m^3$，$g = 9.81\ m/s^2$，$t = 10℃$ 或 $20℃$，$S_p = 0$ 或 35 时，可以参照图 6-4 和表 6-1 直接读出某一粒度非黏性沉积物(石英颗粒)所对应的起动临界切应力大小。

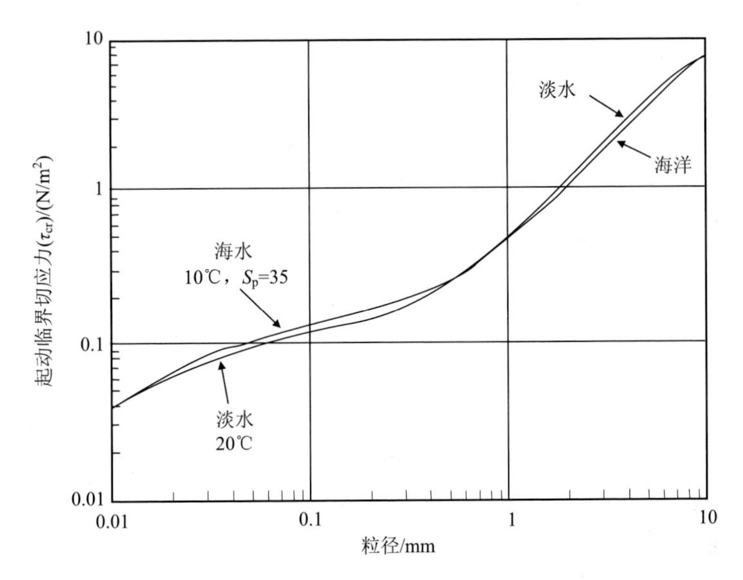

图 6-4　石英颗粒(非黏性沉积物)的起动临界切应力和粒径大小的关系

资料来源：Soulsby 等(1997)

之所以要强调非黏性沉积物的起动临界切应力，是因为在先前曾一直强调，当沉积物总体为非黏性时，才能体现出其颗粒之间相互独立运动的特点，这样才满足上面从颗粒的受力分析到谢尔兹数一路走来的前提，并且使得某一粒径在确定的环境下只对应一个起动临界谢尔兹数取值。因此，图 6-3、图 6-4、表 6-1 以及式(6.6)都只能用于估算非黏性沉积物的起动临界切应力，如果将它们用于黏性沉积物，会导致极大的错误。

例如，图 6-4 的粒径下限，达到了 0.01 mm(即 10 μm)。在野外遇到的沉积物，如果它的中值粒径或平均粒径是 10 μm 或 20 μm、30 μm，在绝大部分情况下，细颗粒中的黏土矿物足以将沉积物总体转变为黏性，这样图 6-4 的结果也就不适用了。总之，如果使用上述基于谢尔兹曲线的办法计算细颗粒沉积物(如中值粒径在

10 μm 左右甚至更小)的起动临界切应力，基本上是错误的。

表 6-1　非黏性沉积物起动临界切应力和粒径大小的关系

粒级	D/φ	D/mm	θ_{cr}	τ_{cr}/(N/m^2)
中粗砾	–8～–7	128～256	0.054	112～223
细粗砾	–7～–6	64～128	0.052～0.054	53.8～112
极粗砾石	–6～–5	32～64	0.050～0.052	25.9～53.8
粗砾石	–5～–4	16～32	0.047～0.050	12.2～25.9
中砾石	–4～–3	8～16	0.044～0.047	5.7～12.2
细砾石	–3～–2	4～8	0.042～0.044	2.7～5.7
极细砾石	–2～–1	2～4	0.039～0.042	1.3～2.7
极粗砂	–1～0	1～2	0.029～0.039	0.47～1.3
粗砂	0～1	0.5～1	0.033～0.029	0.27～0.47
中砂	1～2	0.25～0.5	0.033～0.048	0.194～0.27
细砂	2～3	0.125～0.25	0.048～0.072	0.145～0.194
极细砂	3～4	0.0625～0.125	0.072～0.109	0.110～0.145

资料来源：修改自 Julien(1995)。

在研究中，尤其是在海岸防护以及古风暴、古海啸的研究中，还会遇到大个沉积物的起动问题。例如，在海岸建设防护工程，人工抛石是一个常见的办法。那么多大的石块能够在设计波浪的条件下屹立不动，这是一个典型的沉积物临界起动问题。此外，在海岸古风暴、古海啸研究中，利用海岸漂砾(boulder)的移动情况来反推当时波浪的大小。可以注意到图 6-3 和图 6-4 中的沉积物粒径上限大约是 10 mm，并且图 6-3 的谢尔兹曲线显示当颗粒相对较粗，大于 2 mm(砾石以上)时，起动临界谢尔兹数会趋近于 0.05 左右，表 6-1 显示了这一结果。Van Rijn(2019)总结了大量粒径大于 100 mm(0.1 m)的大个石块在水流、波浪和浪流联合作用下的实验数据，提出它们的起动临界谢尔兹数稳定在 0.02～0.025，按照第 5 章给出的表面切应力的计算方法(包括水流、波浪和浪流联合作用三种情况)代入计算谢尔兹数。

6.2.2　粗细混合非黏性沉积物的起动

沉积动力学中有一个重要的概念叫“分选过程”(sorting process)，意思是在沉积物的输运过程中，不同粒径的沉积物的起动临界切应力和(推移质和悬移质)输运率是不同的，这样就会在输运的产物(沉积体)中形成沉积物粗细比例的空间变化，包括地层中垂向和水平方向上的变化。比如，在地上铺一层混合均匀但是粗细混杂的砂质沉积物，用一盆水一冲，可以发现，细的组分冲走得多，而粗的组分冲走得少，这就是分选过程。

在第 2 章中，我们知道，在野外实际遇到的非黏性沉积物样品，往往都是粗细混杂的。那么，在一个沉积物样品中，粗细不一的非黏性颗粒的起动临界切应力也是按照图 6-3、图 6-4、表 6-1 以及式(6.6)的体系计算吗？答案是否定的。

上述的非黏性沉积物起动临界切应力的计算体系成立的前提，是假设沉积物为单一粒径。如果我们给出的是一个非黏性沉积物样品的中值粒径 D_{50}，得到的起动临界切应力是这个混杂有粗细颗粒的沉积物样品的平均起动临界切应力。但是对于“分选过程”的求解，即计算一个样品中不同粒径颗粒的起动临界切应力分别是多大，绝不是将不同粒径代入这套方法算出来就可以的，这是因为非黏性沉积物颗粒之间还存在“暴露-隐藏效应”(hide-exposure effects)，简称“暴隐效应”(McCarron et al., 2019)。

在图 6-5 中，一排中等大小的非黏性颗粒底床上面，有 3 个颗粒，它们相比组成底床的颗粒，一个更小，一个差不多大(中等大)，而另一个更大。对于中等大的那个颗粒，它的起动临界切应力就是底床所有沉积物的中值粒径的起动临界切应力，按照式(6.6)就可以算出来。但是对于那个小颗粒，它想要滚动起来，相比中等大的颗粒其需要绕轴(该颗粒与邻近颗粒质心的连线)旋转更大的角度——它被中等大的底床颗粒“隐藏”起来了。所以，它在图 6-5 所示的情况下的起动临界切应力就要比底床全部是小颗粒情况下的起动临界切应力要大，而后者就是把这个小颗粒的粒径代入式(6.6)算出来的起动临界切应力。这就是“隐藏效应”(hide effect)。当然，由于小颗粒的粒径很小，即使在图 6-5 所示的情况下，它的起动临界切应力也要小于中等大小颗粒的起动临界切应力。

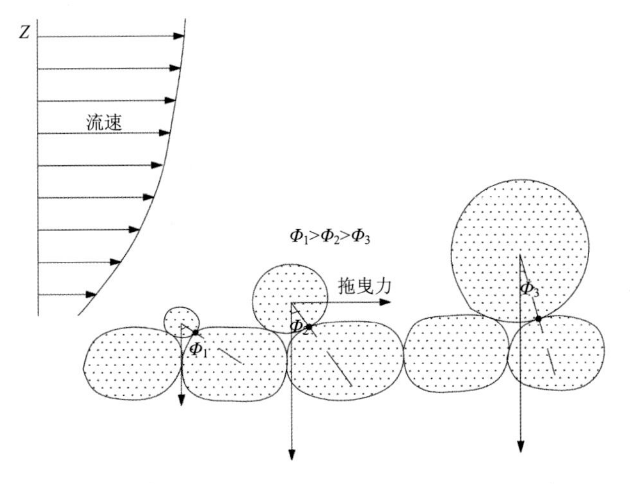

图 6-5　粗细混合非黏性沉积物的“暴隐效应”示意图

绕轴旋转角 Φ 随粒径的增大而减小，Z 是从底床垂直向上的坐标

资料来源：修改自 Komar 和 Li(1986)

“暴露效应”(exposure effect)则与“隐藏效应”相反。更大的颗粒对应的绕轴旋转角会变小，这样它在图 6-5 情况下的起动临界切应力就要比底床全部是大颗粒情况下的起动临界切应力要小，后者就是把这个大颗粒的粒径代入式(6.6)计算出来的起动临界切应力。即便如此，这里大颗粒的起动临界切应力还是大于组成底床的中等大颗粒的起动临界切应力。“暴露效应”和“隐藏效应”合在一起就是“暴隐效应”。

从上文的分析得出，在粗细不均的非黏性沉积物中，不同粒径组分的起动临界切应力不应简单使用式(6.6)计算。Komar(1987)又对这个问题给出了定量处理的公式，即

$$\tau_{\mathrm{cr},i}=\theta_{\mathrm{cr},D_{50}}(\rho_{\mathrm{s}}-\rho)gd_i^{1-m}D_{50}^{m}=\left(\frac{d_i}{D_{50}}\right)^{1-m}\tau_{\mathrm{cr},D_{50}} \tag{6.7}$$

式中，$\tau_{\mathrm{cr},i}$ 为第 i 粒级沉积物组分的起动临界切应力；$\tau_{\mathrm{cr},D_{50}}$ 为中值粒径（D_{50}）沉积物的起动临界切应力；$\theta_{\mathrm{cr},D_{50}}$ 为这个样品的中值粒径（D_{50}）对应的起动临界谢尔兹数[用式(6.6)计算]；d_i 为第 i 粒级沉积物组分的粒径；m 为经验系数(取 0.65)。

如果取 $m=1$，第 i 粒级沉积物组分的起动临界谢尔兹数就和这个粒级的粒径无关，各粒级沉积物的起动性质和中值粒径大小的颗粒相同，这样就不会出现水冲之后细的跑得多粗的跑得少的分选过程，暴隐效应就完全抹杀了不同粒径颗粒的差异；如果取 $m=0$，第 i 粒级沉积物组分的起动临界切应力就和中值粒径对应的起动临界切应力无关，只和其本身的粒径相关，这样就等于各粒级沉积物混合之后没有相互作用，整个系统的行为是各部分的线性叠加，暴隐效应完全不存在。Komar(1987)给出的 m 取值为 0.65，表明上述两个因素都有贡献。

6.2.3 黏性沉积物的起动

对于黏性沉积物(包括总体性质呈现黏性，但组成只有少部分黏土的沉积物总体)，我们就不得不考虑它们之间的强电磁力，而寻求不同于非黏性沉积物的路径去解决它们的起动问题。黏性沉积物会形成絮凝团运动，并且其起动临界状态还受到含水量、黏土矿物的含量和组成、生物黏性等因素的影响(Postma, 1967; Winterwerp and Van Kesteren, 2004)。

Wiberg 等(2013)的观测实验结果显示，美国西海岸华盛顿州 Willapa Bay 潮滩的沉积物，由于压实固结等的影响，其临界侵蚀切应力从表层向下快速增加，在几厘米内从 0.08 $\mathrm{N/m^2}$ 增加到大于 0.4 $\mathrm{N/m^2}$，而孔隙度是控制临界侵蚀切应力增大的最主要因素。她们还做了有趣的固结实验，将浑水中的悬沙沉降后分别静置 6 h、12 h、24 h、48 h 和 96 h，再进行侵蚀实验，发现随着时间的增加，沉降后的沉积物固结程度不断加深，抗冲刷性逐步增加(图 6-6)。

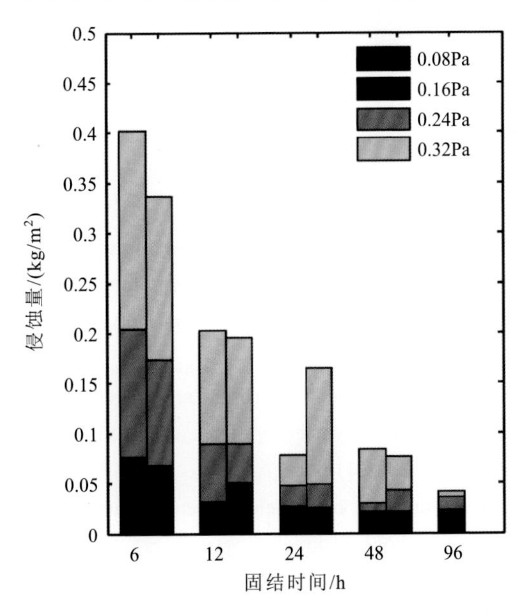

图 6-6　潮滩沉积物侵蚀量随固结时间的变化

在沉积物表面加 0.08 Pa 切应力的水流之后沉积物侵蚀量为黑色区块，再将水流切应力增加到 0.16 Pa 后再侵蚀的量为深棕色区块，此后以此类推

资料来源：修改自 Wiberg 等(2013)

但是由于控制因素的多样性和复杂性，目前不论是在实验室内，还是在野外，都还没有较好地估计黏性沉积物的起动临界切应力的方法(非黏性沉积物的控制因素本质上只有粒径一项)。在底床为黏性沉积物的情况下，也只能人为设定一个研究区域的起动临界切应力代入模型计算，且这在现在和不远的将来，都不是一件容易的事情。

在研究和工程的实践中，对于新鲜沉积的黏性沉积物，起动临界切应力可以估计为 0.1 N/m^2 左右；对于沉积时间很长、压得很实的黏性沉积物(如泥岩)，这个数值可能会达到 1 N/m^2 或更大；而对于二者中间的情况，常用的估计值可能是 0.2 N/m^2 左右，当然这也是很难说的。对比图 6-4 和表 6-1，0.1 N/m^2、0.2 N/m^2 和 1 N/m^2 对应的(非黏性)沉积物粒径大约为 50 μm、250 μm 和 1600 μm，但是(经超声波处理后的)粒度分析结果可能会显示这些沉积物都具有相同的中值粒径(10 μm)。并且要注意的是，因为控制因素的变化(如孔隙度由于固结和压实作用的变化、生物作用的季节性变化、黏土矿物含量和类型的变化等)，黏性沉积物的起动临界切应力实际上会有显著的随时空变化的特征。而我们在研究中(尤其是数值模拟中)定义一个固定值虽然是不尽正确的，但往往也是无奈情况下的必要做法。这一问题还会在第 8 章黏性沉积物的悬沙输运中提到。

参考文献

Bosboom J, Stive M J F. 2021. Coastal Dynamics. Delft: Delft University of Technology.

Chepil W S. 1959. Equilibrium of soil grains at the threshold of movement by wind. Soil Science Society of America Journal, 23 (6) : 422-428.

Collins M B, Rigler J K. 1982. The use of settling velocity in defining the initiation of motion of heavy mineral grains, under unidirectional flow. Sedimentology, 29: 419-426.

Graf W H, Pazis G C. 1977. Desposition and erosion in an alluvial channel. Journal of Hydraulic Research, 15 (2) : 151-166.

Julien P Y. 1995. Erosion and Sedimentation. New York: Cambridge University Press.

Komar P D. 1987. Selective entrainment by a current from a bed of mixed sizes-A reanalysis. Journal of Sedimentary Petrology, 57: 203-211.

Komar P D, Li Z. 1986. Pivoting analyses of the selective entrainment of sediments by shape and size with application to gravel threshold. Sedimentology, 33: 425-436.

Kramer H. 1935. Sand mixtures and sand movement in fluvial model. Transactions of the American Society of Civil Engineers, 100: 798-838.

McCarron C J, Van Landeghem K J J, Baas J H, et al. 2019. The hiding-exposure effect revisited: A method to calculate the mobility of bimodal sediment mixtures. Marine Geology, 410: 22-31.

Paphitis D. 2001. Sediment movement under unidirectional flows: An assessment of empirical threshold curves. Coastal Engineering, 43: 227-245.

Postma H. 1967. Sediment transport and sedimentation in the estuarine environment//Lauff G H. Estuaries. American Association for the Advancement of Science Publication, 83: 158-179.

Shields A. 1936. Anwendung der Aehnlichkeitsmechanik und der Turbulenzforschung auf die Geschiebebewegung. Berlin: Preussische Versuchsanstalt für Wasserbau und Schiffbau.

Soulsby R L, Whitehouse R J S W. 1997. Threshold of sediment motion in coastal environments. Christchurch, University of Canterbury: Pacific Coasts and Ports' 97 Conf. 1: 149-154.

Van Rijn L C. 2007. Unified view of sediment transport by currents and waves. I: Initiation of motion, bed roughness, and bed-load transport. Journal of Hydraulic Engineering, 133: 649-667.

Van Rijn L C. 2019. Critical movement of large rocks in currents and waves. International Journal of Sediment Research, 34: 387-398.

Wiberg P L, Law B A, Wheatcroft R A, et al. 2013. Seasonal variations in erodibility and sediment transport potential in a mesotidal channel-flat complex, Willapa Bay, WA. Continental Shelf Research, 60: S185-S197.

Winterwerp J C, Van Kesteren W G M. 2004. Introduction to the Physics of Cohesive Sediment in the Marine Environment. Amsterdam: Elsevier.

Yalin M S. 1972. Mechanics of Sediment Transport. New York: Pergamon.

第 7 章　推移质输运

“轮台九月风夜吼，一川碎石大如斗，随风满地石乱走。”岑参的《走马川行奉送封大夫出师西征》一诗巨笔千钧，连连三句，展现了夜风狂吼、满地石滚的边塞景象。这种满地走的乱石即是在第 2 章中曾定义的在流体中沿底床输运的沉积物颗粒，即推移质(bedload)。只不过在海洋和河流中，它们都在水底运动，不容易被直接观察到。在本章中会深入探讨它们的输运问题。

推移质在运动过程中可能会暂时离开床面，但在运动的大部分时间中，它们都保持与床面接触的状态。我们将在底床表面上推移质作近底运动的区域称为床层(bed layer)，通常认为其厚度大约为底床沉积物的中值粒径 D_{50} 的 2 倍(钱宁和万兆惠, 1983)。

一般而言，黏性沉积物在起动之后会直接成为悬移质运动，而非黏性沉积物的运动状态则大都会经历静止—推移质—悬移质的转变。推移质输运一般只存在于非黏性沉积物中。

由于推移质输运只需要达到沉积物起动的临界条件即可进行，而悬移质输运必须要先满足临界起动条件，再达到悬浮条件——从临界起动到开始悬浮是需要一定时间的；另外，推移质输运的垂向尺度通常为 10^{-3} m 量级，而悬移质输运是可以在整个水柱(浅海水深尺度一般为 1～10 m)上进行的，如果沉积物要从底床输运到海面，考虑水深、沉降速度和湍流涡黏系数等因素，可估算出其扩散所需的时间尺度往往为小时量级。因此可以认为，当流速发生变化时，推移质输运对流速变化的响应是几乎同步的，而悬移质输运对流速变化的响应则往往存在显著的滞后。

7.1　推移质输运率的观测方法

在第 6 章中定义了沉积物输运率来定量表示沉积物的输运强度。那么，可以用什么方法估计推移质输运率呢？通常有三种方法可供选择。

第一种方法是直接测量推移质输运率——在一定时间内对通过某单位宽度近底水体的沉积物进行收集并称重。图 7-1 是荷兰代尔夫特理工大学在尼罗河中测量推移质输运率所用的采样器。它的质量足够大，可以较快地沉入水中到达水底；其尾部类似机翼的设计可以保证在到达水底时，进样口面向水流方向。这样，在经过一定时间(如 30 min 或 1 h)后，将采样器打捞上岸，从进样口进入，并被后面网兜兜住的沉积物量就是这段时间的推移质输运量。将采样器捕获的沉积物称重后除以采样时间和进样口宽度，就可以算出推移质输运率。这种方法虽然能直接得到推移质输运率的数值，但是操作难度大，准确性也不够高。譬如，在水体中悬浮的一部分沉积物，将不可避免地被采样器捕获；而在采样宽度内，也会有一部分推移质无法被采集。这些误差都很难估计(Pitlick, 1988)。

图 7-1　荷兰代尔夫特理工大学研制的推移质采样器

资料来源：Van Rijn (2007b)

第二种方法是利用示踪物进行测量。向底床投放一些做了标记(如着色或搭载定位传感器)的沉积物颗粒，经过一定时间后就得到它们的位移，经过计算就可以估计推移质输运率。这一方法要求示踪物与床沙具有相似的形态与动力特性，并且这些示踪物应具有较高的回收率(贾建军等, 2000)。*Science* 杂志上曾报道了利用“智慧岩石”进行示踪的实验(Underwood, 2012)，在浪控海岸上也得到了应用(Eyal et al., 2021)。研究者们通过在砾石中嵌入定位元件，或是模仿天然砾石形态，通过三维打印技术人造砾石，将这些示踪物投放至河流或海岸，追踪它们的动态，与水动力学参数相联系。不过，示踪方法通常也只适用于这些粒度很大的砾石，目前的技术还难以将附设电源的定位元件做到砂的大小。

第三种方法是测量底形(主要是水下沙丘，见第 5 章)的位移。砂质底床上底形的移动是推移质输运的结果，因此当地的推移质输运率，就等于单位宽度上单个底形质量与底形顺流迁移一个波长所需时间之比。这样，就避开了困难的采样，而只需关注底形的动态，它是容易通过现场测量得到的，被认为是相对最可靠的推移质输运率的现场观测方法(如 Ashley et al., 2020)。

图 7-2 是对这种方法的简化讨论。假设形成的沙丘是二维的，即在垂直于纸面的方向上各点高程是相同，其横截面可以近似为一个波长为 L、高度为 H 的三角形，那么根据沉积物输运率的定义，就有

$$q_b = \frac{m}{T} = \frac{(1-P)\rho_s\left(\frac{1}{2}HL\right)}{T} = \frac{1}{2}(1-P)\rho_s CH \tag{7.1}$$

式中，m 为单位宽度底形质量；T 为底形迁移的运动周期；P 为孔隙度；ρ_s 为沉积物密度；C 为底形水平迁移的速率(相速度)，它等于 L/T，在野外测量中可以认为是底形峰顶或谷底的水平运动速度。在沙丘形态有变化以及三维底形等情况下，按照相同的思路，也可以根据测量的底形运动来计算推移质输运率，只是更复杂一些(Schmitt and Mitchell, 2014)。

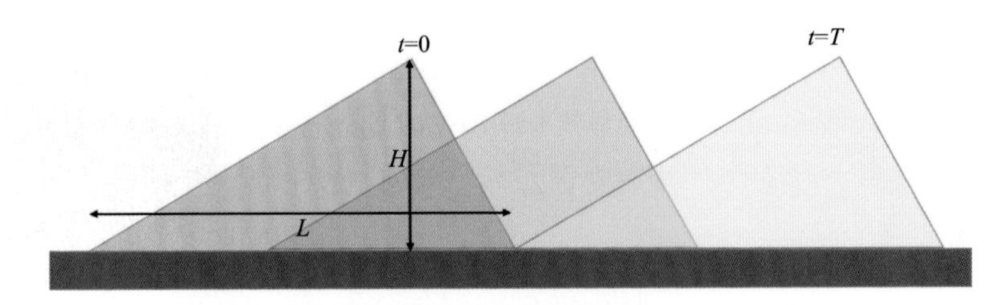

图 7-2　用底形迁移速率计算推移质输运率的示意图

t 是时间

7.2　推移质输运率公式

首先，推移质输运率是一个矢量，某时刻其方向是由此时刻的底床切应力(近底床流速)的方向决定的，其大小由下列公式计算。

基于实测数据和理论推导，研究者们得出了一系列推移质输运率公式。钱宁(1980)比较了这些公式，并将它们分为四类：①基于水槽实验的纯经验公式(如 Meyer-Peter and Müller, 1948)；②综合水力学理论与概率统计理论建立的公式(如 Einstein, 1950)；③基于牛顿运动定律与能量平衡得到的理论公式(如 Bagnold, 1966; 1973)；④基于②③公式中的部分概念，辅以量纲分析、实测资料或一定推理得到的半理论半经验公式(如 Engelund and Hansen, 1967; Yalin, 1972; Ackers and White, 1973)。导出这些公式的理论基础不尽相同，可是用它们计算得到的结果往往差别并不大——这是因为在确定公式里的校正系数时，研究者们往往会使用来源相同或环境相似的实测数据。此外，近年来发展了从颗粒态物理学原理入手的新方法，直接模拟计算水流和各个沉积物颗粒之间的相互作用，进而计算推移质输运率(如 Zhang et al., 2022)。

Van Rijn(2007a)提出的推移质输运率公式在我看来是当前最好的公式之一

了。它的形式为

$$q_{\mathrm{b}}=\gamma\rho_{\mathrm{s}}f_{\mathrm{silt}}D_{50}D_{*}^{-0.3}\left(\frac{\tau'_{\mathrm{b,cw}}}{\rho}\right)^{0.5}\left(\frac{\tau'_{\mathrm{b,cw}}}{\tau_{\mathrm{b,cr}}}-1\right)^{\eta} \tag{7.2}$$

虽然看起来有些复杂，但我们将式(7.2)逐项分解后，会发现其实它没那么难理解。式中的系数γ与η据实测数据(Ribberink, 1998; Van Rijn, 2000)确定为$\gamma=0.5, \eta=1$；ρ_{s}为沉积物颗粒密度；ρ为流体密度；D_{50}为底床沉积物中值粒径；D_{*}为D_{50}对应的无量纲粒径，在第3章曾经用于计算沉积物沉降速度[式(3.24)]，即

$$D_{*}=\left[\frac{g(\rho_{\mathrm{s}}-\rho)}{\rho\nu^{2}}\right]^{\frac{1}{3}}D_{50}$$

粉砂因子f_{silt}为

$$f_{\mathrm{silt}}=\begin{cases}d_{\mathrm{sand}}/D_{50}, & D_{50}\leqslant d_{\mathrm{sand}}\\ 1, & D_{50}>d_{\mathrm{sand}}\end{cases} \tag{7.3}$$

式中，$d_{\mathrm{sand}}=62.5\ \mu\mathrm{m}$。

$\tau_{\mathrm{b,cr}}$为底床颗粒的起动临界切应力，其计算需用式(5.3)转化为谢尔兹数求解。Van Rijn(2007b)基于Miller等(1977)的实测数据，给出起动临界谢尔兹数θ_{cr}的推荐计算方法为

$$\theta_{\mathrm{cr}}=\begin{cases}0.115D_{*}^{-0.5}, & D_{*}\in(0,4)\\ 0.14D_{*}^{-0.64}, & D_{*}\in[4,10)\end{cases} \tag{7.4}$$

当然，也可以使用式(6.6)计算。

$\tau'_{\mathrm{b,cw}}$为瞬时浪流联合作用所引起的底床切应力中沉积物颗粒所对应的分量(也就是底床表面切应力τ_{bs})，满足

$$\tau'_{\mathrm{b,cw}}=\frac{1}{2}\rho f'_{\mathrm{cw}}U_{\mathrm{w,c}}^{2} \tag{7.5}$$

式中，$U_{\mathrm{w,c}}$为浪流联合作用的合速度，参见式(5.17)计算；f'_{cw}为浪流联合作用的颗粒摩擦系数，可用水流颗粒摩擦系数f'_{c}和波浪颗粒摩擦系数f'_{w}线性表示，即

$$\begin{cases} f'_{\mathrm{cw}} = \alpha\left(\beta f'_{\mathrm{c}}\right) + \left(1-\alpha\right) f'_{\mathrm{w}} \\ f'_{\mathrm{c}} = \dfrac{8g}{\left(18\lg\dfrac{12h}{k_{\mathrm{s,g}}}\right)^2} \\ f'_{\mathrm{w}} = \mathrm{e}^{-6+5.2\left(\frac{A_{\mathrm{w}}}{k_{\mathrm{s,g}}}\right)^{-0.19}} \\ k_{\mathrm{s,g}} = d_{90} \\ \alpha = \dfrac{U_{\mathrm{c}}}{U_{\mathrm{c}} + U_{\mathrm{w}}} \\ \beta = 0.75 + 0.45\left(\zeta \dfrac{U_{\mathrm{w}}}{U_{\mathrm{c}}}\right) \\ \zeta = 2\sqrt{\dfrac{f'_{\mathrm{w}}}{f'_{\mathrm{c}}}} \end{cases} \tag{7.6}$$

式中，U_{w} 为水质点受到波浪作用，在近底处做往复运动的轨道速度的极大值；U_{c} 为垂向平均水平流速。

对式(7.2)稍作分析，就能读出其中的内涵。首先，只有当 $\dfrac{\tau'_{\mathrm{b,cw}}}{\tau_{\mathrm{b,cr}}}>1$，也就是底床表面切应力超过临界值时，沉积物才能以推移质形式进行运动，产生非零的输运率；其次，$\left(\dfrac{\tau'_{\mathrm{b,cw}}}{\rho}\right)^{0.5}$ 一项与浪流联合作用的合速度 $U_{\mathrm{w,c}}$ 成正比，因此在沉积物颗粒起动后，其合速度 $U_{\mathrm{w,c}}$ 越大，推移质输运率也越大。

图 7-3 是 Van Rijn(2007b)公式计算结果与莱茵河、尼罗河和艾瑟尔河中的中值粒径为 200～1000 μm 沉积物推移质输运率实测数据的对比。图中实测数据点都落在公式计算值的 0.5～2 倍，因此该公式具有一定的可信度，是可采用的。

此外，汪亚平和高抒(Wang and Gao, 2001)在基于牛顿运动定律与能量平衡得到的 Hardisty(1983)理论公式(Bagnold 型)的基础上，结合实测数据修正得到

$$\begin{cases} q = k_1(u_1^2 - u_{1\mathrm{cr}}^2)u_1 \\ k_1 = 0.10\mathrm{e}^{\frac{0.17}{D_{50}}} \end{cases} \tag{7.7}$$

其中，下标 1 代表距底 1 m，这么做也是因为距底 1 m 的流速 u_1 要比近底流速 u_{b} 好测量得多。另外，距底 1 m 处沉积物起动的临界流速 $u_{1\mathrm{cr}}$ 可根据 Miller 等(1977)提出的公式计算，即

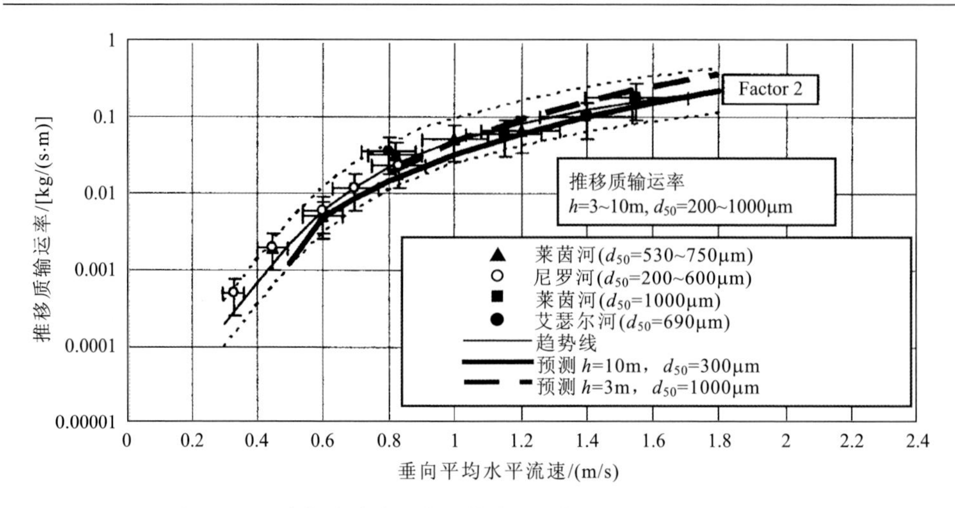

图 7-3　Van Rijn(2007b)公式推移质输运率计算结果与莱茵河、尼罗河和艾瑟尔河中的中值粒径为 200～1000 μm 实测数据的比较

Factor 2 指预测值的 0.5～2 倍

$$u_{1\mathrm{cr}}=\begin{cases}122.6D^{0.29}, & D\leqslant 0.2\ \mathrm{cm}\\160.0D^{0.45}, & D>0.2\ \mathrm{cm}\end{cases} \tag{7.8}$$

注意代入式(7.8)的沉积物粒径单位要转换为 cm，得到的临界流速单位也是 cm/s。

式(7.2)与式(7.7)乍一看形式不同，但其实它们都是 Bagnold 型推移质输运率公式。只需把式(7.2)中的切应力项写成流速的函数，就可以比较出二者的相似之处：都可以表示为 $q_{\mathrm{b}}=k\left(U^2-U_{\mathrm{cr}}^2\right)U$ 的形式。如果试着将这一形式做个简化，可改写为 $q_{\mathrm{b}}=k'U^n$，根据垂向平均水平流速直接估计推移质输运率，那么其中的次数 n 应该是多少？

实际上，这个问题没有一个确定的答案。数值实验结果表明，随着底床沉积物起动临界切应力的增大，次数 n 会上升，而且增长得越来越快(图 7-4)。取浅海区域的典型垂向平均水平流速为 0.6～1.4 m/s，并每隔 0.05 m/s 进行计算，在双对数坐标图下进行线性回归分析，发现了这样的结果：在 U_{cr} 较小的时候(如取 0.2 m/s)，次数 n 在 3 附近(约 3.11)；而 U_{cr} 仅增大到 0.5 m/s 时(接近流速典型值)，次数 n 就超过了 4(约 4.04)，发生了显著变化。

沉积物在作为推移质输运时，它的运动对水平流速变化的响应非常迅速。不过当下还没有较好地定量研究推移质输运的方法。研究者们试图通过水槽实验、野外观测和理论计算，提高估计推移质输运率的精度，但是近 20 年来仍然没有取得突破性进展，可谓是一大遗憾。Ancey(2020a；2020b)对推移质输运给出了详细的综述与研究展望。

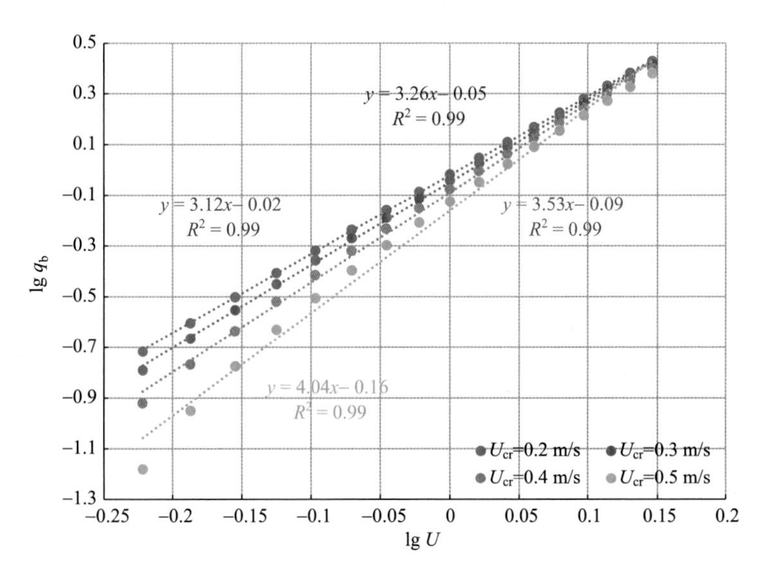

图 7-4　推移质输运率 q_b 与垂向平均水平流速 U 的关系

图中横轴和纵轴均为对数坐标

7.3　潮流作用下的推移质净输运

相比河流，海洋环境的最大特点之一是往复潮流的周期性作用。在往复流作用下，一个潮周期内产生的平均沉积物输运率(矢量)称为沉积物净输运率(net sediment transport rate)，又称余沙。在科学研究和工程应用中，我们往往不关心某个瞬时的沉积物输运率矢量，而更关心其在一段时间内的平均值，即净输运率，因为它是导致地形和沉积地层演化的决定性因素。

推移质是实时响应水平流速变化的,其在潮周期内的净输运问题,已由 Van de Kreeke 和 Robaczewska(1993)及 Chu 等(2015)给出了解析。在水平一维情况下，近底流速是往复流,可以认为是平均流速(余流，residual current) U_0 和各分潮(tidal component)引起的流速分量累积的 $U_i\cos(\omega_i t-\phi_i)$ 之和，即

$$U(t)=U_0+\sum_{i=1}^{n}U_i\cos(\omega_i t-\phi_i) \tag{7.9}$$

式中，U_0 为余流；U_i、ω_i 和 ϕ_i 分别为第 i 个分潮引起流速的振幅、角频率和相位差，总共计算 n 个分潮。

在 7.2 节中我们讨论到，推移质输运率的大小可以表达为 $q_b=k'U^n$ (k'为常

数）。这一矢量的方向应和 U 相同，那么按照定义，在一段时间 T 内，推移质净输运率 $\overline{q_b}$ 为

$$\overline{q_b} = \frac{1}{T}\int_0^T q_b(t)\mathrm{d}t = \frac{k'}{T}\int_0^T \left|U(t)\right|^n \frac{U(t)}{\left|U(t)\right|}\mathrm{d}t \tag{7.10}$$

其中，T 是一段较长的时间，一般取各分潮周期（$T_i = \dfrac{2\pi}{\omega_i}$）的最小公倍数。注意，为了表达方向问题，我们引入了符号项 $\dfrac{U(t)}{\left|U(t)\right|}$。在研究中，代入合适的幂次 n 和需要考虑的分潮流速以及余流，就能据此得出推移质净输运率。

现在我们讨论一种最简单的情况。在大部分海域，最主要的天文分潮是月球造成的半日分潮 M_2（周期约 12.42 h）。据此，我们假设 M_2 分潮，及其在浅水条件下变形产生的双倍频率的 M_4 分潮（周期约 6.21 h）和三倍频率的 M_6 分潮（周期约 4.14 h），是产生推移质净输运率的主要因素。以 M_2 分潮相位差为 0 时开始计算，记 M_2 分潮的角频率为 ω，则瞬时流速 $U(t)$ 可以表达为

$$U(t) = U_0 + U_{M_2}\cos(\omega t) + U_{M_4}\cos(2\omega t - \phi_{M_4}) + U_{M_6}\cos(3\omega t - \phi_{M_6}) \tag{7.11a}$$

另外，假设推移质运输率和流速关系的幂次 n 为 3。则将流速在 M_2 分潮周期内积分再平均，就可以得到推移质净输运率 $\overline{q_b}$。为了处理方便，先比较式（7.11a）中的各项大小。

M_2 分潮产生的往复流是流速 $U(t)$ 中的最主要成分，其振幅 U_{M_2} 远大于 U_0、U_{M_4} 和 U_{M_6}。令 $\varepsilon_0 = \dfrac{U_0}{U_{M_2}}$，$\varepsilon_4 = \dfrac{U_{M_4}}{U_{M_2}}$，$\varepsilon_6 = \dfrac{U_{M_6}}{U_{M_2}}$，式（7.11a）变形为

$$\frac{U(t)}{U_{M_2}} = \varepsilon_0 + \cos(\omega t) + \varepsilon_4\cos(2\omega t - \phi_{M_4}) + \varepsilon_6\cos(3\omega t - \phi_{M_6}) \tag{7.11b}$$

于是有

$$\frac{\overline{q_b}}{k'U_{M_2}^3} = \frac{\omega}{2\pi}\int_0^{2\pi/\omega}\left[\varepsilon_0 + \cos(\omega t) + \varepsilon_4\cos(2\omega t - \phi_{M_4}) + \varepsilon_6\cos(3\omega t - \phi_{M_6})\right]^3\mathrm{d}t \tag{7.12a}$$

对等号右边积分号内的多项式进行展开、积化和差后求得

$$\frac{\overline{q_b}}{k'U_{M_2}^3} = \frac{3}{2}\varepsilon_0 + \frac{3}{4}\varepsilon_4\cos\phi_{M_4} + \frac{3}{2}\varepsilon_4\varepsilon_6\cos(\phi_{M_4} - \phi_{M_6}) + \varepsilon_0^3 + \frac{3}{2}\varepsilon_0\varepsilon_4^2 + \frac{3}{2}\varepsilon_0\varepsilon_6^2 \tag{7.12b}$$

略去三阶小量 $\left(\varepsilon_0^3 + \dfrac{3}{2}\varepsilon_0\varepsilon_4^2 + \dfrac{3}{2}\varepsilon_0\varepsilon_6^2\right)$，有

$$\frac{\overline{q_b}}{k'U_{M_2}^3} = \frac{3}{2}\frac{U_0}{U_{M_2}} + \frac{3}{4}\frac{U_{M_4}}{U_{M_2}}\cos\phi_{M_4} + \frac{3}{2}\frac{U_{M_4}}{U_{M_2}}\frac{U_{M_6}}{U_{M_2}}\cos(\phi_{M_4} - \phi_{M_6}) \tag{7.13}$$

这个解蕴藏了很多有趣的信息，我们在此只做一些简要的讨论。首先，如果余流 U_0 为 0，即长时间内的平均流速矢量为 0，只能使式(7.13)等号右边第一项为 0，而不一定会让后两项为 0，即余沙不一定为 0。也就是说，在长时间平均的流速为 0 时，对应的平均推移质输运率很可能不为 0，这是由推移质输运率和流速的高次方关系所导致的。

其次，M_4 和 M_6 分潮的流速振幅 U_{M_4} 和 U_{M_6}，及其与 M_2 分潮的相位差 ϕ_{M_4} 和 ϕ_{M_6}，控制了式(7.13)等号右边第二项和第三项的大小和正负。在海洋环境下，M_4 和 M_6 分潮是 M_2 分潮在浅水下变形的产物，因此它们的流速振幅 U_{M_4} 和 U_{M_6} 一般处于同一数量级，并且都要比 M_2 分潮的流速振幅 U_{M_2} 小一个数量级。这样，式(7.13)等号右边第二项的系数是一个一阶小量(M_4 分潮的产物)，第三项的系数则是一个二阶小量(M_4 和 M_6 分潮的共同产物)。等号右边第三项的系数要比第二项小一个数量级，说明 M_6 分潮对于推移质净输运率的贡献不大，而第二项中的 M_4 分潮更为重要。所以，在分析潮流引起的推移质净输运率时，通常可以忽略 M_6 分潮，而只考虑 M_2、M_4 分潮以及余流。在此基础上，式(7.13)可改写为

$$\frac{\overline{q_b}}{k'U_{M_2}^3}=\frac{3}{2}\frac{U_0}{U_{M_2}}+\frac{3}{4}\frac{U_{M_4}}{U_{M_2}}\cos\phi_{M_4} \tag{7.14}$$

这样，在 M_2 潮周期内，推移质净输运率除了余流 U_0 的贡献之外，还受到 M_4 分潮引起的流速振幅 U_{M_4} 和相位差 ϕ_{M_4} 影响。

以上的讨论是以 M_2 分潮引起的潮流相位差 $\phi_{M_2}=0$ 为前提条件的。如果设 ϕ_{M_2} 不为零，则 M_4 分潮引起的流速与 M_2 分潮引起的流速相位差为 $\phi=2\phi_{M_2}-\phi_{M_4}$。当 $\phi=0$ 时，由式(7.14)可知，推移质净输运率取得正方向最大值；而当 $\phi=\pi$ 时，推移质净输运率取得负方向最大值。如将正方向定为涨潮方向，那么，当 $\phi\in\left(-\frac{\pi}{2},\frac{\pi}{2}\right)$ 时，推移质净输运率为正值，推移质输运处于涨潮优势；当 $\phi\in\left(\frac{\pi}{2},\frac{3\pi}{2}\right)$ 时，推移质净输运率为负值，推移质输运处于落潮优势。以上两种情况在海洋环境中都有可能出现。

与此同时，$\phi\in\left(-\frac{\pi}{2},\frac{\pi}{2}\right)$ 和 $\phi\in\left(\frac{\pi}{2},\frac{3\pi}{2}\right)$ 两个区间分别对应了最大涨潮流速大于和小于最大落潮流速的情况，也就是流速的涨潮优势和落潮优势。这样，推移质输运的涨潮/落潮优势和流速的涨潮/落潮优势相同，即最大涨潮流速大于最大落潮流速，那么推移质净输运率就是涨潮方向，反之亦然。这也是由推移质输运率和流速的高次方关系导致的。但是，潮流作用下的悬沙净输运率就不是这样了，我们会在下一章中讨论。

参 考 文 献

贾建军, 高抒, 汪亚平. 2000. 人工示踪沙实验的原理与进展. 海洋通报, 19(2): 80-89.

钱宁, 1980. 推移质公式的比较. 水利学报, 11(4): 1-11.

钱宁, 万兆惠. 1983. 泥沙运动力学. 北京: 科学出版社.

Ackers P, White W R. 1973. Sediment transport: New approach and analysis. Journal of the Hydraulics Division, 99(11): 2041-2060.

Ancey C. 2020a. Bedload transport: A walk between randomness and determinism. Part 1. The state of the art. Journal of Hydraulic Research, 58: 1-17.

Ancey C. 2020b. Bedload transport: A walk between randomness and determinism. Part 2. Challenges and prospects. Journal of Hydraulic Research, 58: 18-33.

Ashley T C, McElroy B, Buscombe D, et al. 2020. Estimating bedload from suspended load and water discharge in sand bed rivers. Water Resources Research, 56(2): e2019WR025883.

Bagnold R A. 1966. An Approach to the Sediment Transport Problem from General Physics. United States Geological Survey Professional Paper, 422-I. Washington: United States Government Printing Office: 37.

Bagnold R A. 1973. The nature of saltation and of 'bed-load' transport in water. Proceedings of the Royal Society A: Mathematical, Physical and Engineering Sciences, 332: 473-504.

Chu A, Wang Z B, de Vriend H J. 2015. Analysis on residual coarse sediment transport in estuaries. Estuarine, Coastal and Shelf Science, 163: 194-205.

Einstein H A. 1950. The bedload function for sediment transportation in open channel flows. United States Department of Agriculture Technical Bulletin, 1026: 71.

Engelund F, Hansen E. 1967. A Monograph on Sediment Transport in Alluvial Streams. Copenhagen: Technical University of Denmark.

Eyal H, Enzel Y, Meiburg E, et al. 2021. How does coastal gravel get sorted under stormy longshore transport? Geophysical Research Letters, 48(21): e2021GL095082.

Hardisty J. 1983. An assessment and calibration of formulations for bagnold's bedload equation. Journal of Sedimentary Petrology, 53(3): 1007-1010.

Meyer-Peter E, Müller R. 1948. Formulas for bed-load Transport. Stockholm: International Association for Hydraulic Structures Research Second Meeting: 39-64.

Miller M C, McCave I N, Komar P D. 1977. Threshold of sediment motion under unidirectional currents. Sedimentology, 24: 507-527.

Pitlick J. 1988. Variability of bed load measurement. Water Resources Research, 24: 173-177.

Ribberink J S. 1998. Bed-load transport for steady flows and unsteady oscillatory flows. Coastal Engineering, 34: 59-82.

Schmitt T, Mitchell N C. 2014. Dune-associated sand fluxes at the nearshore termination of a banner sand bank (Helwick Sands, Bristol Channel). Continental Shelf Research, 76: 64-74.

Underwood E. 2012. How to build a smarter rock. Science, 338: 1412-1413.

Van de Kreeke J, Robaczewska K. 1993. Tide induced residual transport of coarse sediment; Application to the EMS estuary. Netherlands Journal of Sea Research, 31: 209-220.

Van Rijn L C. 2000. General View on Sand Transport by Currents and Waves. Delft: Delft Hydraulics.

Van Rijn L C. 2007a. Unified view of sediment transport by currents and waves. I: Initiation of motion, bed roughness, and bed-load transport. Journal of Hydraulic Engineering, 133(6): 649-667.

Van Rijn L C. 2007b. Manual Sediment Transport Measurements in Rivers, Estuaries and Coastal Seas. Blokzijl: Aqua Publications: 500.

Wang Y P, Gao S. 2001. Modification to the Hardisty equation, regarding the relationship between sediment transport rate and particle size. Journal of Sedimentary Research, 71(1): 118-121.

Yalin M S. 1972. Mechanics of Sediment Transport. New York: Pergamon.

Zhang Q, Deal E, Perron J T, et al. 2022. Fluid-driven transport of round sediment particles: From discrete simulations to continuum modeling. Journal of Geophysical Research: Earth Surface, 127(7): e2021JF006504.

第 8 章　悬移质输运

“沧浪之水清兮，可以濯吾缨；沧浪之水浊兮，可以濯吾足。”——屈原

《楚辞》中的渔父用水体的清浊暗喻社会环境，而在海洋沉积动力学研究中，水体的浊度通常与水中悬浮沉积物的浓度(即悬沙浓度，suspended sediment concentration, SSC)成正比，从而可以与悬移质输运率联系起来。

水平方向上的悬移质输运率(suspended sediment transport rate)，也就是悬移质沉积物单宽通量(unit suspended sediment discharge)，可由下式计算，即

$$\begin{cases} q_{sx} = \int_0^h c(z)u(z)\mathrm{d}z \\ q_{sy} = \int_0^h c(z)v(z)\mathrm{d}z \end{cases} \tag{8.1}$$

式中，$c(z)$ 为距底高度为 z 处水体的悬沙浓度，$\mathrm{kg/m^3}$ 或 g/L；h 为水体厚度；$u(z)$ 和 $v(z)$ 分别为距底高度为 z 处的水平流速在 x 方向和 y 方向上的分量；q_{sx} 和 q_{sy} 分别为 x 方向和 y 方向上的悬移质输运率(也常称为悬沙输运率)，含义是在水体单位宽度上单位时间内悬沙的输运质量，单位为 kg/(m·s)。值得注意的是，上述的悬沙浓度的定义方式是质量悬沙浓度，含义是单位体积水体中沉积物的质量，还有一种定义方式是体积悬沙浓度，含义是单位体积水体中沉积物的体积，单位自然就变成无量纲数，相应的悬沙输运率单位就是 $\mathrm{m^2/s}$。在工作中要注意区分二者，它们的差别仅仅是一个沉积物的密度。这和流体的动力黏度和运动黏度的差别类似(见第 3 章)。

中国近岸大河入海处的水体通常都是十分浑浊的。在图 8-1 中，长江口和钱塘江口都显示为棕黄色，代表水体浑浊，这正是由河流挟带的巨量沉积物入海所致。图 8-2 是专著 *River Discharge to the Coastal Ocean: A Global Synthesis* (Milliman and Farnsworth, 2011)中绘制的全球河流沉积物年入海通量分布图，从中可以看出，亚太地区河流的沉积物年入海通量在全球范围内最多，占到了全球河流沉积物年入海通量的 65%；另外，南美洲北部(主要是亚马孙河流域)以及北美洲洛基山脉以西的河流，也对全球河流沉积物年入海通量有显著的贡献。仔细计算图 8-2 各个箭头处的年入海通量，发现总和是 186 亿 t/a，该数据和原图下面的总数 190 亿 t/a 差了一点，猜测其差值可能代表大洋中岛屿(如夏威夷、格陵兰等)贡献的估计量。

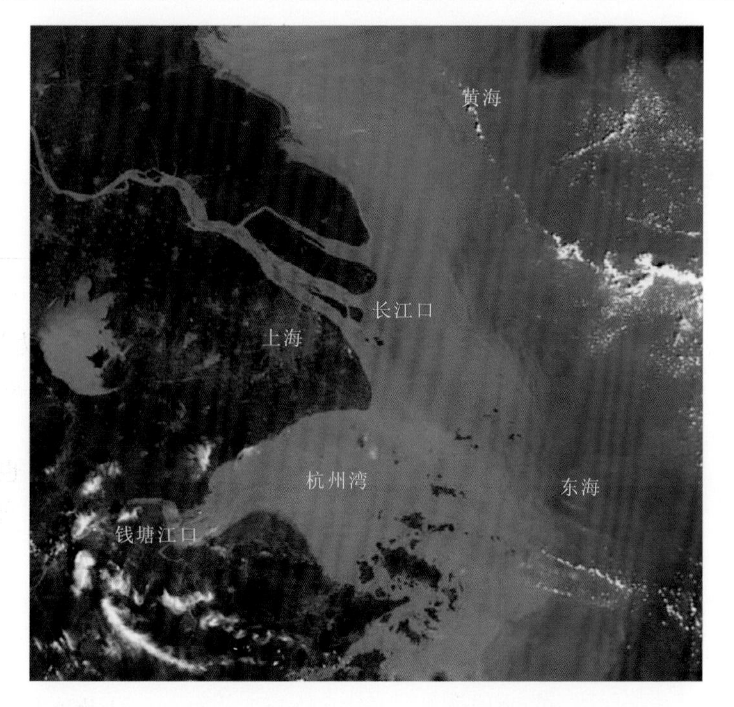

图 8-1　长江入海口、钱塘江入海口、杭州湾及东海的卫星影像图

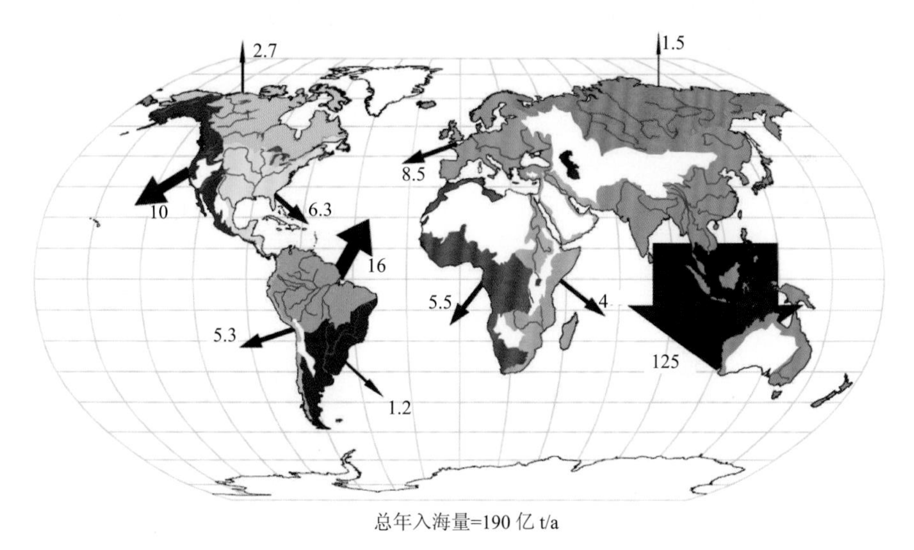

图 8-2　全球河流沉积物年入海通量分布图

图中数字单位为亿 t/a

资料来源：Milliman 和 Farnsworth (2011)

在更早的 1983 年，Milliman 和 Meade (1983) 就对当时全球大河的沉积物年入

海通量进行过统计。在全球沉积物年入海通量最大的 21 条河流中(表 8-1)，从中国入海的河流占了 5 条，分别为黄河(1.08×10^9 t/a)、长江(4.78×10^8 t/a)、海河(8.1×10^7 t/a)、珠江(6.9×10^7 t/a)和浊水溪(6.6×10^7 t/a)。但受三峡工程等水坝建设的影响，今日长江、黄河的沉积物入海通量相比 20 世纪 80 年代均有显著下降。

表 8-1　全球沉积物年入海通量最大的 21 条河流

位次	河流名称	年沉积物入海通量/(10^6 t/a)
1	恒河-布拉马普特拉河(雅鲁藏布江)	1670
2	黄河	1080
3	亚马孙河	900
4	长江	478
5	伊洛瓦底江	285
6	玛格达莱纳河	220
7	密西西比河	210
8	奥里诺科河	210
9	红河	160
10	湄公河(澜沧江)	160
11	印度河	100
12	马更些河	100
13	戈达瓦里河	96
14	拉普拉塔河	92
15	海河	81
16	普拉里河	80
17	珠江	69
18	科珀河	70
19	多瑙河	67
20	浊水溪	66
21	育空河	60

资料来源：Milliman 和 Meade(1983)。

最近，高建华等研究了长江入海沉积物通量、组分与粒度在近 60 年来的变化(Gao et al., 2015)。他们对宜昌水文站(长江上游与中游的分界点，位于三峡大坝下游)和大通水文站(长江潮区界，代表长江入海沉积物通量)在 1960～1969 年、1970～1985 年、2002 年和 2003～2010 年四个时间段的悬沙粒度进行了分析(图 8-3)，发现长江水体中的悬浮沉积物粒度绝大多数都是小于 0.1 mm 的，并以小于 0.0625 mm 的泥质沉积物为主。另外，在 1960～1985 年，长江水体中的悬浮沉积物组分变化不大，但在三峡工程开工后，细颗粒沉积物(尤其是黏土)含量急剧上升。这是一个令人深思的问题。

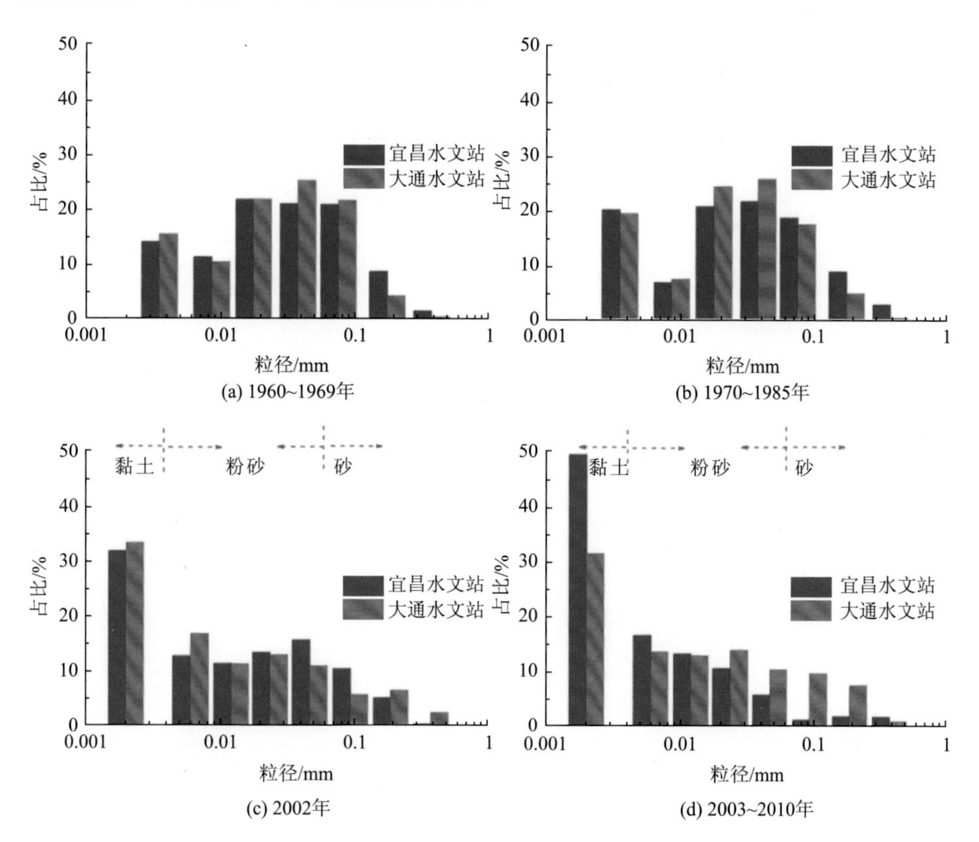

图 8-3　长江入海沉积物通量、组分与粒度在近 60 年来的变化

资料来源：Gao 等(2015)

按照第 2 章中悬移质和推移质的区分方法，可以知道长江输运的绝大部分沉积物都是以悬移质形式运动的。其实，不只长江，世界上其他的大小河流输入海洋的沉积物中的绝大部分都是泥质沉积物，在河口和海洋中都是以悬移质形式运动的，从而使水体变得浑浊。因此，在河流入海沉积物多的地方，海洋就会变得浑浊，而这些沉积物走出河口，在海洋中运动，最终归宿于海底。这种从源到汇的悬移质输运过程，不仅会影响当地的沉积动力环境、物质循环和渔业生产等要素，还会在较长的时间尺度内塑造独特的沉积体系(sedimentary system)，具有十分重要的研究意义。

8.1　悬沙浓度的观测方法

根据式(8.1)，在已知水平流速垂向剖面的情况下(参见第 4 章)，如要计算悬移质输运率，就还需要知道悬沙浓度的垂向分布。那么，如何通过测量得到水中悬沙浓度的垂向分布呢？

8.1.1　传统方法：采样称重

悬沙浓度测量工作不外乎水样采集、过滤、干燥、称重这几步(图 8-4)。其中，水样采集是最简单的一步。在野外，测量船到达定点观测的站位后，我们每隔 30 min 或 1 h，将缚上铅鱼的采水器沉入水中，到达整个水柱的底部、中部或表层测区采集水样，然后将它回收，并将水样灌入容积为 500 mL 或 1 L 的塑料瓶。在整个潮周期内(如连续 13 h 或 25 h)按照一定的时间间隔重复上述工作，就完成了一次完整的水样采集。之后，可以在船上或实验室里进行水样过滤，只留下滤膜和不溶于水的沉积物样品，在干燥后进行称重并扣除滤膜质量，得到某一份样品中的沉积物质量，从而计算得到水样的悬沙浓度。虽然这种方法比较费时费力，但水样中的沉积物质量是通过直接测量得到的，因此这一方法目前仍然是测定水体悬沙浓度最可信赖的途径。

图 8-4　水样采集和过滤

8.1.2　代用指标测量：光学和声学方法

当我们需要测量远洋、深海地区的水体悬沙浓度，或是需要对某处海域进行悬沙浓度的长时间连续测量工作时，上面的方法就会受条件所限而难以为继。于是，人们就想找出其他可以作为悬沙浓度代用指标的物理量，通过测量它们的数值来间接得到水体的悬沙浓度。其中，运用光学方法测量水体浊度(turbidity)是现在较为常用的一种推算水体悬沙浓度的方法。

在第 3 章中介绍过利用现场激光散射透射仪(LISST)进行沉积物颗粒沉降速度测量的方法。在测量某种颗粒沉降速度时，需要通过颗粒散射信号的强度反演其浓度。当悬沙浓度较高时，水体呈现浑浊的状态，光源发出的光信号就会在水中被剧烈散射，最终接收到的散射信号相比原始信号会弱很多，说明水体浊度与散射信号强度具有负相关关系。而悬沙浓度与水体浊度是呈现正相关关系的，因此有可能通过测量由沉积物颗粒散射的光信号强度来反演水体悬沙浓度。基于以上的想法，美国 D&A 仪器公司(现已被 Campbell Scientific 收购)的 Downing 等(1981)发明了光学后向散射传感器(optical backscattering sensor, OBS)，以进行水体浊度测量(图 8-5)。通过建立一个转换函数，就可以将现场测量的水体浊度与水样悬沙浓度联系起来，这样就实现了从现场水体浊度测量到悬沙浓度数据导出的跨越。

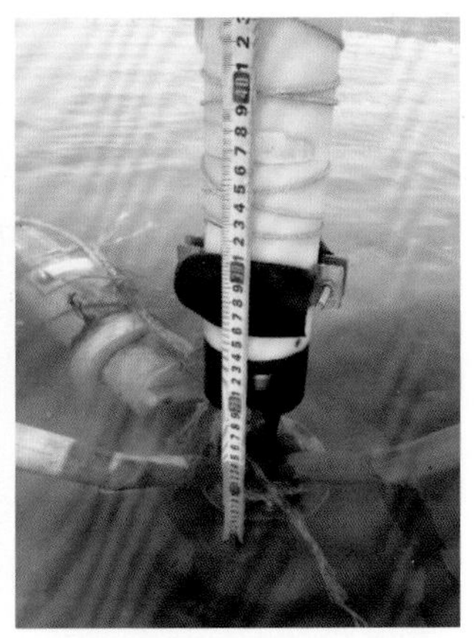

图 8-5　光学后向散射传感器(OBS-3A 型)

我们所使用的 OBS-3A 型浊度计的探头是一个约 2 cm 见方的传感器。其中的光源以固定的波长(850 nm)向它的正前方发射光信号，再由传感器中的接收器接收散射信号，从而得到当地的水体浊度(单位是 NTU)。将水体浊度转换为悬沙浓度，还需要构建转换函数，这一步又是如何实现的呢？

不论是在野外还是在室内，只要将只含有悬移质沉积物的水体混合均匀，这份水样就具有一个确定的浊度值，可以使用 OBS 测量得到。这时，再采用先前讨论过的悬沙浓度经典测量方法，将水样经过过滤、干燥、称重之后，就能求算出它的悬沙浓度。于是，就得到了一组水体浊度与悬沙浓度的对应关系。例如，在江苏新洋港岸，水中的悬移质物质组成通常变化不大，只要在获得不同点位处水体浊度与水样过滤得到的悬沙浓度的对应关系之后，进行回归分析，就能得到水体浊度与悬沙浓度之间的转换关系(图 8-6)。通常情况下，回归曲线是一条过原点的直线，也就是说，从水体浊度到悬沙浓度的转换关系满足正比例函数。

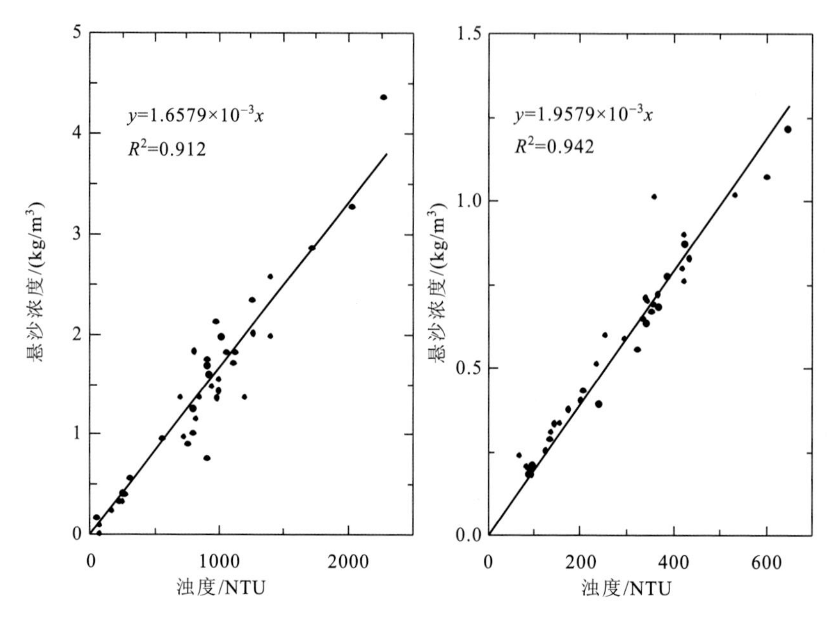

图 8-6　江苏新洋港岸外 2013 年冬季海上观测的水体浊度和悬沙浓度(SSC)的转换关系

左侧为靠近海岸的站位，右侧为离岸较远的站位，虽然两个站位是先后衔接观测的，且相距仅 12 km，但是转换函数的斜率有明显差异

资料来源：于谦等(2014)

通过使用 OBS 进行水体浊度测量，就可以在耗费较少精力的情况下即时得到测站处水体的浊度数据，并且在 OBS 电量允许的情况下，可进行较长时间(约 1 个月)的水体浊度时间序列观测。这样的做法比起直接采取水样，要省事很多。上文提到的 OBS 之父 Downing(2006)总结了 OBS 系列传感器的发展历程。在市场竞争下，除了美国 D&A 仪器公司的 OBS 之外，市面上还有几家较常见的野外浊度仪，采用类似的原理测量水体的浊度，如英国 Aquate 公司的 AQUAlogger 310TY，以及在加拿大 RBR 公司 $\mathrm{RBRsolo}^3$ Tu 上安装的 Seapoint 牌浊度仪。

必须注意的是，图 8-6 那样的悬沙浓度-浊度的标定曲线在悬沙浓度较大的时候是不成立的。当悬沙浓度达到一定程度后，浊度的数值随悬沙浓度的增速将减缓，到了某一个阈值，甚至会变得随悬沙浓度的增加而减小。一旦无法建立浊度和悬沙浓度的单调关系，那么就很难完成从浊度到悬沙浓度的转换。各仪器的响应(阈值)是不同的，这和各仪器的浊度测量范围有关，据我们的经验，对于平均粒径 10 μm 左右的悬沙，OBS 的阈值大约是 10 g/L，Seapoint 的阈值只有约 2 g/L，而 AQUAlogger 310TY 可以达到 30 g/L 以上(Wang et al., 2020)。因此，在遇到大悬沙浓度的时候，就要注意浊度仪的选择。

除了通过光学方法推知水体悬沙浓度，我们还可以使用声学仪器进行悬沙浓度测量。声学后向散射传感器(acoustic backscattering sensor, ABS)与 OBS 具有类似的工作原理。ABS 的探头内藏声呐，它既可作为信号发射装置，也可接收经沉积物颗粒作用后的散射信号。以 Sequoia 公司的 LISST-ABS 为例，其声呐会以固定的 8 MHz 频率向外发射声信号，并接收来自沉积物颗粒的散射声信号。这种散射声信号强度同样是水体悬沙浓度的一种代用指标，我们也依旧可以通过建立线性转换函数的方式将其转化为水体的悬沙浓度。

OBS 和 ABS 在使用时是可以互为补充、相辅相成的。在沉积物颗粒较细时，OBS 接收到的回波信号较强；ABS 则是在沉积物颗粒较粗(尤其是粒度在 30～400 μm)时，能够得到较为稳定而强烈的回波信号。由此，我们甚至还可以根据同一站位 OBS 和 ABS 回波信号相对强弱的变化，得到当地沉积物细颗粒和粗颗粒组分相对含量的变化。那么，为什么沉积物粒度会对 OBS 和 ABS 的散射信号产生不同的影响趋势呢？这就要从光学和声学散射信号的产生机制谈起。

光是一种电磁波，而声波是一种机械波，它们的运动都遵守波的传播定律。在它们与沉积物颗粒进行相互作用时，沉积物颗粒的宏观性质与运动状态发生的改变甚微，因此这些颗粒对光波或声波的散射可视为弹性散射(elastic scattering)。

判别弹性散射形式的因子 x 为颗粒线度与入射波长的比值。对于理想的球形沉积物颗粒，其线度为周长 $2\pi r$，如记入射波长为 λ，则有

$$x = \frac{2\pi r}{\lambda} \tag{8.2}$$

当 $x \ll 1$ 时，颗粒对波的散射为瑞利散射(Rayleigh scattering)，而当 $x \approx 1$ 或 $x > 1$ 时，颗粒对波的散射为米氏散射(Mie scattering)。特别地，在 $x \gg 1$ 时，可直接用几何光学原理处理颗粒的散射问题。

OBS 采用波长为 850 nm 的红外光源发射信号。根据式(8.2)可知，常见的沉积物颗粒线度都远大于这种红外光的波长，其散射都为米氏散射，且可用几何光学原理处理。当悬沙浓度较小时，颗粒对后向散射信号的屏蔽作用可忽略不计，这时传感器接收的后向散射信号强度正比于水中所有沉积物颗粒的表面积之和(Lynch et al., 1994)。因此，在水体中悬沙浓度一定时，假设水中的沉积物颗粒都为某一特定粒径，OBS 接收的后向散射信号强度就会与沉积物粒径成反比。

而对于信号频率为 8 MHz 的 ABS，我们取海水中的声速为 1500 m/s，则可计算得 ABS 发射的声信号波长约为 188 μm，对应的 φ 值约为 2.4(细砂)。因此，ABS 在测量不同沉积物的散射信号时，细颗粒沉积物(尤其是细粉砂和黏土)对应瑞利散射，而粗颗粒沉积物(尤其是粗砂)对应米氏散射。也就是说随着沉积物粒

度的变粗，这一散射系统的状态也将发生转变，从瑞利散射过渡到米氏散射。在粗颗粒对应的米氏(几何)散射区，ABS 接收的后向散射信号强度随沉积物粒径的变化与 OBS 类似，经理论计算知，该后向散射信号强度与沉积物粒径的平方根成反比；而在细颗粒对应的瑞利散射区，后向散射信号强度则与沉积物粒径的 1.5 次方成正比(Sequoia Scientific, Inc., 2015)。而在粒度 30～400 μm 的沉积物颗粒所对应的过渡区，ABS 所接收到的后向散射信号强度则相对稳定。

以上提及的 OBS 和 ABS，只能得到探头正前方数厘米处发射角范围内的回波信号，因而也都只能进行水体悬沙浓度的单点测量。如果要进行整个水柱的悬沙浓度垂向剖面测量，可以将一个 OBS 或 ABS 在短时间内布设在不同深度处，也可以同时在水柱的不同层位布设多个 OBS 或 ABS，不过这两种方法都比较麻烦。在第 4 章中提到过的声学多普勒流速剖面仪，也就是 ADCP，其实也可以用来进行悬沙浓度垂向剖面观测。ADCP 根据水中悬浮沉积物的反射(即后向散射)信号求算这些悬浮颗粒的运动速度，从而指代颗粒所在层位的流速。因此，ADCP 测量得到的信号首先是悬浮颗粒的回波信号，而回波信号强度可以与水体悬沙浓度联系起来(Thorne and Hanes, 2002)，在考虑湍流涡旋和垂向的悬沙浓度梯度对某一点处悬沙浓度随时间变化的影响后，即使是在较大流速(垂向平均水平流速 $U > 0.7$ m/s)的情况下，也能够得到较为准确的 ADCP 回波信号强度与水体悬沙浓度的对应关系(Merckelbach and Ridderinkhof, 2006)。

不过，利用 ADCP 回波信号测算水中的悬沙浓度，通常只适用于低悬沙浓度(明显小于 1 g/L)水体，如在江苏如东海岸的观测结果就很不错(Yu et al., 2012)。在水体悬沙浓度较高时，如在长江口、钱塘江口等处，ADCP 的回波信号会急剧衰减，所得测量结果的可信度也会大打折扣。而根据实际观测经验，即使在悬沙浓度高达 7～8 g/L 时，OBS 得到的结果仍然可信。

在 4.2 节中提到过还有一种同样基于声学多普勒原理测量一个固定点高频流速的仪器 ADV，是当今观测湍流的主要手段。在野外使用中，ADV 和 ADCP 类似，ADV 不仅可以测量流速，而且同时也会得到回声强度数据，并且流速和回声强度是高频(典型为 16 Hz)且一一对应的。将一段时间(如 10～100 s)平均的回声强度与此时悬沙浓度的对数建立线性回归方程，如果这个方程相关系数可以接受，就可以用 ADV 测得的回声强度反演悬沙浓度。研究显示这个线性回归方程的最大适用黏性沉积物浓度大约在 1 g/L(Ha et al., 2009)，并且和 ABS 相同，ADV 基于声学原理，对粗颗粒沉积物更敏感(Pearson et al., 2021)。

用 ADV 观测悬沙浓度有一个很大的好处，就是只有它有可能测得高频的定点悬沙浓度变化，并且和测得的高频流速时间完全对应。如果观测结果可靠的话，这实际上是同时观测到了流速中的湍流部分及其导致的悬浮沉积物的扩散，而湍流导致的悬浮沉积物扩散正是 8.2 节中悬沙输运理论的核心。

总之，悬沙浓度的观测并不是一件容易的事情，直接打水测量时空效率都太低，而各种仪器又有不同的特性，就现在而言，没有一种普适万能的仪器，在实践中必须仔细。Fettweis 等(2019)对这一问题做了综述。

8.2　悬沙输运方程

悬沙输运过程可以通过一系列方程来刻画。理论上，只要知道这些方程中的参数取值和初始边界条件，就可以求解悬沙浓度的时空变化。

8.2.1　沉积物的质量守恒方程：扩散方程

在流体力学中，控制体(control volume)是流场中某一确定的、形状可任意选定的空间区域。流体可以流进或流出控制体，但流入控制体的流体质量等于流出控制体的流体质量，即控制体满足质量守恒原则。

以竖直向上为 z 轴正向建立空间直角坐标系(在这里，水平的 xOy 平面上的坐标轴方向选取并不重要)，我们考虑一个控制体为长方体的简化案例，它的长、宽、高分别为 $\mathrm{d}x$、$\mathrm{d}y$ 和 $\mathrm{d}z$(图 8-7)。

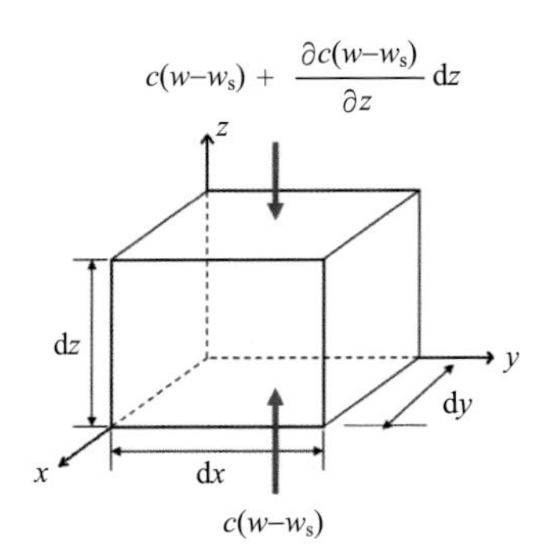

图 8-7　控制体内 z 方向上的沉积物通量大小

上表面为负，下表面为正

由于这个长方体的长、宽、高都极小，因此可以认为其中运动的水质点和控制体外、附近的水质点具有相同的运动速度 $v=(u,v,w)$，其中 u、v、w 分别是东、北、上三个方向的流速。控制体中的沉积物颗粒运动速度也是 v，但其由于重力作用，总具有下落的趋势：它在水中由于阻力的作用，最终在平衡状态时会以沉降速度 w_s 匀速竖直下落，第 3 章仔细讨论了这一问题。在计算时要考虑这一效应，并且假设沉降速度 w_s 为一定值，不随时空变化，记沉积物颗粒在水中的等效速度为 $v=(u,v,w-w_s)$。仿照在流体力学中建立连续方程(流体的质量守恒方程)的方法，将 z 方向上的一对界面上的沉积物通量进行求和，结果应该等于控制体内沉积物浓度(c)在 z 方向上随时间的瞬时变化率。在这个微小的控制体内，任意物理量在空间上都可视作是线性变化的，因此，我们考虑：

从上界面进入控制体的沉积物通量 q_{up} 指向下，沉积物通量为负号，即

$$q_{\mathrm{up}} = -\left[c(w - w_{\mathrm{s}}) + \frac{\partial c(w - w_{\mathrm{s}})}{\partial z} \mathrm{d}z \right] \tag{8.3a}$$

从下界面进入控制体的沉积物通量 q_{down} 指向上，为正号，即

$$q_{\mathrm{down}} = c(w - w_{\mathrm{s}}) \tag{8.3b}$$

二者之和为控制体内沉积物净通量，即

$$q_{\mathrm{up}} + q_{\mathrm{down}} = -\frac{\partial c(w - w_{\mathrm{s}})}{\partial z} \mathrm{d}z = \frac{\partial c}{\partial t} \mathrm{d}z \tag{8.3c}$$

等于控制体内悬沙总量在时间 t 上的变化，即

$$\frac{\partial c}{\partial t} + \frac{\partial c(w - w_{\mathrm{s}})}{\partial z} = 0 \tag{8.3d}$$

类似地，在 x 方向上，有

$$\frac{\partial c}{\partial t} + \frac{\partial (cu)}{\partial x} = 0 \tag{8.3e}$$

在 y 方向上，有

$$\frac{\partial c}{\partial t} + \frac{\partial (cv)}{\partial y} = 0 \tag{8.3f}$$

将式(8.3d)、式(8.3e)和式(8.3f)三式相加，就得到了三维的沉积物质量守恒方程(sediment mass conservation equation)，即

$$\frac{\partial c}{\partial t} + \frac{\partial (cu)}{\partial x} + \frac{\partial (cv)}{\partial y} + \frac{\partial c(w - w_{\mathrm{s}})}{\partial z} = 0 \tag{8.4a}$$

式(8.4a)写成向量形式为

$$\frac{\partial c}{\partial t} + \nabla \cdot c(v - w_{\mathrm{s}} k) = 0 \tag{8.4b}$$

其中，$\nabla = \left(\frac{\partial}{\partial x}, \frac{\partial}{\partial y}, \frac{\partial}{\partial z} \right)$ 为 del 算子，k 为 z 方向单位矢量。式(8.4b)是一种对流-扩散方程(convection-diffusion equation)，也叫作标量输运方程(scalar transport equation)。在忽略垂向对流，只考虑水平方向的平流扩散时，扩散方程也被称作平流-扩散方程(advection-diffusion equation)。

在这里，扩散方程将悬沙浓度随时间和随空间的变化率联系起来了。如果研究区域中有新的沉积物生成(源)或老的沉积物被捕获(汇)，应将扩散方程等号右边的 0 换成相应的源/汇项。当然，一般我们是不需要引入源/汇项的。

8.2.2　湍流对扩散方程的影响

实际输运沉积物的水流通常是湍流(turbulence)。在第 4 章曾将湍流的流速分解为平均值和脉动项[式(4.5)～式(4.7)]，进而引入了雷诺应力(Reynolds stress)考察湍流脉动项引起的动量、能量交换。采用同样的做法，将 x、y、z 三个方向上的流速分量与悬沙浓度分别分解为时间平均值(通常取 1 min 内平均)和脉动项。将式(8.4a)改写为

$$\frac{\partial\left(\overline{c}+c'\right)}{\partial t}+\frac{\partial\left(\overline{c}+c'\right)\left(\overline{u}+u'\right)}{\partial x}+\frac{\partial\left(\overline{c}+c'\right)\left(\overline{v}+v'\right)}{\partial y}+\frac{\partial\left(\overline{c}+c'\right)\left(\overline{w}+w'-w_{\mathrm{s}}\right)}{\partial z}=0 \quad (8.4\mathrm{c})$$

对式(8.4c)再求时间平均，整理得

$$\frac{\partial\overline{c}}{\partial t}=-\left(\overline{u}\frac{\partial\overline{c}}{\partial x}+\overline{v}\frac{\partial\overline{c}}{\partial y}+\overline{w}\frac{\partial\overline{c}}{\partial z}\right)-\left[\frac{\partial\left(\overline{c'u'}\right)}{\partial x}+\frac{\partial\left(\overline{c'v'}\right)}{\partial y}+\frac{\partial\left(\overline{c'w'}\right)}{\partial z}\right]+w_{\mathrm{s}}\frac{\partial\overline{c}}{\partial z} \quad (8.4\mathrm{d})$$

式中，$\overline{c}$ 为时间平均(如 1 min 平均)悬沙浓度，它是随空间和时间变化的，如前一分钟的平均值和后一分钟的平均值相比，就可能不相同。

在第 4 章中，通过定义湍流涡黏系数将雷诺应力与垂向水平流速梯度联系在一起。在此同样可以定义湍流扩散系数(diffusivity; diffusion coefficient)，记作ε，来刻画由湍流脉动项和悬沙浓度脉动项共同引起的悬沙浓度空间变化。

仍然假设水体是非层结的，仿照式(4.10)引入湍流涡黏系数的做法，引入扩散系数ε表示湍流扩散输运项，即

$$\begin{cases}\overline{c'u'}=-\varepsilon_x\dfrac{\partial\overline{c}}{\partial x}\\[2ex]\overline{c'v'}=-\varepsilon_y\dfrac{\partial\overline{c}}{\partial y}\\[2ex]\overline{c'w'}=-\varepsilon_z\dfrac{\partial\overline{c}}{\partial z}\end{cases} \quad (8.4\mathrm{e})$$

于是式(8.4d)可改写为

$$\begin{aligned}\frac{\partial\overline{c}}{\partial t}&=-\left(\overline{u}\frac{\partial\overline{c}}{\partial x}+\overline{v}\frac{\partial\overline{c}}{\partial y}+\left(\overline{w}-w_{\mathrm{s}}\right)\frac{\partial\overline{c}}{\partial z}\right)+\left[\frac{\partial\left(\varepsilon_x\dfrac{\partial\overline{c}}{\partial x}\right)}{\partial x}+\frac{\partial\left(\varepsilon_y\dfrac{\partial\overline{c}}{\partial y}\right)}{\partial y}+\frac{\partial\left(\varepsilon_z\dfrac{\partial\overline{c}}{\partial z}\right)}{\partial z}\right]\\&=-\left(\overline{u}\frac{\partial\overline{c}}{\partial x}+\overline{v}\frac{\partial\overline{c}}{\partial y}+\left(\overline{w}-w_{\mathrm{s}}\right)\frac{\partial\overline{c}}{\partial z}\right)\\&\quad+\left(\varepsilon_x\frac{\partial^2\overline{c}}{\partial x^2}+\frac{\partial\varepsilon_x}{\partial x}\frac{\partial\overline{c}}{\partial x}+\varepsilon_y\frac{\partial^2\overline{c}}{\partial y^2}+\frac{\partial\varepsilon_y}{\partial y}\frac{\partial\overline{c}}{\partial y}+\varepsilon_z\frac{\partial^2\overline{c}}{\partial z^2}+\frac{\partial\varepsilon_z}{\partial z}\frac{\partial\overline{c}}{\partial z}\right)\end{aligned} \quad (8.4\mathrm{f})$$

这样，我们就用扩散系数将悬沙浓度时均值的时空变化与时均流速联系起来了。接下来，就可以尝试解出悬沙浓度垂向剖面 $\overline{c}(z)$ 了。值得注意的是，在水平面上的 x 和 y 方向上，由于湍流脉动导致的沉积物输运比 z 方向要小很多(悬沙浓度的沿程梯度 $\frac{\partial \overline{c}}{\partial x}$ 、 $\frac{\partial \overline{c}}{\partial y}$ 小于 1 kg/m^3: 10^3 m，而垂向梯度 $\frac{\partial \overline{c}}{\partial z}$ 则有约 1 kg/m^3: 10^1 m，相差 3 个数量级)，在许多时候都可以忽略。

用扩散系数 ε_x 、 ε_y 和 ε_z 来计算湍流扩散输运项，并且可以认为它们和湍流涡黏系数 K_x、K_y 和 K_z 相同。第 4 章中给出了几种计算湍流涡黏系数的方法，如果知道沉积物沉降速度 w_s 和三维时均流速 $(\overline{u}, \overline{v}, \overline{w})$ ，辅以必要的边界条件，那么各地点悬沙浓度时均值的时间变化也就可以由此计算出来了。下面，我们先讨论一个最简单的例子。

8.3　均匀恒定流下悬沙浓度的垂向分布

根据式(8.1)，只要知道悬沙浓度和二维水平流速的垂向剖面，即 $c(z)$ 、$u(z)$ 和 $v(z)$ ，就能求得悬移质沉积物在水平方向上的输运率 q_{sx} 和 q_{sy} 。现在先考虑最简单的情况：当水体不发生层结、水平流动为均匀恒定流时，只考虑一维水平流速 u ，则其垂向剖面满足式(4.33)，即对数流速剖面。这样，就还剩下悬沙浓度垂向剖面 $c(z)$ 待求解，这就需要从沉积物的质量守恒关系入手。

8.3.1　扩散方程的一维近似解：Rouse 剖面

当水体不发生层结、水平流动为均匀恒定流时，只考虑一维的水平流动 u 。在悬沙浓度垂向剖面 $c(z)$ 达到平衡时，假设悬沙浓度在水平方向上的分布是均匀的，有

$$\frac{\partial \overline{c}}{\partial t} = \frac{\partial \overline{c}}{\partial x} = \frac{\partial \overline{c}}{\partial y} = 0 \tag{8.4g}$$

式(8.4f)就简化为

$$w_s \frac{d\overline{c}}{dz} + \varepsilon_z \frac{d^2\overline{c}}{dz^2} + \frac{d\varepsilon_z}{dz}\frac{d\overline{c}}{dz} = \frac{d}{dz}\left(w_s\overline{c} + \varepsilon_z \frac{d\overline{c}}{dz} \right) = 0 \tag{8.4h}$$

这样，就得到

$$w_s\overline{c} + \varepsilon_z \frac{d\overline{c}}{dz} = 0 \tag{8.5}$$

自此，略去悬沙浓度 c 上面的横线，并约定后面提及的 c 都是经过时间平均的。现在来考察式(8.5)所代表的物理图景，见图 8-8。

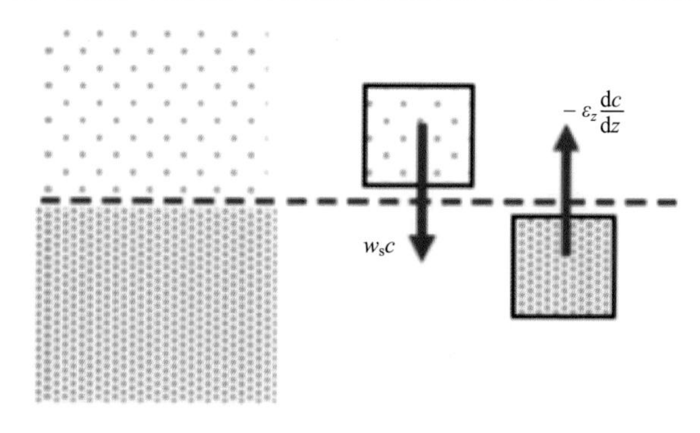

图 8-8　距底高度为 z 处界面(水平红色虚线)上的沉积物悬浮-沉降平衡

沉积物颗粒的密度是大于水的，因此在进入水体后，尽管受到摩擦力的阻滞，它还是会在重力和浮力的作用下沉降，或至少具有沉降的趋势。在悬沙浓度垂向剖面 $c(z)$ 达到平衡时，距底高度为 z 的界面上(图 8-8 中的水平红色虚线)有若干悬浮沉积物颗粒穿过它沉降，这一界面上的单位面积沉积物沉降通量大小就是该界面上的悬沙浓度 $c(z)$ 与颗粒沉降速度 w_s 的乘积，但是方向向下，因此在以竖直向上为 z 轴正向时，悬沙沉降通量项还要加上负号。与此同时，由于湍流的作用，界面下方悬沙浓度更大的区域会作为源，向界面上方扩散输运悬浮沉积物，界面上单位面积的沉积物悬浮通量方向向上，大小为 $-\varepsilon_z\frac{dc}{dz}$，因为在平衡时 $\frac{dc}{dz}$ 也总是负值。在悬浮沉积物达到悬浮-沉降平衡时，悬沙的沉降通量和悬浮通量达到平衡，这样就满足了式(8.5)。

式(8.5)是一个一阶齐次常微分方程，它的解为

$$c(z)=c_a e^{-w_s\int_a^z \frac{1}{\varepsilon(z)}dz} \tag{8.6a}$$

其中，设定了一组边界条件：悬沙浓度垂向剖面的积分起点/底边界(参考高度，reference height) z_a 和该处的悬沙浓度(参考浓度，reference concentration) c_a。虽然只需令 z_a 等于一个位于水柱内的非零正值，并知道那里的悬沙浓度，就可以求解整个悬沙浓度剖面，但通常取一个较小的 z_a 值(如 0.05 或 0.01 倍水深，或是依照下文给出的一些方法)进行计算，以尽可能让待计算的水层高度都落在积分起点以上，从而让参考高度起到底边界的作用。

如要化简解(8.6a)中的积分项，求出解析解，就必须给出 $\varepsilon(z)$ 的垂向分布函数。最简单的办法是假设 $\varepsilon(z)$ 为常数进行求解。考虑到 $\varepsilon(z)$ 的大小反映了湍流扩散输运的强度，一个既反映湍流扩散的作用效应，又便于计算的做法是令 $\varepsilon(z)$ 与边界层中的涡黏系数 K_z 相等。这样，在水体没有垂向密度分层的情况下，借用水流边界层理论中(4.4 节)抛物线型涡黏系数分布式[式(4.30)]，就有

$$\varepsilon(z)=ku_{*\mathrm{C}}z\left(1-\frac{z}{h}\right) \tag{8.6b}$$

将式(8.6b)代入式(8.6a)，易得

$$c(z)=c_{\mathrm{a}}\left(\frac{h-z}{h-z_{\mathrm{a}}}\frac{z_{\mathrm{a}}}{z}\right)^{\frac{w_{\mathrm{s}}}{ku_{*\mathrm{C}}}} \tag{8.7}$$

这就是著名的 Rouse(1937)剖面。其中的幂次项 $\frac{w_{\mathrm{s}}}{ku_{*\mathrm{C}}}$ 也记为 Ro 或 b，称为 Rouse 数(Rouse number)，用以纪念提出这一方程的亨特·饶斯[①]。

对式(8.7)进一步分析，可以了解其随着Rouse数变化而发生的变化。如图8-9，记某层位悬沙浓度与参考浓度之比为相对浓度；再用其高度与参考高度的差与整个水柱除去参考高度的长度之比，作为相对高度。在 Rouse 数较大时(如大于 1)，沉积物的沉降速度较大(颗粒较粗)，或是摩阻流速较小，湍流作用相对弱小，混

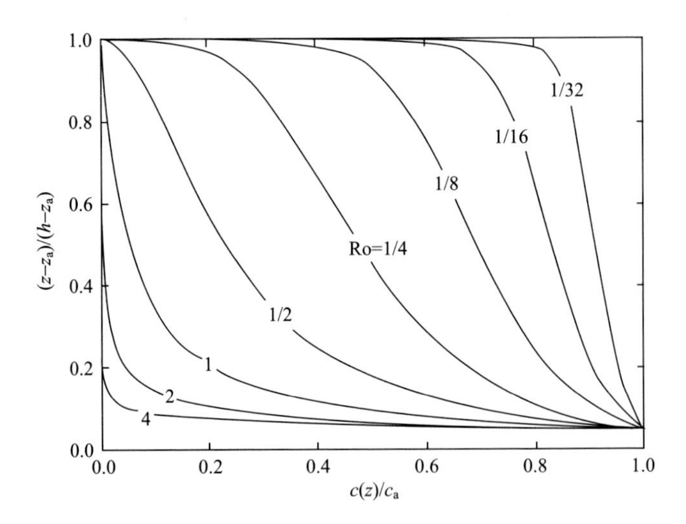

图 8-9　水柱中不同层位处的相对悬沙浓度随 Rouse 数 Ro 的变化

参考高度 z_{a} 为水深 h 的 0.05 倍，z 是距底床高度，纵坐标表示相对高度，水面为 1

---

① 亨特·饶斯(Hunter Rouse, 1906～1996 年)是美国水力学家。他先后在 1929 年、1932 年取得麻省理工学院(Massachusetts Institute of Technology)的土木工程学士、硕士学位，于 1932 年在德国卡尔斯鲁厄理工大学(Karlsruher，现为卡尔斯鲁厄理工学院，Karlsruher Institut für Technologie)取得博士学位。他一生致力于湍流研究，注重理论与实践相结合，先后在麻省理工学院、哥伦比亚大学(Columbia University)、加州理工学院(California Institute of Technology)和爱荷华大学(University of Iowa)任教，并在爱荷华大学执掌爱荷华水力研究所(Iowa Institute of Hydraulic Research)，推进水力学的基础研究。他是美国人文与科学院(1958 年)与美国工程院(1966 年)院士，并同时是美国机械工程师协会(1967 年)、美国土木工程师协会(1973 年)和国际水力学研究联合会(1985 年)的荣誉会员。他在 1980 年被美国工程师联合会授予最高荣誉——约翰·弗里茨奖章。

合作用不显著，沉积物颗粒就易于沉降，聚集在底层水体，而不易悬浮至水柱的中上层，悬沙浓度自近底处向上迅速衰减，其剖面表现为图中几条下凹的曲线。而在 Rouse 数较小时(如小于 0.125)，沉积物的沉降速度较小(颗粒较细)，或摩阻流速较大，湍流混合作用明显，沉积物颗粒会有更多机会被湍流输运至水体中上层，悬沙浓度在近底处便不会向上迅速衰减，而会自近底处到水体中上层都保持相对接近，因而使剖面表现为图中几条上凸的曲线。

不过，在应用 Rouse 剖面进行沉积物输运计算时应十分小心。读者看到这句话时，多半能联想到在第 4 章中的提醒：应用抛物线型涡黏系数分布使对数流速剖面成立的前提，是水体在垂向上不分层。同样，由于 Rouse 剖面是基于抛物线型湍流扩散系数分布导出的，我们同样要在水体不发生垂向分层的时候才能使用它。

在野外，通过使用 ADV 或 ADCP 对水平流速进行观测，可以计算得到测站处水体在某时刻的摩阻流速，可以设定一个近底的参考高度，测量那里的悬沙浓度，还可以通过多波束或 ADCP 测量得到当地水深，再结合 OBS 得到的悬沙浓度剖面，似乎就能算出当地悬移质颗粒的沉降速度了。但将这种方法应用于长江口等由垂向盐度和悬沙浓度差异导致的密度分层较为显著的水体是行不通的，在第 4 章中讨论过分层对涡黏系数(湍流扩散系数)垂向分布的影响(图 4-17)：涡黏系数将不再呈现抛物线型变化。因此，Rouse 剖面也将不再成立。

在抛物线型湍流涡黏系数(湍流扩散系数)垂向分布不成立的情况下，我们亦可获得整个悬沙浓度垂向剖面。方法和上面导出 Rouse 剖面的过程类似，只是要把式(8.6b)替换为其他湍流涡黏系数分布方程，这样就往往无法得出解析解，而只能得到数值解。

悬沙浓度本身会导致含沙水体的密度变化[式(4.35)]，于是，湍流涡黏系数(湍流扩散系数)的垂向分布就会影响悬沙浓度的垂向分布，而悬沙浓度的垂向分布又会引起水体垂向密度分布的变化，继而影响到湍流涡黏系数(湍流扩散系数)的垂向分布(如 k-ε 模型所描述的那样)。上述过程就形成了一个互相牵制的负反馈循环。在均匀恒定流的情况下，经过“面多加水、水多加面”的调整，在一段时间的迭代后，悬沙浓度和湍流涡黏系数(湍流扩散系数)剖面都会达到均衡态(一个稳定平衡状态)。

在海洋环境下 Rouse 剖面的成立还有一个巨大的隐患，就是均匀恒定流假设的失效。海洋最大的特征之一，就是存在潮汐的作用，潮涨潮落，流速在一个潮周期内会从正方向的最大变到负方向的最大再变回正方向的最大，这一周期性振荡的流速强迫，会导致悬沙浓度的周期性振荡，从而使“悬沙浓度垂向剖面 $c(z)$ 达到平衡”不存在，这样 Rouse 剖面也就无从谈起。Yu 等(2011)的解析理论就指出，如果强行使用 Rouse 剖面，在潮流加速(流速增加)时会高估 Rouse 数，而在潮流减速(流速减小)时会低估 Rouse 数。潮汐环境下悬沙浓度的问题在 8.4 节有详细的讨论。

但不论使用何种湍流方法，在应用之前都一定要仔细考虑其基本假设在当前情况下是否成立。如果基本假设成立，这种方法才有被应用的可能与价值，否则就犹如抱薪救火，得到的计算结果往往会与实际情况背道而驰。

无论使用何种湍流涡黏系数(湍流扩散系数)垂向分布，所得到的都只是垂向剖面上悬沙浓度的相对大小，其绝对数值则依赖于(底)边界上的悬沙浓度或再悬浮通量。在这一相对大小问题上，黏性和非黏性沉积物是没有区别的，因为二者的相关物理过程是完全相同的，而它们的绝对数值差别会体现在下文的底部边界条件上。

8.3.2　非黏性底床悬沙浓度计算的底部边界条件：浓度边界

上文得出了从水底到水表不同层位上悬沙浓度与参考浓度的相对变化，但在实际研究中，必须求得整个悬沙浓度剖面的绝对数值，以进行包括沉积物输运率计算的一系列后期工作。

实际上，不论是怎样的悬沙浓度剖面，都有两个边界待考虑：海-气界面和水-底界面。在海-气界面上，假设海面的风无法直接驱动沉积物运动，也不会向水中提供或是从水中夺取沉积物，因此这个边界可以认为是一个沉积物无法穿透的界面。而在水-底界面上，沉积物最终沉降后会落在底床上，它们可以形成底形(bedform)，还可以在受到表面水流的作用后被带起(再)悬浮，这个边界是决定悬沙浓度垂向分布的关键条件。

若要求得悬沙浓度剖面的绝对数值，第一种办法，也是最直接的办法，是求解浓度边界(concentration boundary)，就是在(底)边界附近的参考高度上给定一个悬沙浓度，这样，按照上文得到的相对分布，就可以得出悬沙浓度的绝对数值。这是适用于底床非黏性的情况下，求解悬沙浓度剖面的边界条件。

例如，Rouse 剖面是悬沙浓度的垂向剖面中最为理想化的一种。稍加计算就可以知道，只要能定量描述水-底界面，求出参考高度 z_a 和那里的质量参考浓度 c_a，对整个悬沙浓度垂向剖面的描述就大功告成了。

现在有两个问题：一是如何寻找一个接近底床并适合作为参考高度 z_a 取值的层位(参考高度 z_a 并不总是取 0.05 倍水深)；二是如何定量估计那里的质量参考浓度 c_a。目前，这方面的研究还停留在半经验半理论的参数化过程中，在此介绍两种最为经典实用的做法。

1) Van Rijn(2007) *方法*

在第 5 章中讨论过在非黏性底床上形成底形的情况。小波痕(ripple)在确定 Rouse 剖面求解的边值(特别是参考高度 z_a)时是最重要的。它的典型波长在 10^1 cm

量级，高度在 10^0 cm 量级。在具体计算浓度边界时，Van Rijn (2007a, 2007b) 提出了一套比较切合实际的方法。

根据第 5 章中计算底形摩阻长度的方法，在低流态下(见第 5 章)，不论底床上是否产生海底沙丘(dune)，在平床或沙丘上总能形成小波痕。一连串小波痕之中，既有波峰也有波谷，选用波峰处作为参考高度 z_a，也就是 Rouse 剖面的积分起点，是较为合适的。如将这一串底床高程的微小变化进行平均，就得到了平均床面。这时，不难得到参考高度 z_a 正是波峰到平均床面的高差，而该高差就是小波痕高度 Δ 的一半。同时，在这一套计算底形摩阻长度的方法中，该方法又认为小波痕的摩阻长度 $k_{s,r}$ 和小波痕的波高 Δ 相同，计算公式可见式(5.18a)。但是 z_a 存在一个最小值，即它不能小于 0.01 m，这是因为在流速很大时，小波痕高度变得很小，但是此时的参考高度不能如此小。另外，体积参考浓度 C_a 亦不能高于 0.05。于是，他提出

$$\begin{cases} z_a = \max\left\{\dfrac{1}{2}k_{s,r}, 0.01\right\} \\ c_a = \min\left\{0.015\rho_s \dfrac{D_{50}T_s^{1.5}}{z_a D_*^{0.3}}, 0.05\rho_s\right\} \end{cases} \tag{8.8}$$

式中，c_a 为质量参考浓度，是体积参考浓度 C_a 与沉积物颗粒密度 ρ_s 的乘积，kg/m^3；z_a 为参考高度，m；ρ_s 为沉积物颗粒密度(2650 kg/m^3)；D_{50} 为底床沉积物中值粒径；D_*为底床沉积物的无量纲粒径[见式(3.24)]；T_s 为无量纲底床切应力参数，满足：$T_s = \dfrac{\tau_{bs}}{\tau_{cr}} - 1$；$\tau_{bs}$ 为底床表面切应力(见第 5 章)；τ_{cr} 为沉积物颗粒的起动临界切应力(见第 6 章)。

2) *Smith 和 McLean (1977) 方法*

在 Van Rijn (2007a；2007b) 方法之外，另一种常用于非黏性底床浓度边界计算的经典方法由美国华盛顿大学(University of Washington)的 Smith 和 McLean (1977)提出。他们通过理论分析，结合实测数据率定，认为参考高度 z_a 和质量参考浓度 c_a 满足

$$\begin{cases} z_a = \dfrac{\alpha(\tau_{bs} - \tau_{cr})}{g(\rho_s - \rho)} + \dfrac{D_{50}}{12} \\ c_a = \dfrac{\rho_s \gamma_0 C_0 T_s}{1 + \gamma_0 T_s} \end{cases} \tag{8.9}$$

式中，系数 α 推荐取 26.3(依据北美洲哥伦比亚河实测数据)；g 为重力加速度(9.8 m/s^2)；系数 γ_0 经计算推荐取 2.4×10^{-3}；C_0 为最大相对浓度(即 1 减去沉积物孔隙

度，一般取沉积物孔隙度为 0.35，则 $C_0 = 0.65$）。

非黏性沉积物的悬浮状态与其粒径和水流流速直接相关。依照 Van Rijn（2007b）、Smith 和 McLean（1977）方法，设定水深为 5 m，分别对床沙粒径为 31.25 μm、62.5 μm、125 μm 和 200 μm 的非黏性底床，采用 Rouse 剖面假设，计算了不同垂向平均水平流速下的参考高度 z_a 和质量参考浓度 c_a，结果如图 8-10 所示。图 8-10(a) 为 Van Rijn（2007b）方法计算结果，图 8-10(b) 为 Smith 和 McLean（1977）方法计算结果。图中的横坐标为垂向平均水平流速，左侧纵坐标（对数标度）为质量参考浓度 c_a，右侧纵坐标（对数标度）为参考高度 z_a。图中圆点与虚线代表质量参考浓度 c_a 随垂向平均流速 u 的变化，方块与实线则代表参考高度 z_a 随垂向平均水平流速 u 的变化。

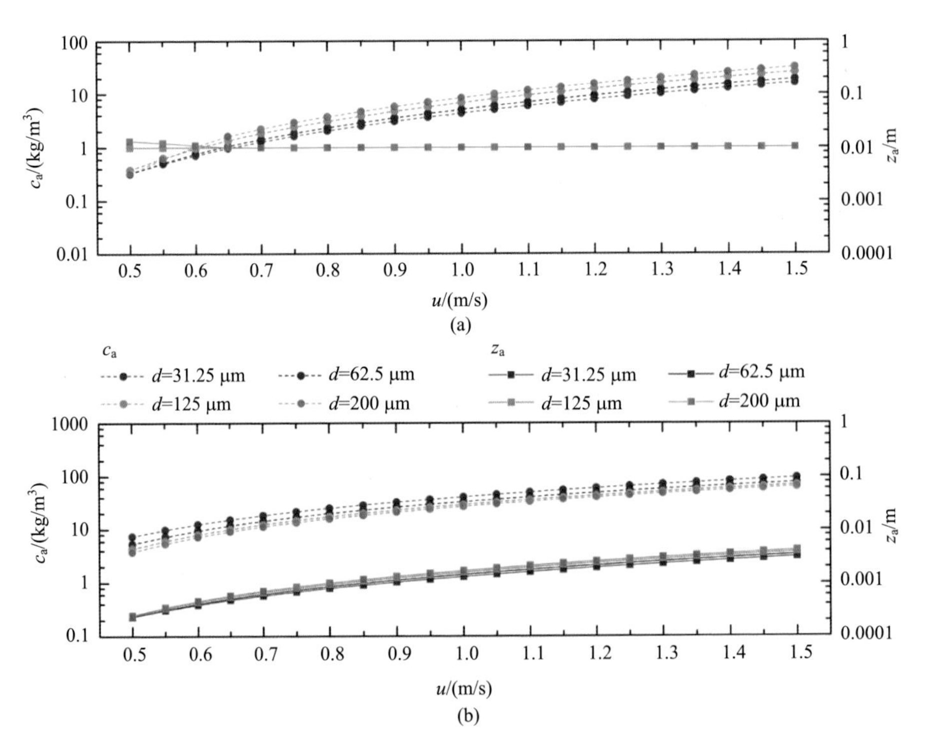

图 8-10　参考高度 z_a 与质量参考浓度 c_a 随垂向平均水平流速的变化关系

(a) 为 Van Rijn (2007b) 方法计算结果，(b) 为 Smith 和 McLean (1977) 方法计算结果

从图 8-10 中可以得知，在给定流速下，虽然改变床沙粒径，使用某种方法计算得到的参考高度 z_a 变化不大（2 倍之内），据此得到的参考浓度 c_a 变化也没有超过一个数量级（5 倍以内），但 c_a 随床沙粒径变化的趋势却有所不同，这可能反映了两种计算方法看待悬沙输运过程的不同视角。

应用 Van Rijn (2007b) 方法得到的同一流速下的参考浓度 c_a，大部分是随床沙粒径增大而增大的，这可能是由于粗颗粒的沉降速度较大，其起动临界切应力 τ_{cr} 也更大，因而不容易悬浮至整个水柱中，而是倾向于在近底处聚集；并且，这一聚集效应远胜容易悬浮的细颗粒，使得粗颗粒底床取得了更大的 c_a。反观 Smith 和 McLean (1977) 方法的计算结果，同一流速下的参考浓度 c_a 随床沙粒径增大而减小，这就有可能是粗颗粒的起动临界切应力 τ_{cr} 更大，其起动本就比细颗粒困难，自然会让底床供给悬沙的浓度变小。

如果将上述两种方法得到的参考浓度 c_a 用于计算 5 m 水深情况下距底 0.1 m 处的近底悬沙浓度 c_b（图 8-11），就能发现这两种方法对于床沙粒径变化响应的显著差别：当垂向平均水平流速为 1 m/s 时，应用 Van Rijn (2007b) 方法计算，则中值粒径为 62.5 μm 的底床能产生约 2 kg/m^3 的近底悬沙浓度，中值粒径为 200 μm 的底床只能产生约 0.2 kg/m^3 的近底悬沙浓度；如果使用 Smith 和 McLean (1977) 方法计算，这两种中值粒径底床产生的近底悬沙浓度相差几乎可以达到两个数量级。纵观计算所取的流速范围，不难发现在非黏性底床床沙很细时，都几乎能产生较大（超过 1 kg/m^3）的近底悬沙浓度；而床沙较粗时，如果床面水流流速显著增大，近底悬沙浓度也会随之增大一个数量级甚至更多。

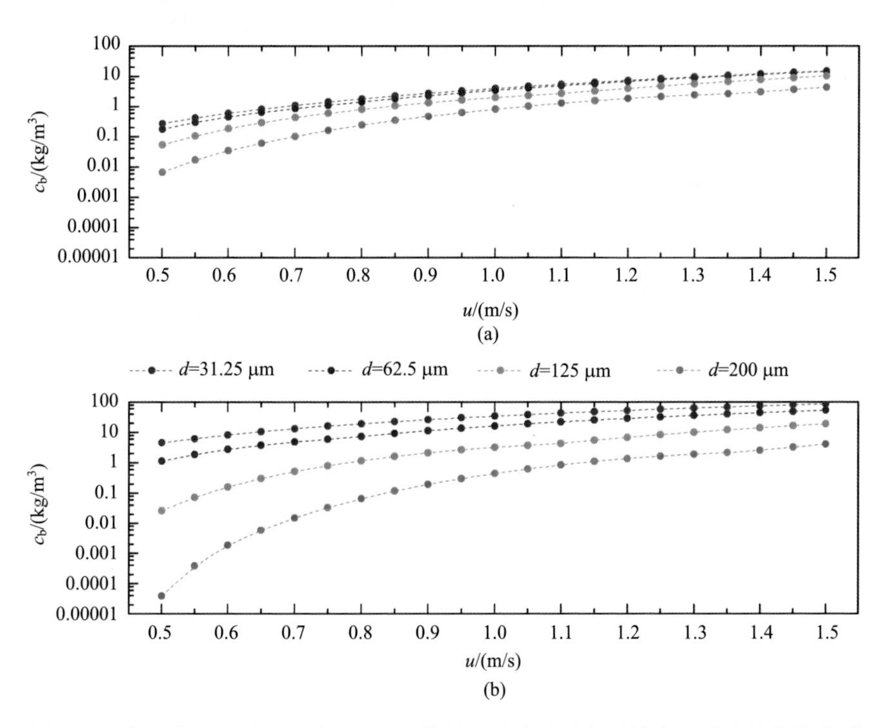

图 8-11　水深为 5 m 时，距底 0.1 m 处的悬沙浓度随垂向平均水平流速的变化关系

(a) 为 Van Rijn (2007b) 方法计算结果，(b) 为 Smith 和 McLean (1977) 方法计算结果

不过，对同一粒径底床分别应用两种方法进行近底悬沙浓度 c_{b} 计算，其结果的变化范围也时有殊异。引起这一问题的主要原因在于两种方法对参考高度 z_{a} 的选取存在不同看法。根据 Van Rijn (2007b) 方法得到的参考高度 z_{a}，在计算中的绝大部分情况下都取 0.01 m，这是由小波痕的摩阻长度（波高）$k_{\mathrm{s,r}}$ 很小（通常不超过 $20D_{50}$）导致的；而 Smith 和 McLean (1977) 方法中的参考高度 $z_{\mathrm{a}} = \dfrac{\alpha(\tau_{\mathrm{bs}} - \tau_{\mathrm{cr}})}{g(\rho_{\mathrm{s}} - \rho)} + \dfrac{D_{50}}{12}$，其中 $\dfrac{D_{50}}{12}$ 项是底床沉积物颗粒的摩阻高度，另一项 $\dfrac{\alpha(\tau_{\mathrm{bs}} - \tau_{\mathrm{cr}})}{g(\rho_{\mathrm{s}} - \rho)}$ 则与床面水流强度和床沙粒径相关。由于这两项都是与底床沉积物颗粒，而非与底形直接相关的。按照 Van Rijn (2007b) 方法计算出的参考高度 z_{a} 一定与底形相关（当 z_{a} 取 0.01 m 时，有时 z_{a} 比小波痕的波高 $k_{\mathrm{s,r}}$ 还要大数倍，更遑论床沙粒径了），而 Smith 和 McLean (1977) 方法中的参考高度 z_{a} 要比 Van Rijn (2007b) 方法中的小得多（小 1～2 个数量级），因此产生了近底悬沙浓度计算值的差异。

以上两种方法，包括 Van Rijn (2007b) 方法的前身 Van Rijn (1984)，在 Garcia 和 Parker (1991) 对七种浓度边界条件的评估中表现最好，因而也被最为广泛地应用于实际研究中。不过，它们并非完全由理论导出，而仍然是半经验公式。同时，需要注意的是，这两种公式中都用到了无量纲底床切应力参数 T_{s}，它指示了沉积物起动输运的状态。例如第 2 章和第 5 章中所述，只有作用在沉积物颗粒表面的那部分水流切应力，才能使沉积物颗粒起动；也只有当这部分水流切应力超过沉积物颗粒的起动临界切应力后，沉积物颗粒才能起动，被水流输运到其他地方。因此在 T_{s} 中，与沉积物颗粒的起动临界切应力 τ_{cr} 进行比较的水流切应力项，也一定是底床表面切应力 τ_{bs}，而不是总的水流切应力 τ_{b}；后者之中的大部分被用于克服底形产生的阻力 τ_{bf}，这一部分并不直接引起沉积物的起动与输运。

3) 浓度边界条件下的底床侵蚀/沉降通量

悬沙输运导致的底床沉积物和水中悬浮沉积物的净交换率（侵蚀/沉降通量）是研究和工程中非常关心的一个物理量，在第 9 章中，它是沉积物输运和地貌演化联系的纽带。按照前文导出的悬沙输运方程，参考图 8-8，可以知道侵蚀和沉降通量为

$$\begin{cases} j_{m,\mathrm{e}} = -\varepsilon_z \left.\dfrac{\mathrm{d}c}{\mathrm{d}z}\right|_{z \to z_a} \\ j_{m,\mathrm{d}} = w_{\mathrm{s}} c\big|_{z \to z_a} \end{cases} \tag{8.10}$$

式中，$j_{m,\mathrm{e}}$（在不引起歧义的情况下可写作 E，即侵蚀 erosion 的首字母，下同）为单位面积上由于底床侵蚀而通过近底界面向上悬浮的沉积物质量，方向竖直向上；

$j_{m,\mathrm{d}}$(在不引起歧义的情况下可写作 D，即沉降 deposition 的首字母，下同)为单位面积上通过近底界面向底床沉降的沉积物质量，方向竖直向下；箭头指的是高度趋近于参考高度 z_a。

式(8.10)中，侵蚀通量，即向上的沉积物扩散，可以表达为参考高度上的悬沙浓度梯度乘以垂向的湍流扩散系数，在实际的计算中以最下一层观测或模拟得到的悬沙浓度和悬沙参考浓度计算得到悬沙浓度梯度，再乘以这两个高度平均值位置的湍流扩散系数。而沉降通量则是由最下一层观测或模拟得到的悬沙浓度乘以沉降速度。在它们之前还可能乘以复杂的矫正系数。著名的沉积物输运软件 Delft3D 就是这么计算非黏性沉积物侵蚀/沉降通量的。

这里的一个基本假设是，参考高度上的参考悬沙浓度能够按照水动力和底床的情况实时调整。这个假设和第 7 章中的推移质输运是相同，它们和水动力条件变化的响应时间为 0。但是在参考高度之上各层的悬沙浓度就需要时间调整，这样悬沙浓度及其垂向梯度、湍流扩散系数、沉降速度三者之间的平衡就会被打破，这样就会出现净的侵蚀或沉降(即侵蚀通量不等于沉降通量)，这就是不均衡输沙的问题，也就超越了前面讲的均衡状态的 Rouse 剖面。

8.3.3　黏性底床悬沙浓度计算的底部边界条件：通量边界

1)通量边界

非黏性沉积物的悬浮状态与其粒径和水流流速直接相关，而黏性底床的情况就复杂得多：底床上的沉积物相互黏结在一起，其动力特性(起动、侵蚀、沉降和再悬浮等行为)受到黏性控制。在处理黏性底床的悬沙浓度计算问题时，就不能应用“浓度边界”条件，而需要另辟蹊径。通量边界(flux boundary)就是适用于在底床为黏性的情况下，求解悬沙浓度垂向剖面的底部边界条件。

在非黏性底床上，由浓度边界得到悬沙浓度剖面是轻而易举的，在引入以 Rouse 剖面为代表的悬沙剖面公式后，只要知道底部边界上的(参考)悬沙浓度就能完成求解。而在黏性底床上，需要考虑一个十分接近底床的界面：在这里，水柱中沉降到底床上的沉积物和底床上被水流侵蚀带起到水柱中的沉积物发生交换。假设水流为均匀恒定流，就能据此求出底边界上(同时亦是整个水柱上)的沉积物通量。在给定水柱内的初始总悬浮沉积物量后，结合相对悬沙浓度剖面就可以求解此时的绝对悬沙浓度剖面及其随时间的变化。当底边界上的侵蚀-沉降过程达到平衡后，整个水柱上的垂向悬沙交换也就能达到平衡，从而塑造出一个垂向均衡悬沙浓度剖面。为了求解这个剖面，就需要得到它的通量边界作为底部边界条件。

小爱因斯坦的学生、美国佛罗里达大学(University of Florida)的 Partheniades

(1965)提出了一套沿用至今的通量边界条件，即

$$
\begin{cases}
j_{m,\mathrm{e}} = M\left(\dfrac{\tau_\mathrm{b}}{\tau_{\mathrm{cr,e}}} - 1\right) \\
j_{m,\mathrm{d}} = w_\mathrm{s} c_\mathrm{b} \text{ 或 } w_\mathrm{s} c_\mathrm{b}\left(1 - \dfrac{\tau_\mathrm{b}}{\tau_{\mathrm{cr,d}}}\right)
\end{cases}
\tag{8.11}
$$

式中，$j_{m,\mathrm{e}}$ 和 $j_{m,\mathrm{d}}$ 的定义同上；近底界面的底床切应力取 τ_b；$\tau_{\mathrm{cr,e}}$ 为底床临界侵蚀切应力；$\tau_{\mathrm{cr,d}}$ 为底床临界沉降切应力；w_s 为沉降速度；c_b 为近底界面处的悬沙浓度；M 为一个有单位的侵蚀常数。

这组公式看起来非常简单，其导出却实属无奈之举。黏性沉积物的侵蚀-悬浮过程是十分复杂的，时至今日都没有较好的理论定量刻画这一系列过程，因而只能通过一系列参数化方法来逼近真实情况。

沉积物若要悬浮起来，就必须受到超过其起动临界切应力 $\tau_{\mathrm{cr,e}}$ 的水流切应力 τ_b 作用，这里的 $\tau_{\mathrm{cr,e}}$ 正是前面所一直提到的 τ_{cr}。在第 6 章中讨论过黏性沉积物所对应的 τ_{cr}，目前还没有合适的办法来计算它，而只能按照经验估计，其取值落在 0.1～1 N/m^2 的可能性较大。在黏性底床上，底形不易发育，即使形成了也难以度量，此时就难以确定水流切应力 τ_b 中有多少直接作用于底床侵蚀与床沙起动，又有多少被用于克服底形阻碍。此外，黏性底床上的底形不如非黏性底床上的底形稳定；非黏性底床上的底形可以保持不动、顺应或逆着流向迁移，而黏性底床上的底形受到水流作用后，可能会被掀起，进而崩碎成为悬沙。因此，式(8.11)中的水流切应力仍然取总的水流切应力 τ_b，而不像非黏性底床计算中使用底床床面切应力 τ_{bs}。

在式(8.11)中，Partheniades(1965)假设底床上受到水流侵蚀的沉积物在界面上的通量 $j_{m,\mathrm{e}}$ 与 $\left(\dfrac{\tau_\mathrm{b}}{\tau_{\mathrm{cr,e}}} - 1\right)$ 成正比，并将这个具有单位的比例系数记作 M。据 Amos 等(1992)的研究，侵蚀常数 M 的取值通常在 10^{-5} 或 10^{-4} 的量级上。

2)两种沉降通量的计算模式

界面上悬浮沉积物的沉降通量与其浓度和沉降速度有关。当今，学界对沉降通量的表示方法仍然莫衷一是，我们也不知道谁对谁错，或是谁的方法更好，毕竟，黏性沉积物的侵蚀-悬浮过程太复杂，以至于必须依靠参数化模型才能初步解决问题。

引入底床临界沉降切应力 $\tau_{\mathrm{cr,d}}$ 的要旨在于，近底界面上的悬浮沉积物只有在水流切应力较弱(小于 $\tau_{\mathrm{cr,d}}$)的情况下才能发生沉降，否则将会一直悬浮在水柱中，

而不落到底床上。因此，近底处的水流切应力 τ_b 越小，悬沙越容易沉降到底床上，在沉降通量的表达式中就有必要引入 $\left(1-\dfrac{\tau_b}{\tau_{cr,d}}\right)$ 一项，这是 Partheniades(1965)最初的方法。但是 $\tau_{cr,d}$ 应取多大，它和 $\tau_{cr,e}$ 具有什么关系，这两个问题的答案还是众说纷纭，没有确定的说法。

一种观点强调侵蚀与沉降过程不同步发生的处理方法是认为 $\tau_{cr,e} > \tau_{cr,d}$。这样，在近底水流切应力 $\tau_b > \tau_{cr,e}$ 时，将只发生底床侵蚀，而没有悬浮沉积物沉降到底床；在 $\tau_{cr,e} > \tau_b > \tau_{cr,d}$ 时，底床上不发生侵蚀，同时也没有沉积物沉降；只有当近底水流切应力减小到 $< \tau_{cr,d}$ 后，才逐渐有悬浮沉积物通过界面沉降到底床。与 Partheniades 同为小爱因斯坦学生、美国加利福尼亚大学伯克利分校(University of California, Berkeley)的 Krone(1962)进行了水槽实验，其结果支持了该观点，并被一些经典专著推广[如 Dyer(1986)]。这种观点被称为黏性沉积物侵蚀-沉降的互斥模式(exclusive paradigm)。

不过，在近 20 年来，一些人又认为只要水柱中存在悬移质，不论近底水流切应力 τ_b 如何变化，这些悬浮沉积物总会通过界面沉降到底床上，因此没有必要在沉降通量的表达式中引入 $\left(1-\dfrac{\tau_b}{\tau_{cr,d}}\right)$ 一项。也就是说，侵蚀与沉降过程可以同时发生，而不是互斥的。在此前提下，沉降通量就只是沉降速度 w_s 和近底悬沙浓度 c_b 的乘积。于是当近底水流切应力 $\tau_b > \tau_{cr,e}$ 时，底床就被水流侵蚀，产生新的悬移质，而当 $\tau_b < \tau_{cr,e}$ 时，底床就不会被水流侵蚀。与此同时，界面上的悬浮沉积物总在以通量 $w_s c_b$ 沉降至底床上。这种观点则被称为黏性沉积物侵蚀-沉降的并存模式(simultaneous paradigm)，最早由 Sanford 和 Halka(1993)提出。当然，如果在互斥模式中假设 $\tau_{cr,d}$ 是一个远大于 τ_b 的数(如 1000 N/m^2)，那么 $\left(1-\dfrac{\tau_b}{\tau_{cr,d}}\right)$ 项也就趋近于 1，沉降通量即为 $w_s c_b$。此时，互斥模式就退化为并存模式。

如果读者在理解上文关于侵蚀-沉降过程的论述时仍有困难，不妨结合图 8-12 再加思考。为简化分析，设想一个拖曳系数 C_D 保持恒定的底床，在上面施加一个往复变化的潮流场，它在一个方向上的正负变化可以用正弦函数来刻画。由式(5.8)知，底床切应力 τ_b（在只考虑水流作用下，即为 τ_C）与水平流速 U 的平方成正比。而 τ_b 作为沉积物起动和输运的驱动力，其方向与 U 的方向一致，于是在一个潮周期内，τ_b 也呈类似正弦函数的变化(正负号显示其方向)。

在水位由最低点上升至最高点的涨潮期间，潮流的方向指向陆地，大小则呈正弦函数变化，从零开始先增大到极大值，再减小到零。类似地，底床切应力 τ_b

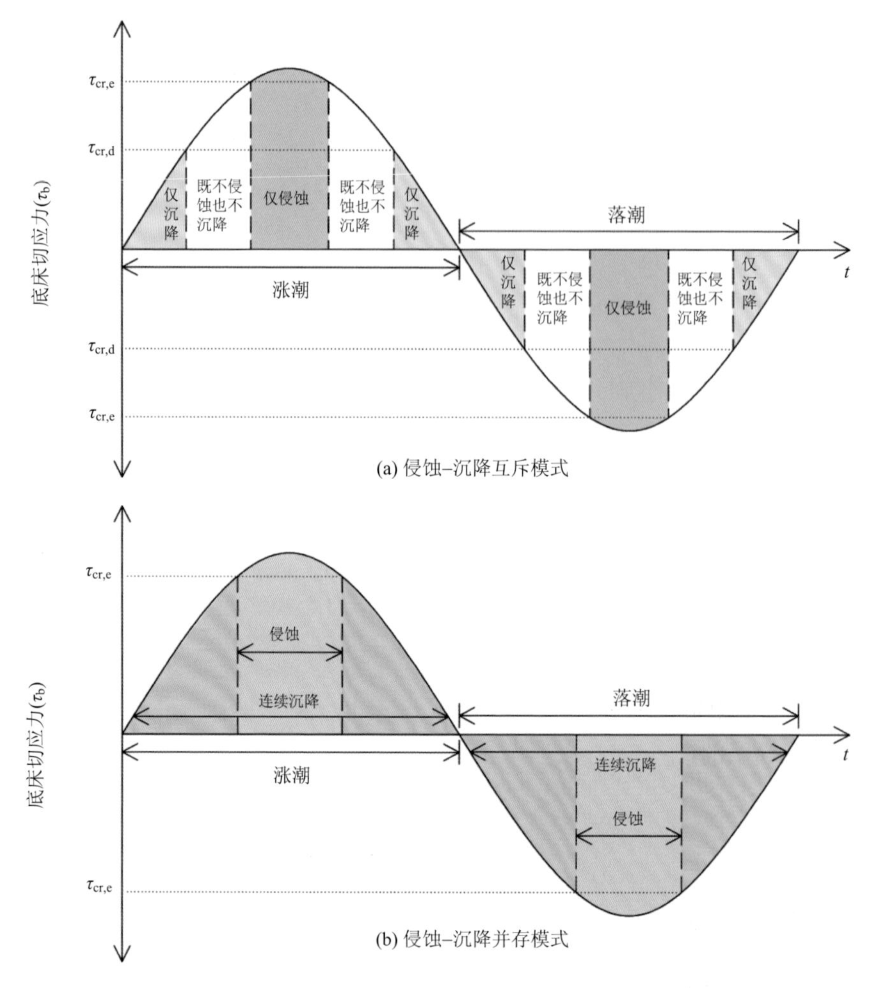

图 8-12　黏性底床在一个潮周期内发生的冲淤变化示意图

的大小也是从零增大到极大值后再减小到零。如果侵蚀与沉降过程是互斥的，情况就如图 8-12(a)所示：随着底床切应力 τ_b 的增大，一开始只有近底界面上沉积物的沉降，而没有底床的侵蚀产沙；在 τ_b 增大到超过 $\tau_{cr,d}$ 但小于 $\tau_{cr,e}$ 时，水柱中既没有底边界上的沉降，也没有底床的侵蚀发生；直到 τ_b 继续增大到超过 $\tau_{cr,e}$ 后，底床才被水流侵蚀，产生新的悬浮沉积物，与此同时近底界面上不发生沉降。在 τ_b 增大到极大值后，它会随着时间推移而减小，直至小于 $\tau_{cr,e}$，这就表示底床侵蚀告一段落，底边界重归不冲不淤的状态；接着 τ_b 继续减小到小于 $\tau_{cr,d}$，近底界面上才会有悬移质颗粒沉降到底床上。到流速为零后，就进入落潮区间，流速和底床切应力的方向切换为向海的方向，重复上述涨潮期间内的沉降与侵蚀过程。在每一个时刻，底床要么受侵蚀、要么受堆积、要么保持不变，其冲淤判据只是底

床切应力 τ_{b} 与底床临界沉降切应力 $\tau_{\mathrm{cr,d}}$ 和底床临界侵蚀切应力 $\tau_{\mathrm{cr,e}}$ 的相对大小。

如果认为侵蚀与沉降过程是可以并存的，那么情况就变得简单许多：不论流速和底床切应力的大小和方向如何变化，近底界面上总有悬浮沉积物沉降，并且沉降过程是在整个潮周期内持续发生的。而侵蚀过程只在接近涨极和落极这两个流速极值的较短时间内才会发生，因为在一个潮周期内也只有这两段时间中满足 $\tau_{\mathrm{b}} > \tau_{\mathrm{cr,e}}$。在这种假设下，底床冲淤判据就不只是由底床切应力 τ_{b} 与底床临界侵蚀切应力 $\tau_{\mathrm{cr,e}}$ 共同决定的侵蚀通量大小 $j_{m,\mathrm{e}}$，还有侵蚀通量 $j_{m,\mathrm{e}}$ 与沉积通量 $j_{m,\mathrm{d}}$ 的相对大小。在每一时刻，当 $j_{m,\mathrm{e}} > j_{m,\mathrm{d}}$ 时，底床是被净侵蚀的；当 $j_{m,\mathrm{e}} < j_{m,\mathrm{d}}$ 时，底床上产生净堆积；而当 $j_{m,\mathrm{e}} = j_{m,\mathrm{d}}$ 时，底床就处于瞬时的冲淤平衡状态。

在实际研究中，以上两种方法中何者更准确并无定论，常常需要研究者结合具体研究的问题做出抉择。我自身是倾向于侵蚀-沉降并存模式的。一个理由是，设想流速足够大，始终出现 $\tau_{\mathrm{b}} > \tau_{\mathrm{cr,e}}$，这时如果选用侵蚀-沉降互斥模式，底床上就会持续产生净侵蚀，这是不尽合理的；而选用侵蚀-沉降并存模式的处理方式，就能够求解潮周期内底床维持冲淤平衡的问题。

不过，即便是选用侵蚀-沉降并存模式的方法计算通量边界，仍然需要对侵蚀常数 M 和沉降速度 w_{s} 的取值进行参数化处理，才能得到近底处的悬沙浓度 c_{b}。式(8.11)并未给出近底悬沙浓度 c_{b} 对应的距底高度。在实际研究中，这个高度可以和浓度边界中的参考高度 z_{a} 类比，Van Rijn(2007b)认为 z_{a} 的最小值为 0.01 m。黏性底床上 c_{b} 所在高度也可以这样取值，或者取更大的值(如 0.05 m)，引起的悬沙浓度计算值误差不会超过 10%。在垂向分层水体的悬沙浓度数值计算中，需将整个水柱分为若干层，将连续的悬沙浓度剖面离散化计算，此时常将最底层中心位置的悬沙浓度作为 c_{b}，它对应的距底高度是此层厚度的一半，往往是 0.1 m 量级。

3)侵蚀通量计算的新观点

上面的论述都基于给定的流速和底床切应力，研究其对应的沉降通量和侵蚀通量。而在实际中，水平流速 U 在一段时间(如 10 min)内，并不是一个定值，而是在平均值之上还附加有脉动项。我们得到的底床切应力 τ_{b} 的时间序列，也是极其不规则的，这就可能导致在这 10 min 内的底床切应力 τ_{b} 时均值 $\langle\tau_{\mathrm{b}}\rangle$ 小于底床沉积物的起动临界切应力 τ_{cr}，但其中 1 min 的 $\langle\tau_{\mathrm{b}}\rangle$ 又超过了 τ_{cr}，从而实际发生了侵蚀的情形。为此，Van Prooijen 和 Winterwerp(2010)讨论了在底床切应力 τ_{b} 随机分布的情况下底部侵蚀通量 E 的计算问题。

他们考虑了 Hofland 和 Battjes(2006)所给出的底床切应力概率密度函数，并结合导出这个函数所用的原始数据(Obi et al., 1996)对该函数进行了修正，在导出底床沉积物起动临界切应力的概率密度函数后，将这两个概率密度函数应用于式

(8.11) 中的侵蚀通量表达式，导出侵蚀通量与底床切应力 τ_b 时均值 $\langle\tau_b\rangle$ 的关系。在模型计算中，可应用其三阶近似解，即

$$\frac{E}{M\tau_{cr}}=\begin{cases}0, & \dfrac{\langle\tau_b\rangle}{\tau_{cr}}<0.52\\ a_1\left(\dfrac{\langle\tau_b\rangle}{\tau_{cr}}\right)^3+a_2\left(\dfrac{\langle\tau_b\rangle}{\tau_{cr}}\right)^2+a_3\left(\dfrac{\langle\tau_b\rangle}{\tau_{cr}}\right)+a_4, & 0.52\leqslant\dfrac{\langle\tau_b\rangle}{\tau_{cr}}\leqslant1.7\\ \dfrac{\langle\tau_b\rangle}{\tau_{cr}}-1, & \dfrac{\langle\tau_b\rangle}{\tau_{cr}}>1.7\end{cases}\tag{8.12}$$

式中各系数取值为 $a_1=-0.144, a_2=0.904, a_3=-0.823, a_4=0.204$ 。

将修正结果式 (8.12) 与式 (8.11) 绘在图 8-13 中，可以清楚地看到侵蚀通量 E、侵蚀常数 M 与底床切应力时均值 $\langle\tau_b\rangle$ 的关系。图中的横轴是底床切应力时均值与底床沉积物起动临界切应力的比 $\langle\tau_b\rangle/\tau_{cr}$，代表了底床切应力的相对大小；纵轴则是侵蚀常数与底床沉积物起动临界切应力之乘积作分母，侵蚀通量作分子，$E/M\tau_{cr}$ 代表了侵蚀通量的相对大小。由于湍流运动的随机性，在底床切应力时均值 $\langle\tau_b\rangle$ 达到底床起动临界切应力 τ_{cr} 的 0.52 倍时，就会有明显的底床侵蚀产生。而其后随着 $\langle\tau_b\rangle$ 的增大，侵蚀通量也将相应增大，但其增长速率会从指数型变为线性，待 $\langle\tau_b\rangle$ 超过 τ_{cr} 的 1.7 倍后，就可沿用式 (8.11) 中线性变化的侵蚀通量表达式了。

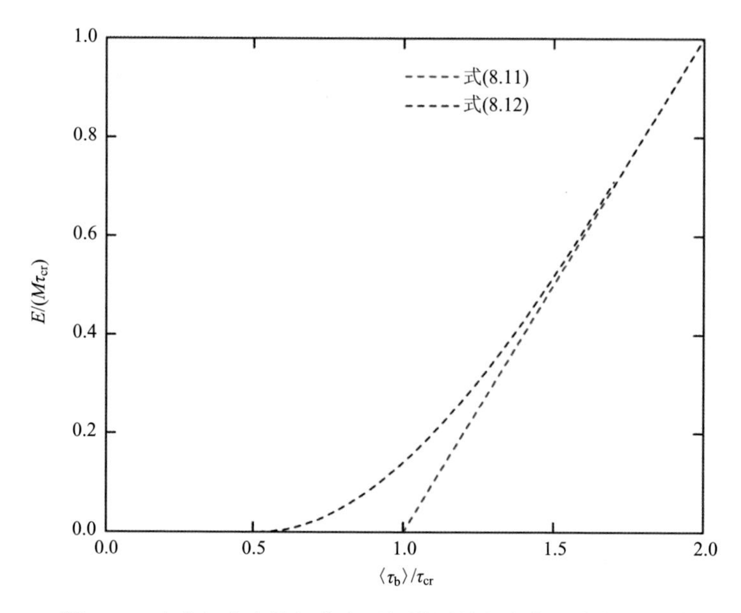

图 8-13　底床切应力随机分布下侵蚀通量与底床切应力的关系

以上的讨论说明了黏性底床上侵蚀过程的复杂性。当将底床切应力 τ_b 和底床沉积物起动临界切应力 τ_{cr} 的概率变化都纳入考虑后，就会发现侵蚀通量的变化并不总是线性的。更有甚者，即使在同一地点，侵蚀常数 M 也可能随着流速(底床切应力)的变化而发生变化。另外，底床上的沉积物还有新老之分，随着底床的不断加积，原先落在底床上的松散沉积物会被逐渐压实、失水，从而变得难以侵蚀(τ_{cr} 也相应变大)，同样会改变局地侵蚀常数 M 的取值(Wiberg et al., 2013)。在实际研究中，黏性底床的侵蚀常数 M 的取值范围一般为 $1\times10^{-3}\sim1\times10^{-5}$，起动临界切应力 τ_{cr} 的取值范围一般为 0.1～0.3 N/m^2，也可达 1～2 N/m^2。目前还没有办法得到它们的计算公式，而只能结合经验和实测数据进行调整。

关于黏性沉积物输运过程的问题，除了第 1 章介绍的 Whitehouse 等(2000)的专著外，Winterwerp 和 Van Kesteren(2004)、Partheniades(2009)及 Mehta(2014)的专著，给出了更详细的讨论。

8.4　潮流作用下悬沙浓度的时空变化

在 8.3 节中讨论了均匀恒定流下悬沙浓度的垂向剖面，并重点探讨了 Rouse 剖面的相关问题。在海洋中，潮涨潮落，流速矢量的大小和方向都会随时间不断变化，在整个潮周期内不能将潮流视作均匀恒定流。另外，流速和悬沙浓度在三维空间上往往也不是均匀分布的，潮流也就不再是均匀流。所以，海洋中的实际情形比上节讨论的情况要复杂得多。

这里先假定潮流在空间上分布均匀。在非均匀恒定流的情况下，潮汐引起水位与潮流的周期性变化，会导致悬沙浓度垂向剖面发生显著的时空变化，后者主要体现为相位滞后(phase lag)与振幅衰减(amplitude attenuation)两种现象(Allen, 1974; Prandle, 1997; Souza et al., 2004)。下面将主要介绍相位滞后(Yu et al., 2012)，振幅衰减可以参见 Yu 等(2011)。

沉积物颗粒具有一定的质量，因此也具有一定的惯性(inertia)：在运动中，它们有保持原有运动状态的趋势。当底床上的沉积物受到水流侵蚀而悬浮进入水柱后，它们并不是即刻扩散至水柱上部的，而是需要经过一定的时间才能到达，从而逐渐塑造出对应这个侵蚀水流的均衡悬沙浓度剖面。而在水平流速减弱，沉积物颗粒具备了沉降的条件后，它们也不会即刻落到底床上，同样也需要经过一定的时间才能到达。于是，水柱中不同层位处的悬沙浓度时间变化都将不同程度地滞后于底床切应力 τ_b 的时间变化，这个现象就称为相位滞后(phase lag)，是我们在研究中需要重视的一个问题。

在中国东部近海地域，由月地相互作用所致的 M_2 分潮是最主要的潮汐分量。M_2 分潮的周期约是 12.4 h，也就是说，几乎每隔 25 h，我们都可观察到两次完整的海面涨落变化。由 M_2 分潮引起的垂向平均水平流速变化可近似看作余弦函数，它的变化周期也是 12.4 h。将潮流的流速平方后仍然得到一个余弦函数，但由三角函数知识可知，这个新的余弦函数周期将变为原来的一半，也就是说每 25 h 内，流速平方值会经历 4 个完整的周期性变化。并且由于平方作用，这个新的余弦函数值也总是非负的。在计算设定中，取垂向平均水平流速的最大值为 1 m/s，因此将它平方过后，得到的新余弦函数值域为[0, 1]$(m/s)^2$。黏性底床拖曳系数 C_D 的变化很复杂，为了简化考虑，给其设定取值，并且认为它在潮流作用下保持不变，这样，底床切应力 τ_b 就是上述流速平方值的固定倍数，因而也具有每 25 h 内进行 4 个完整周期性变化的性质。

在野外现场观测悬沙浓度，可以得到它在数个潮周期内的连续变化。通过测量不同层位的悬沙浓度，得到悬沙浓度的垂向平均值，其时间序列也呈现为一个余弦函数，但因为产生此垂向平均悬沙浓度(或者说，是这个均衡悬沙浓度剖面)的水流并不是当前的状况，而对应着一定时间之前的流态，所以我们将此刻的悬沙浓度与底床切应力相比较，通常会观察到显著的相位滞后效应。例如，在图 8-14 中，底床切应力 τ_b 在第 12.5 h 达到了最大值，而悬沙浓度的最大值要在其后的第 13.3 h 甚至第 13.6 h 才能达到，它们与底床切应力的相位变化存在 0.8 h 或 1.1 h 的时间差。在实际观测中，悬沙浓度的最大值往往会落后于底床切应力最大值 1～2 h 到来。

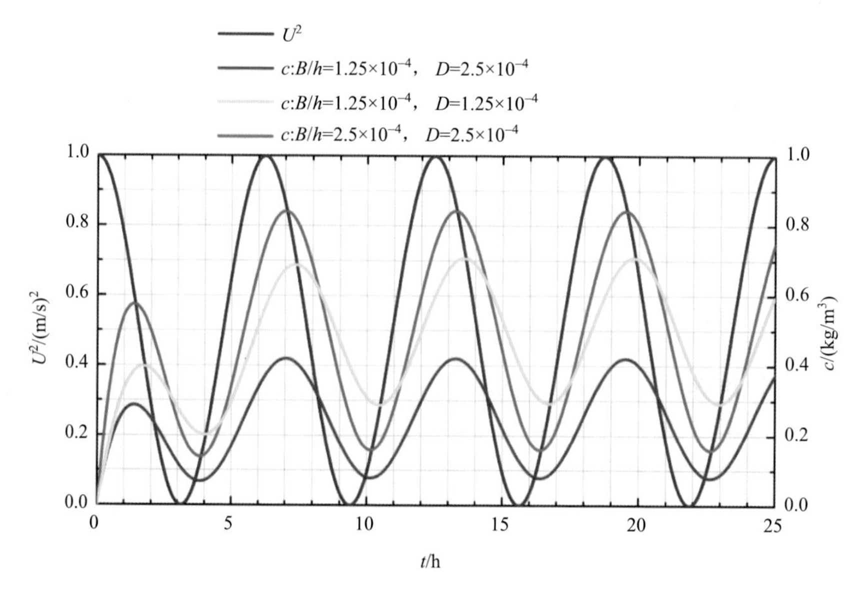

图 8-14　由 M_2 分潮所引起的流速平方值与悬沙浓度的时间变化

图中各参数定义见后文解释

在不考虑床面水流的时间变化，假设它为均匀恒定流时，令式(8.11)中的侵蚀通量与沉积通量相等，就得到了底床冲淤平衡的表达式，即

$$M\left(\frac{\tau_{\mathrm{b}}}{\tau_{\mathrm{cr,e}}}-1\right)=w_{\mathrm{s}}c_{\mathrm{b}} \tag{8.13}$$

又设悬沙浓度的垂向剖面是一个 Rouse 数为 Ro 的 Rouse 剖面，其积分起点为参考高度 z_{a}，该处的悬沙浓度(参考浓度 c_{a})为近底悬沙浓度 c_{b}，水深为 h，考虑到 $z_{\mathrm{a}} \ll \mathrm{h}$，则可求得垂向平均悬沙浓度 c 与近底悬沙浓度 c_{b} 的比值 k(Bass et al., 2002)，即

$$k=\frac{c}{c_{\mathrm{b}}}=\frac{z_{\mathrm{a}}^{\mathrm{Ro}}\left(h^{1-\mathrm{Ro}}-z_{\mathrm{a}}^{1-\mathrm{Ro}}\right)}{h(1-\mathrm{Ro})} \tag{8.14}$$

由式(8.14)可知，k 在底床形态与床面水流不变时是一个定值。因此，式(8.13)可以表示为

$$M\left(\frac{\tau_{\mathrm{b}}}{\tau_{\mathrm{cr,e}}}-1\right)=\frac{w_{\mathrm{s}}c}{k} \tag{8.15a}$$

变形得

$$c=\frac{kM}{w_{\mathrm{s}}}\left(\frac{\tau_{\mathrm{b}}}{\tau_{\mathrm{cr,e}}}-1\right) \tag{8.15b}$$

在底床临界侵蚀切应力 $\tau_{\mathrm{cr,e}}$ 较小、底床水流切应力 τ_{b} 较大时，式(8.15b)近似为

$$c=\frac{kM}{w_{\mathrm{s}}}\frac{\tau_{\mathrm{b}}}{\tau_{\mathrm{cr,e}}} \tag{8.15c}$$

记垂向平均水平流速为 u，将式(5.8)代入式(8.15c)，有

$$c=\frac{kM}{w_{\mathrm{s}}}\frac{\rho C_{\mathrm{D}}}{\tau_{\mathrm{cr,e}}}u^{2} \tag{8.15d}$$

因此，在底床上为均匀恒定流时，根据式(8.15d)，可认为垂向平均悬沙浓度 c 与垂向平均水平流速 u 的平方成正比。而在假设给定水流后立即得到一个均衡悬沙浓度剖面的情况下，也可以得到同样的结论。不过，若要考虑潮流随时间的变化，以及悬沙浓度的相位滞后效应，就不能简单应用上面的做法。

现在，考虑一个由 $\mathrm{M_2}$ 分潮引起的潮流的垂向平均值 $u=U\cos\omega t$，其角频率 $\omega=\dfrac{2\pi}{T}$，代入 $\mathrm{M_2}$ 分潮的周期 $T=12.4\ \mathrm{h}$ 得 $\omega=1.408\times10^{-4}\ \mathrm{rad/s}$。

记水深为 h 不变、时空平均悬沙浓度为 c。此时，在整个水柱中，单位面积沉积物质量随时间的变化率与底边界上的净沉降通量相平衡，即

$$h\frac{\mathrm{d}c}{\mathrm{d}t}+j_{m,\mathrm{d}}-j_{m,\mathrm{e}}=0 \tag{8.16a}$$

展开全微分项$\frac{\mathrm{d}c}{\mathrm{d}t}$，有

$$h\left(\frac{\partial c}{\partial t}+u\frac{\partial c}{\partial x}\right)+j_{m,\mathrm{d}}-j_{m,\mathrm{e}}=0 \tag{8.16b}$$

在不考虑非线性扩散与平流作用的前提下，有

$$\frac{\partial c}{\partial x}=0 \tag{8.16c}$$

结合式(8.14)，沉降通量$j_{m,\mathrm{d}}$可表示为

$$j_{m,\mathrm{d}}=w_{\mathrm{s}}c_{\mathrm{b}}=\frac{w_{\mathrm{s}}c}{k} \tag{8.16d}$$

为便于计算，假定侵蚀常数M、拖曳系数C_{D}和底床沉积物的临界侵蚀切应力$\tau_{\mathrm{cr,e}}$都不随时间改变(Yu et al., 2012)，则可定义再悬浮系数B为

$$B=M\frac{\rho C_{\mathrm{D}}}{\tau_{\mathrm{cr,e}}} \tag{8.16e}$$

从而，侵蚀通量$j_{m,\mathrm{e}}$可表示为

$$j_{m,\mathrm{e}}=M\left(\frac{\tau_{\mathrm{b}}}{\tau_{\mathrm{cr,e}}}-1\right)\approx M\frac{\tau_{\mathrm{b}}}{\tau_{\mathrm{cr,e}}}=M\frac{\rho C_{\mathrm{D}}}{\tau_{\mathrm{cr,e}}}u^2=Bu^2 \tag{8.16f}$$

将式(8.16c)、式(8.16d)和式(8.16f)代入式(8.16b)，有

$$h\frac{\partial c}{\partial t}+\frac{w_{\mathrm{s}}c}{k}-Bu^2=0 \tag{8.16g}$$

式(8.16g)变形为

$$\frac{\partial c}{\partial t}+Dc=\left(\frac{B}{h}U^2\right)\cos^2(\omega t) \tag{8.17}$$

式中，系数$D=\frac{w_{\mathrm{s}}}{kh}=\frac{w_{\mathrm{s}}c_{\mathrm{b}}}{ch}$。

式(8.17)是一个一阶线性非齐次微分方程。我们知道，一阶线性非齐次微分方程$\frac{\mathrm{d}y}{\mathrm{d}x}+P(x)y=Q(x)$的通解是

$$y=\mathrm{e}^{-\int P(x)\mathrm{d}x}(C+\int Q(x)\mathrm{e}^{\int P(x)\mathrm{d}x}\mathrm{d}x) \tag{8.18}$$

式中，C为积分常数。

将式(8.17)与方程$\frac{\mathrm{d}y}{\mathrm{d}x}+P(x)y=Q(x)$进行比较，有$P(t)=D$和$Q(t)=\frac{B}{h}\frac{U^2}{2}[1+\cos(2\omega t)]$。于是化简式(8.18)得

$$c = C\mathrm{e}^{-Dt} + \frac{1}{2}\frac{B}{h}\frac{U^2}{D} + \frac{1}{2}\frac{B}{h}U^2\mathrm{e}^{-Dt}\int \mathrm{e}^{Dt}\cos(2\omega t)\mathrm{d}t \tag{8.19a}$$

令 $I = \int \mathrm{e}^{Dt}\cos(2\omega t)\mathrm{d}t$，对积分 I 进行两次分部积分，求得

$$I = \frac{\mathrm{e}^{Dt}}{D + 4\omega^2}\left[D\cos(2\omega t) + 2\omega\sin(2\omega t)\right] \tag{8.19b}$$

为便于比较浓度变化与底床水流切应力变化的相位差，将式(8.19b)化简为余弦函数，即

$$I = \frac{\mathrm{e}^{Dt}}{\sqrt{D + 4\omega^2}}\cos\left[2\omega t - \arctan\left(\frac{2\omega}{D}\right)\right] \tag{8.19c}$$

将式(8.19c)代回式(8.19a)，考虑实际情况，令积分常数 $C = 0$，有

$$c = \frac{1}{2}\frac{B}{h}\frac{U^2}{D} + \frac{1}{2}\frac{B}{h}\frac{U^2}{\sqrt{D^2 + 4\omega^2}}\cos\left[2\omega t - \arctan\left(\frac{2\omega}{D}\right)\right] \tag{8.20}$$

这就是不计非线性扩散与平流作用、只考虑 M_2 分潮作用所得到的垂向平均悬沙浓度随时间变化的解析解。

由式(5.8)，考虑潮流变化，底床水流切应力 τ_{b} 为

$$\tau_{\mathrm{b}} = \rho C_{\mathrm{D}}U^2\cos^2(\omega t) = \frac{1}{2}\rho C_{\mathrm{D}}U^2 + \frac{1}{2}\rho C_{\mathrm{D}}U^2\cos(2\omega t) \tag{8.21}$$

比较式(8.20)、式(8.21)可知，悬沙浓度与底床水流切应力都呈余弦函数变化，角频率 ω 相同，但悬沙浓度的相位变化落后底床水流切应力 $\arctan\left(\frac{2\omega}{D}\right)$ rad，即时间变化落后 $\frac{1}{\omega}\arctan\left(\frac{2\omega}{D}\right)$ s。

使用以上得到的解析解可以定量解释图 8-14。图中的蓝色曲线是流速平方值随时间的变化，代表了底床水流切应力 τ_{b} 随时间的变化；红色、黄色、灰色三条曲线则是设定不同的参数 B/h 和 D 取值而得到的垂向平均悬沙浓度 c 随时间的变化。这四条曲线都是角频率为 2ω 的余弦函数，但其达到峰值的时刻并不完全相同。我们知道，沉积物颗粒受到重力作用，在水中最终会下沉，也一定具有沉降速度 w_{s}，因此就必然具有正系数 $D = \frac{w_{\mathrm{s}}c_{\mathrm{b}}}{ch}$，这就导致了相位滞后 $\arctan\left(\frac{2\omega}{D}\right)$ rad 的产生。比较红色和黄色曲线，我们就知道在水深 h 一定的情况下，假设底床沉积物的拖曳系数 C_{D} 相同，则系数 k 也相同，那么更小的沉降速度 w_{s} 会产生更小的 D，从而导致更大的相位滞后 $\arctan\left(\frac{2\omega}{D}\right)$ rad；而对比红色和灰色曲线，由于相位滞后项在给定流速变化的情况下仅由 D 决定，因此反映再悬浮(底床侵蚀产沙)的

再悬浮系数 B 并不会影响相位滞后的幅度，这在图上就反映为两条曲线在同一时刻取到极值。所以在水深一定时，悬沙浓度时间变化滞后于水流切应力的幅度只与沉积物的沉降速度 w_s 相关，沉降速度 w_s 越小，产生的相位滞后越大。

在水深 h 一定时，由式(8.20)知，悬沙浓度的时间平均值与 B/D 成正比，振幅则只与 B 成正比。上述结果在图 8-14 中则反映为：黄色和灰色曲线的平均值相同，均为红色曲线平均值的两倍；黄色与红色曲线的振幅相同，均为黑色曲线振幅的一半。因此，改变再悬浮系数 $B = M\dfrac{\rho C_{\mathrm{D}}}{\tau_{\mathrm{cr,e}}}$ 的取值，只会改变最终产生悬沙浓度时间序列的平均值与振幅，而不会影响相位滞后项。

8.5　潮流作用下悬移质净输运率

在第 7 章中提到了推移质净输运率的概念。悬移质净输运率也可类似地定义为一段时间内的平均单宽悬移质输运率，即悬移质的余沙。推移质的瞬时输运率是同步响应水流底床切应力(近底流速)变化的，它的净输运率的大小和方向是同涨落潮优势方向上的流速方向及大小相匹配的。而悬移质输运率却呈现出异于推移质输运率的变化特点，根本原因在于 8.4 节提到的悬沙浓度对于水流底床切应力(近底流速)的响应滞后。这个问题荷兰科学家 Groen 早在 1967 年就一些特殊情况给出了解析说明(Groen, 1967)，此后程鹏和于谦等拓展和完善了这一理论(Cheng and Wilson, 2008; Yu et al., 2012)。这里依据 Yu 等(2012)的解，进行简化说明。

仍然假设一个水深不变的水平一维体系，并且不考虑非线性扩散与平流作用，则体系中悬沙浓度变化仍然满足式(8.16g)。在大部分海域，最主要的天文分潮是月球造成的半日分潮 $\mathrm{M_2}$，$\mathrm{M_4}$ 分潮是与 $\mathrm{M_2}$ 分潮相关的最主要浅水分潮(见 7.3 节的讨论)。假设余流 U_0 为 0，则受余流、$\mathrm{M_2}$ 分潮和 $\mathrm{M_4}$ 分潮控制的垂向平均水平流速可以表达为

$$u = U_{\mathrm{M_2}}\cos(\omega t - \phi_{\mathrm{M_2}}) + U_{\mathrm{M_4}}\cos(2\omega t - \phi_{\mathrm{M_4}}) \tag{8.22}$$

式中，ω 是 $\mathrm{M_2}$ 分潮的角频率，正值代表涨潮方向。

将式(8.22)代入式(8.16g)，略去二阶小量，可以类似解得悬沙浓度的时间变化为

$$\begin{aligned} c = \frac{B}{h}U_{\mathrm{M_2}}^2 \Bigg\{ & \frac{1}{2D} + \frac{1}{\sqrt{D^2+\omega^2}}\frac{U_{\mathrm{M_4}}}{U_{\mathrm{M_2}}}\cos\left[\omega t + \phi_{\mathrm{M_2}} - \phi_{\mathrm{M_4}} - \arctan\left(\frac{\omega}{D}\right)\right] \\ & + \frac{1}{2}\frac{1}{\sqrt{D^2+4\omega^2}}\cos\left[2\omega t - 2\phi_{\mathrm{M_2}} - \arctan\left(\frac{2\omega}{D}\right)\right] \\ & + \frac{1}{\sqrt{D^2+9\omega^2}}\frac{U_{\mathrm{M_4}}}{U_{\mathrm{M_2}}}\cos\left[3\omega t - \phi_{\mathrm{M_2}} - \phi_{\mathrm{M_4}} - \arctan\left(\frac{3\omega}{D}\right)\right]\Bigg\} \end{aligned} \tag{8.23}$$

如前所述，式(8.23)给出的悬沙浓度变化受到 M_2 和 M_4 分潮流速的控制。花括号内，第一项是由 M_2 流速平方得到的常数项，第二项是 M_2 和 M_4 分潮相互作用得到的 M_2 频率项，第三项是 M_2 流速平方得到的 M_2 频率倍增项，第四项是 M_2 和 M_4 分潮相互作用得到的 M_2 频率三倍项。

再将由式(8.23)给出的悬沙浓度乘以流速 u 和水深 h，得到悬移质输运率，将其在 M_2 潮周期内平均，略去三阶小量，得到这一时间段内的悬移质净输运率，即

$$\overline{q_s} = \frac{B}{2}U_{M_2}{}^2 U_{M_4}\left\{\frac{1}{\sqrt{D^2+\omega^2}}\cos\left[2\phi_{M_2}-\phi_{M_4}-\arctan\left(\frac{\omega}{D}\right)\right]\right.$$
$$\left.+\frac{1}{2}\frac{1}{\sqrt{D^2+4\omega^2}}\cos\left[2\phi_{M_2}-\phi_{M_4}+\arctan\left(\frac{2\omega}{D}\right)\right]\right\} \tag{8.24}$$

式(8.24)显示，悬沙浓度对于流速的相位滞后项 $\arctan\left(\frac{\omega}{D}\right)$ 和 $\arctan\left(\frac{2\omega}{D}\right)$ 对于悬移质净输运率的影响非常大。当 M_2 和 M_4 分潮的相位差 $\phi = 2\phi_{M_2} - \phi_{M_4}$ 为 $\pi/2$ 和 $3\pi/2$ 时，由式(8.22)可知，此时最大涨潮流速和最大落潮流速相同，涨落潮势力相当，但是最大涨落潮流速之间的时间间隔不等(图 8-15 蓝线)。当相位差为 $\pi/2$

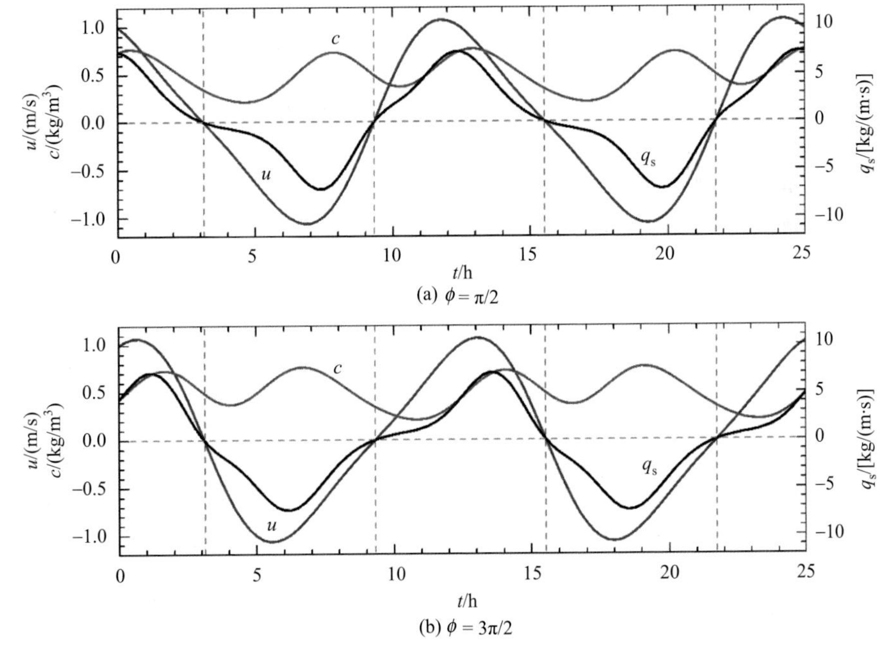

图 8-15　M_2 和 M_4 分潮组合作用下流速、悬沙浓度和悬移质输运率的潮变化

水深 $h = 10$ m 时，由流速振幅分别为 1 m/s 和 0.2 m/s 的 M_2 和 M_4 分潮在相位差 $\phi = 2\phi_{M_2} - \phi_{M_4}$ 分别为(a) $\pi/2$ 和(b) $3\pi/2$ 条件下进行组合得到的流速 u(蓝)、悬沙浓度 c(红)与悬移质输运率 q_s(黑)的时间序列

时，从最大落潮流速（负的流速最大值）到最大涨潮流速（正的流速最大值）的时间更短，而从涨潮最大流速到落潮最大流速的时间更长；当相位差为 $3\pi/2$ 时，情况与之相反。

在第 7 章中讨论过在上述两种情况下（即 $\phi=\frac{\pi}{2}$ 和 $\frac{3\pi}{2}$），推移质净输运率为 0，但是由式（8.24）指示的悬移质净输运量不为 0。当相位差 $\phi=\frac{\pi}{2}$ 时，悬移质净输运率为

$$\overline{q_{\mathrm{s}}}=\frac{B}{2}U_{\mathrm{M}_2}{}^2U_{\mathrm{M}_4}\frac{3\omega^3}{(D^2+\omega^2)(D^2+4\omega^2)} \tag{8.25}$$

这是一个正值，方向和涨潮方向相同。而当相位差 $\phi=\frac{3\pi}{2}$ 时，悬移质净输运率为一个负值，方向和落潮方向相同，即

$$\overline{q_{\mathrm{s}}}=-\frac{B}{2}U_{\mathrm{M}_2}{}^2U_{\mathrm{M}_4}\frac{3\omega^3}{(D^2+\omega^2)(D^2+4\omega^2)} \tag{8.26}$$

上述两式显示，M_2 和 M_4 分潮相位差为 $\pi/2$ 和 $3\pi/2$ 导致的悬移质净输运率，大小相等、方向相反。它们的大小除了与 M_2 和 M_4 分潮流速振幅、再悬浮系数 B、M_2 分潮角频率 ω 有关之外，另一个重要的控制因素是沉降系数 $D=\frac{w_{\mathrm{s}}c_{\mathrm{b}}}{ch}$。当沉降速度 w_{s} 变小引起 D 减小时，悬移质净输运率的绝对值就会增大，同时式（8.20）中的相位滞后项 $\arctan\left(\frac{2\omega}{D}\right)$ 也会变大。

那么，在最大落潮流速与最大涨潮流速相等时，为什么在涨落潮时间不对称的情况下，推移质净输运率为零，而悬移质净输运率不为零呢？这是因为悬沙输运率（以及悬沙浓度）和推移质输运率对于流速的响应速度不同，后者是瞬时响应的，而前者是延时 $\frac{1}{\omega}\arctan\left(\frac{2\omega}{D}\right)$ s 响应的（见 8.4 节），并且时间滞后与沉降系数 D 呈反相关。对于瞬时响应的推移质输运率，其在潮周期内的平均净输运率的方向只受控于涨落潮流速大小的对称性，即涨潮和落潮期间谁的最大流速更大。但是对于存在相位滞后的悬沙浓度变化，其对应的潮周期内的平均净输运率的方向还受控于涨落潮周期在时间上的对称性，即涨落潮最大流速之间耗时的差异。

当 M_2 和 M_4 分潮的相位差 $\phi=\frac{\pi}{2}$ 时［图 8-15（a）］，从最大落潮流速（负的流速最大值）到最大涨潮流速（正的流速最大值）的时间更短，在此期间悬沙浓度先减小到一个极小值（这一时刻一般在流速方向改变之前，也即落潮区间内），之后又不断增大，当流速刚好从落潮方向跨越零点变为涨潮方向时，悬沙浓度较大，因此

在这一段时间内悬沙在涨潮流（正方向）上输运量更大；而从最大涨潮流速（正的流速最大值）到最大落潮流速（负的流速最大值）的时间更长，悬沙浓度在此期间先增大到极大值，再减小，当流速由涨潮方向变换为落潮方向并增大时，悬沙浓度较小，在这一段时间内悬沙仍然是在涨潮流（正方向）上输运量更大；这样，总的效应就造成了悬移质指向涨潮方向的正向净输运率。当 M_2 和 M_4 分潮的相位差 $\phi=\frac{3\pi}{2}$ 时［图 8-15(b)］，情况恰好相反，悬移质净输运率指向落潮方向，为负。这就是因涨落潮流速变化在时间上不对称而导致的悬移质净输运率规律。

以上的分析都是基于水平一维体系，这适用于可以抽象为水平一维体系的实际问题，如一条充分（垂向）混合的水道或河口（Yu et al., 2014）。如果研究的区域特征不能抽象为一个水平一维体系，必须考虑到两个水平方向的水流作用，以上的解析模型就必须扩展。例如，在充分混合的大陆架浅水区域，潮汐和大陆架环流往往会导致沿岸和跨岸两个方向的流速变化，这样的话，模型必须从水平一维扩展到水平二维。Du 等（2022）成功地把上述水平一维解析模型扩展到了水平二维，成功研究了江苏海岸的潮制悬沙输运机制。当然，如果垂向上混合不好，水层上下的差异很大，这就必须考虑垂向二维或垂向三维，情况就会变得更加复杂。

参考文献

于谦，王韫玮，高抒. 2014. 潮汐与陆架环流作用下的悬沙输运：江苏新洋港海岸冬季观测结果. 南京大学学报（自然科学），50: 625-634.

Allen J R L. 1974. Reaction, relaxation and lag in natural sedimentary systems: General principles, examples and lessons. Earth-Science Reviews, 10: 263-342.

Amos C L, Daborn G R, Christian H A, et al. 1992. *In situ* erosion measurements on fine-grained sediments from the Bay of Fundy. Marine Geology, 108: 175-196.

Bass S J, Aldridge J N, McCave I N, et al. 2002. Phase relationships between fine sediment suspensions and tidal currents in coastal seas. Journal of Geophysical Research: Oceans, 107(C10): 3146.

Cheng P, Wilson R E. 2008. Modeling sediment suspensions in an idealized tidal embayment: Importance of tidal asymmetry and settling lag. Estuaries and Coasts, 31: 828-842.

Downing J. 2006. Twenty-five years with OBS sensors: The good, the bad, and the ugly. Continental Shelf Research, 26: 2299-2318.

Downing J P, Sternberg R W, Lister C R B. 1981. New instrumentation for the investigation of sediment suspension processes in the shallow marine environment. Marine Geology, 42(1-4): 19-34.

Du Z, Yu Q, Peng Y, et al. 2022. The formation of coastal turbidity maximum by tidal pumping in well-mixed inner shelves. Journal of Geophysical Research: Oceans, 127: e2022JC018478.

Dyer K R. 1986. Coastal and Estuarine Sediment Dynamics. Chichester: John Wiley.

Fettweis M, Riethmüller R, Verney R, et al. 2019. Uncertainties associated with *in situ* high-frequency long-term observations of suspended particulate matter concentration using optical and acoustic sensors. Progress in Oceanography, 178: 102162.

Gao J H, Jia J, Wang Y P, et al. 2015. Variations in quantity, composition and grain size of Changjiang sediment discharging into the sea in response to human activities. Hydrology and Earth System Sciences, 19: 645-655.

Garcia M, Parker G. 1991. Entrainment of bed sediment into suspension. Journal of Hydraulic Engineering, 117(4): 414-435.

Groen P. 1967. On the residual transport of suspended matter by an alternating tidal current. Netherlands Journal of Sea Research, 3(4): 564-574.

Ha H K, Hsu W Y, Maa J, et al. 2009. Using ADV backscatter strength for measuring suspended cohesive sediment concentration. Continental Shelf Research, 29(10): 1310-1316.

Hofland B, Battjes J A. 2006. Probability density function of instantaneous drag forces and shear stresses on a bed. Journal of Hydraulic Engineering, 132(11): 1169-1175.

Krone R B. 1962. Flume Studies of the Transport of Sediment in Estuarial Shoaling Processes. Final Report. Berkeley: Hydraulic Engineering Laboratory and Sanitary Engineering Research Laboratory, University of California, Berkeley: 110.

Lynch J F, Irish J D, Sherwood C R, et al. 1994. Determining suspended sediment particle size information from acoustical and optical backscatter measurements. Continental Shelf Research, 14(10/11): 1139-1165.

Mehta A J. 2014. An Introduction to Hydraulics of Fine Sediment Transport. Singapore: World Scientific.

Merckelbach L M, Ridderinkhof H. 2006. Estimating suspended sediment concentration using backscatterance from an acoustic Doppler profiling current meter at a site with strong tidal currents. Ocean Dynamics, 56: 153-168.

Milliman J D, Farnsworth K L. 2011. River Discharge to the Coastal Ocean: A Global Synthesis. New York: Cambridge University Press.

Milliman J D, Meade R H. 1983. World-wide delivery of river sediment to the oceans. The Journal of Geology, 91(1): 1-21.

Obi S, Inoue K, Furukawa T, et al. 1996. Experimental study on the statistics of wall shear stress in turbulent channel flows. International Journal of Heat and Fluid Flow, 17(3): 187-192.

Partheniades E. 1965. Erosion and deposition of cohesive soils. Journal of the Hydraulics Division, 91(1): 105-139.

Partheniades E. 2009. Cohesive Sediments in Open Channels. Oxford: Elsevier.

Pearson S G, Verney R, Van Prooijen B C, et al. 2021. Characterizing the composition of sand and mud suspensions in coastal and estuarine environments using combined optical and acoustic measurements. Journal of Geophysical Research: Oceans, 126: e2021JC017354.

Prandle D. 1997. Tidal characteristics of suspended sediment concentrations. Journal of Hydraulic Engineering, 123(4): 341-350.

Rouse H. 1937. Modern conceptions of the mechanics of fluid turbulence. Transactions of the American Society of Civil Engineers, 102(1): 463-505.

Sanford L P, Halka J P. 1993. Assessing the paradigm of mutually exclusive erosion and deposition of mud, with examples from upper Chesapeake Bay. Marine Geology, 114: 37-57.

Sequoia Scientific, Inc. 2015. Understanding LISST-ABS. http://www.sequoiasci.com/article/understanding-lisst-abs/[2017-7-26].

Smith J D, McLean S R. 1977. Spatially averaged flow over a wavy surface. Journal of Geophysical Research, 82: 1735-1746.

Souza A J, Alvarez L G, Dickey T D. 2004. Tidally induced turbulence and suspended sediment. Geophysical Research Letters, 31: L20309.

Thorne P D, Hanes D M. 2002. A review of acoustic measurement of small-scale sediment processes. Continental Shelf Research, 22: 603-632.

Van Ledden M, Wang Z B, Winterwerp H, et al. 2004. Sand-mud morphodynamics in a short tidal basin. Ocean Dynamics, 54: 385-391.

Van Prooijen B C, Winterwerp J C. 2010. A stochastic formulation for erosion of cohesive sediments. Journal of Geophysical Research: Oceans, 115: C01005.

Van Rijn L C. 2007a. Unified view of sediment transport by currents and waves. Ⅰ: Initiation of motion, bed roughness, and bed-load transport. Journal of Hydraulic Engineering, 133(6): 649-667.

Van Rijn L C. 2007b. Unified view of sediment transport by currents and waves. Ⅱ: Suspended transport. Journal of Hydraulic Engineering, 133(6): 668-689.

Wang Y W, Peng Y, Du Z Y, et al. 2020. Calibrations of suspended sediment concentrations in high-turbidity waters using different *in situ* optical instruments. Water, 12: 3296.

Whitehouse R, Soulsby R, Roberts W, et al. 2000. Dynamics of Estuarine Muds: A Manual for Practical Applications. London: Thomas Telford.

Wiberg P L, Law B A, Wheatcroft R A, et al. 2013. Seasonal variations in erodibility and sediment transport potential in a mesotidal channel-flat complex, Willapa Bay, WA. Continental Shelf Research, 60: S185-S197.

Winterwerp J C, Van Kesteren W G M. 2004. Introduction to the Physics of Cohesive Sediment in the Marine Environment. Amsterdam: Elsevier.

Yu Q, Flemming B W, Gao S. 2011. Tide-induced vertical suspended sediment concentration profiles: Phase lag and amplitude attenuation. Ocean Dynamics, 61: 403-410.

Yu Q, Wang Y P, Flemming B, et al. 2012. Tide-induced suspended sediment transport: Depth-averaged concentrations and horizontal residual fluxes. Continental Shelf Research, 34: 53-63.

Yu Q, Wang Y W, Gao J H, et al. 2014. Turbidity maximum formation in a well mixed macrotidal estuary: The role of tidal pumping. Journal of Geophysical Research: Oceans, 119: 7705-7724.

第 9 章　沉积物输运与地貌地层演化计算

第 1 章中强调了从过程到产物的海洋沉积动力学；在第 2 章～第 8 章中，我们将过程，即沉积物输运过程分解，一步一步地加以了诠释；接下来的问题是，沉积物输运造就了怎样的地貌沉积体。本章首先以一个实例将分解在第 2 章～第 8 章的沉积物输运过程串联起来，形成一个沉积物输运计算的脉络；其次将沉积物输运和地貌地层演化联系起来，实现从过程到产物的过渡。

9.1　沉积物输运计算

第 2 章～第 8 章的内容，可能会让读者们感到研究沉积物输运不是那么简单或者那么直截了当的事，即使每章的内容清楚了，但是放在一起如何解决实际问题，可能还存在一些疑惑。这里提供一个简单的典型案例，将各部分内容串联起来，建立关于沉积物输运计算的完整思路。

海洋沉积动力学的一个典型问题是，在给定水深 h，水平流速 U，以及底床沉积物的粒度的情况下，如何计算悬移质和推移质的输运率（q_s 和 q_b）（图 9-1）。通常，水深和水平流速是物理海洋学模型给出的结果或是某地的实测数据，底床的沉积物中值粒径 d_{50} 也可以采样用第 2 章的方法分析得到。海洋沉积动力学的任务就是要计算出沉积物的输运率是多少。

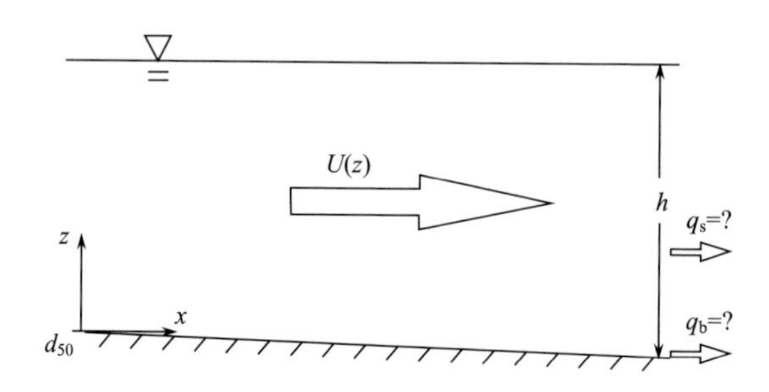

图 9-1　计算悬移质和推移质的输运率（q_s 和 q_b）

已给定水深 h、水平流速 U，以及底床沉积物的中值粒径 D_{50}

首先假设流速和沉积物输运是均匀稳定的，即它们没有时间和空间（x 轴方向上）的变化，并且要依据 2.5 节的方法判断底床沉积物是黏性还是非黏性。

假设垂向上没有明显的密度分层，那么依据第 4 章的内容，在浅海情况下（水

深在 10^1 m 量级及以下），整个水层属于边界层，于是垂向的水平流速剖面可以用第 4 章中的对数流速剖面来刻画[式(4.29)]。这样，垂向平均水平流速 U 可以通过积分的方法算出来，再用第 5 章底床摩擦部分的公式[式(5.9)～式(5.11)]就可以算出来底床的切应力。在这三个公式中有不同的参数，其中式(5.9)和式(5.10)中用的谢才系数和曼宁系数都是经验系数，需要估计。式(5.11)用的摩阻高度 k_s(或是其大小 1/30 的摩阻长度 z_0)参数，对于非黏性底床，底形尺度是主要控制因素，可以用 Van Rijn 的方法估计[式(5.16～式 5.21)]；而对于黏性底床，也只能给出一个猜测值，如 z_0=0.2 mm。这样把底床切应力计算出来之后，就可以用式(4.11)得到底床摩阻流速。再利用 5.3 节中的方法，计算得到底床表面切应力。这样就可得到水动力参数。

然后计算推移质输运率。首先，如果底床是黏性，那么就可以认为不存在推移质输运。而对于非黏性沉积物，根据 2.6 节的方法，利用底床表面切应力和沉积物的沉降速度可以判断推移质输运是否主导。非黏性沉积物的沉降速度可以用式(3.23)计算。之后即可用 7.2 节介绍的方法计算推移质输运率，注意这里需要用到底床表面切应力。

计算悬移质输运率要复杂一些。第 8 章一开始就给出了悬移质输运率的定义[式(8.1)]，要得到悬移质输运率需要知道垂向的流速分布和悬沙浓度分布。垂向流速分布是上述的对数流速分布，问题在于如何得到垂向的悬沙浓度分布。在没有分层的情况下，垂向悬沙浓度分布可以用 8.3 节中的 Rouse 剖面刻画[式(8.7)]，其中的重要参数 Rouse 数受控于底床摩阻流速和悬沙沉降速度。这里的悬沙如果是黏性的，3.5 节有相关讨论，还没有合适的普适公式可用于估计；如果是非黏性的就方便多了，直接用式(3.23)计算。对于非黏性和黏性沉积物分别要用到浓度底边界条件和通量底边界条件，这些细节在 8.3 节中仔细讨论了。这里得到的悬沙浓度剖面就可以用于计算总的悬移质输运率。

最后如果把推移质输运率和悬移质输运率相加，得到的就是全沙输运率(total load transport rate)。在许多专著中也引用一些经验公式进行计算(如 Soulsby, 1997)，但是这里给出的是基于更细节的物理过程的估计。

水流造成的全沙输运率的经验公式很多，这里只举一个比较有名的例子，是丹麦科技大学 Engelund 和 Hansen(1967)提出的，即

$$q=\frac{0.05C_{\mathrm{D}}^{\frac{3}{2}}U^5}{[g(s-1)]^2 D_{50}} \tag{9.1}$$

式中，q 为全沙体积输运率($\mathrm{m^2/s}$)；U 为垂向平均水平流速；C_{D} 为拖曳系数；s 为沉积物密度和水的密度之比；D_{50} 为底质中值粒径。这个公式是一个经验性很强的公式，它认为沉积物输运率和流速的 5 次方成正比，和粒径成反比，且和水

深无关。

以上是一个简单情况的计算，在实际的研究中要注意上文的那些假设。首先，均匀恒定流的假设是否符合实际。其次，海洋中尤其是河口区往往存在垂向上的盐度变化导致的密度分层，而沉积物输运产生的垂向悬沙浓度剖面本身也会导致密度分层，如果这些分层效应显著影响到垂向上的紊动，那么对数流速分布和 Rouse 剖面的基础也就被打破了。

9.2 地貌地层演化计算

沉积物输运导致了底床的高程变化，以底床上一个单位面积从基岩到水面的柱子为研究对象，利用沉积物的连续性方程，就可以建立它们二者之间的关系。这个工作最早是奥地利科学家 Exner 于 1925 年提出(Exner, 1925)的，我们也经常用 Exner 方程来称呼，即

$$(1-p)\frac{\partial \eta}{\partial t}+\frac{\partial Ch}{\partial t}=-\left(\frac{\partial q}{\partial x}+\frac{\partial q}{\partial y}\right) \tag{9.2}$$

$$q=q_{\mathrm{s}}+q_{\mathrm{b}}$$

这里仅考虑沉积物输运导致的底床地貌演化，不考虑构造沉降及沉积物压实等效应对底床高程的影响。η 为底床高程；p 为沉积物孔隙度(参加 2.4 节)；q 为总沉积物体积输运率，包含推移质体积输运率 q_{b} 和悬移质体积输运率 q_{s}；C 为垂向平均的悬沙体积浓度；h 为水深；C 和 h 之积为此处单位面积水柱中的总悬沙体积。这个方程的原理就是这个柱子进去的沉积物和出去的沉积物之差等于水柱中和底床上的沉积物总量的变化。

还有一种形式的 Exner 方程，是以底床上一个单位面积从基岩到底床表面的柱子为研究对象，形式为

$$(1-p)\frac{\partial \eta}{\partial t}=-\left(\frac{\partial q_{\mathrm{b}}}{\partial x}+\frac{\partial q_{\mathrm{b}}}{\partial y}\right)+D-E \tag{9.3}$$

式中，D 和 E 分别为底床沉积物和水界面上的沉积物沉降和侵蚀通量(参见 8.3 节)，m/s。式(9.2)和式(9.3)在物理意义上是等价的，后者的意义是底床的冲淤等于推移质输运的空间梯度和悬移质输运导致的沉降和侵蚀。

基于上两个方程就可以把沉积物输运和底床的高程联系起来。但是从沉积学家的角度，我们还希望知道形成的地层中的更多沉积学信息，粒度是其中的一个关键。也就是说，淤积的新地层是由什么粒度的沉积物组成的，冲刷的地层会在表面形成什么样的粗颗粒残留层。沉积物输运还会导致海底表层沉积物的空间分异，即有些地方的沉积物粒度会变粗(平均或中值粒径变大)、有些地方沉积物粒

度会变细(平均或中值粒径变小)，同时分选系数和偏态系数等粒度参数(参加 2.2 节)也会随之变化，这种粒度参数的空间变化过程称为分选(sorting)，汉语还有一个很传神的词叫淘洗。

上述垂向地层和平面海底表面上总和起来的三维空间中的沉积物粒度变化的原因无外乎是不同粒级的沉积物输运的结果，和上文类似的建立连续性方程就可以解决这一问题，唯一的不同就是必须引入活动层(active layer)的概念。

可以设想这样一种场景：底床由粗、细两种沉积物组成，各占一半，总厚 10 m。有一股很强的水流对其冲刷，粗、细颗粒都会运动，但是细的颗粒冲走会比粗的颗粒更多，那么就会形成地层顶部一定范围内粗粒的比例变高，而其以下还是保持原始的粗细比例。这种粗细淘洗对底层的影响范围，称为活动层，有时也称为输运层(transport layer)，指的是沉积物输运过程中直接影响到的范围。当然，影响到的范围应该是一个逐渐过渡的情形，但是为了简单起见，把活动层和下伏地层定义成一个非黑即白的存在。虽然活动层与下伏地层的沉积物的粗细比例不同，但在活动层内部，沉积物在垂向上是均匀混合的，即粗细沉积物的比例是一个定值。某个粒级沉积物输运率的大小受控于此粒级沉积物在活动层内的比例，而与下伏地层的沉积物无关。活动层的厚度变化很大，从小于 1 cm 到几米都有可能。同时，活动层的厚度也取决于时间尺度，时间尺度越长，活动层厚度也越大。

本质上，活动层是沉积物输运导致的垂向混合造成的，因此，活动层厚度可以认为是底床底形波高的一半(Hsu and Holly, 1992; Wu and Yang, 2004)，这样利用 5.3 节给出的经验公式就可以计算了。当然，生物作用也可能影响垂向的沉积物交换，如蛏子在砂层里上下移动，这些效应很难定量化表达。在数值模型中(如 Delft3D)往往根据研究区实际给定一个固定数值。

和上文两种 Exner 方程的推导类似，利用连续性原理，以底床单位面积上活动层内各粒级沉积物分别建立连续性方程，由美国科学院院士 Parker(1991)给出(图 9-2)，即

$$(1-p)\frac{\partial(L_{\mathrm{a}}F_i)}{\partial t}=-\left(\frac{\partial q_{\mathrm{b},i}}{\partial x}+\frac{\partial q_{\mathrm{b},i}}{\partial y}\right)+D_i-E_i-\varepsilon_i(1-p)\left[\frac{\partial(\eta-L_{\mathrm{a}})}{\partial t}\right],\quad i=1,2,\cdots,N$$

$$(1-p)\frac{\partial(\eta-L_{\mathrm{a}})}{\partial t}=-\left(\frac{\partial q_{\mathrm{b}}}{\partial x}+\frac{\partial q_{\mathrm{b}}}{\partial y}\right)+D-E$$

$$q_{\mathrm{b}}=\sum_{i=1}^{N}q_{\mathrm{b},i}$$

$$D=\sum_{i=1}^{N}D_i$$

$$E = \sum_{i=1}^{N} E_i \tag{9.4}$$

式中，沉积物分为 N 个粒级，i 为第 i 个粒级，活动层中第 i 粒级沉积物所占比例为 F_i；L_a 为活动层厚度；p 为沉积物孔隙度(这里假设为一个常数)；$q_{b,i}$ 是第 i 粒级沉积物推移质输运率；D_i 和 E_i 分别为第 i 粒级沉积物的沉降和侵蚀通量；ε_i 为活动层和其下伏沉积物之界面的第 i 粒级沉积物的交换比例，其物理意义是通过此界面加入(或脱离)活动层的沉积物中第 i 粒级的概率，由下式计算，即

$$\varepsilon_i = \begin{cases} F_{bi}, & \dfrac{\partial(\eta - L_a)}{\partial t} < 0 \\ F_i, & \dfrac{\partial(\eta - L_a)}{\partial t} > 0 \end{cases} \tag{9.5}$$

式中，F_{bi} 为下伏沉积物中第 i 粒级的概率。式(9.5)物理意义在于当活动层和其下伏沉积物的界面向下运动，下伏沉积物以其自身的粒度分布进入活动层；当此界面向上运动，以当时活动层内沉积物粒度分布脱离活动层进入下伏地层。

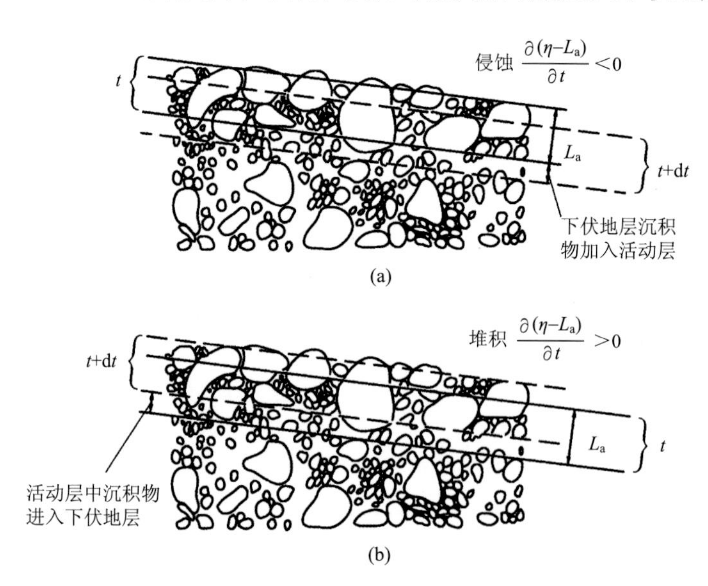

图 9-2　活动层和下伏地层的沉积物交换示意图

资料来源：Parker(1991)

上述公式看上去复杂，其实仔细想来并不难理解。活动层内某粒级的沉积物的量的变化无非只有以下几种可能：①第 i 粒级推移质输运率的空间梯度；②第 i 粒级沉积物的沉降和侵蚀通量；③第 i 粒级沉积物下伏地层和活动层直接地交换。其中最后一点受控于两个因素，一是它们二者界面的上下移动速率；二是活动层

和下伏地层第 i 粒级沉积物的比例。

以式(9.4)和式(9.5)为基础，就可以建立数学模型，将不同粒级沉积物的输运率和底质活动层沉积物的粒度分布、活动层和下伏地层不同粒级沉积物交换相联系起来，进而可以计算出底床表层沉积物的平面粒度分异，以及地层(包括表面的活动层和下伏地层)的垂向粒度变化，这样就得到了粒度信息的三维空间格架。Chavarrías 等(2018)对于这一问题的数值计算方面给出了进一步说明。

参 考 文 献

Chavarrías V, Stecca G, Blom A. 2018. Ill-posedness in modeling mixed sediment river morphodynamics. Advances in Water Resources, 114: 219-235.

Engelund F, Hansen E. 1967. A Monograph on Sediment Transport in Alluvial Streams. Copenhagen: Teknisk Forlag.

Exner F M. 1925. Über die wechselwirkung zwischen wasser und geschiebe in flüssen. Sitzungsber Akad Wiss Wien, Math-Naturwiss Kl, Abt Ⅱa, 134: 165-203.

Hsu S M, Holly F M. 1992. Conceptual bed-load transport model and verification for sediment mixtures. Journal of Hydraulic Engineering, 118: 1135-1152.

Parker G. 1991. Selective sorting and abrasion of river gravel. I: Theory. Journal of Hydraulic Engineering, 117: 131-147.

Soulsby R L. 1997. Dynamics of Marine Sands: A Manual for Practical Applications. Oxford: Thomas Telford.

Wu F C, Yang K H. 2004. A stochastic partial transport model for mixed-size sediment: Application to assessment of fractional mobility. Water Resources Research, 40: W04501.